E. J. BERG

RECHNUNG MIT OPERATOREN

NACH OLIVER HEAVISIDE

IHRE ANWENDUNG IN TECHNIK UND PHYSIK

DEUTSCHE BEARBEITUNG

VON

DR.-ING. OTTO GRAMISCH

UND

DIPL.-ING. HANS TROPPER

MÜNCHEN UND BERLIN 1932

VERLAG VON R. OLDENBOURG

Vorwort der Originalausgabe.

Die Untersuchung von Ausgleichsvorgängen in elektrischen Maschinen und Leitungen hat an Bedeutung zugenommen, und hieraus erklärt sich das Interesse, das man gegenwärtig der Operatorenrechnung von Heaviside, auch symbolische Differentialrechnung genannt, entgegenbringt. Der Verfasser hat das Rechnungsverfahren von Heaviside durch mehrere Jahre gelehrt und hierbei ein großes, stets gleichbleibendes Interesse der Studenten für diesen Gegenstand festgestellt. Zuerst wurde nur ein Kurs für Ingenieure, später für Studenten höherer Jahrgänge und in den letzten Jahren auch ein Kurs für Anfänger gehalten. Die Erfahrung lehrt, daß Anfänger, nachdem sie mit den physikalischen Erscheinungen der Selbstinduktion, Kapazität und gegenseitigen Induktion vertraut gemacht wurden, mit großem Nutzen in Heavisides Werk eingeführt werden können. Die sehr wichtige Darstellung von Vektoren durch komplexe Zahlen kann als Spezialfall von Heavisides symbolischer Lösung gebracht werden.

Der größte Teil von Heavisides Lebensarbeit ist in seinem dreibändigen Werk »Electromagnetic Theory« und in seinem zweibändigen Werk »Electrical Papers« enthalten. Der erste Band der »Electromagnetic Theory« behandelt eingehend die Vektorrechnung. Diese soll hier nicht weiter besprochen werden, da die Kenntnis der Vektorrechnung zum Verständnis der Operatorenrechnung nicht nötig ist.

Die Operatorenrechnung bildet den Inhalt des zweiten Bandes der »Electromagnetic Theory«; leider behandelt Heaviside dort von Anfang an solche Aufgaben, welche partielle Differentiation und Integration erfordern und bei denen die Operatorenrechnung nur mit größter Vorsicht angewendet werden darf. Er beginnt seine Ausführungen mit der Feststellung, daß manche seiner mathematischen Umformungen nicht so zweifelsfrei und allgemein anwendbar sind, wie sie scheinen, und daß bei ihrer Verwendung größte Vorsicht am Platze ist. Diese und ähnliche Vorbehalte ermutigen keineswegs zum Studium seines Werkes. Anderseits betrachtet er bei der Einführung des wichtigen Entwicklungssatzes diesen als so einleuchtend, daß er keines Beweises bedarf. Leider unterließ er es, der Besprechung seiner Einheitsfunktion, welche den Grundstein der Operatorenrechnung bildet, einige Seiten zu widmen. Es wäre hochinteressant und lehrreich zu erfahren, wie er die

Operatorenrechnung fand. Eine Gedankenreihe nachbilden ist viel leichter, als sie zum ersten Male finden, und so sehen wir jetzt mehrere Wege, auf denen er zu seinem Ergebnis gelangt sein könnte.

Da das vorliegende Buch sich nur mit einem sehr begrenzten Teil von Heavisides Lebenswerk beschäftigt — nämlich mit den Anwendungen seiner Operatorenrechnung — und da seine Pionierarbeit auf anderen Gebieten ebenso wichtig, wenn nicht in mancher Hinsicht noch wichtiger ist, hielt der Verfasser es für richtig, in einem Anhang die interessante Zusammenfassung von Heavisides Werk und die Würdigung seiner Persönlichkeit zu bringen, welche von Herrn B. A. Behrend im »Electric Journal« (Januar- und Februarheft 1928) veröffentlicht wurde. Der Verfasser ist Herrn Behrend für die Überlassung seines Aufsatzes zu großem Dank verpflichtet, ebenso Herrn S. J. Haefner, der das 29. Kapitel über die Lösung transzendenter Gleichungen schrieb; ferner sei den Herren Dr. J. J. Smith und S. J. Haefner für mancherlei Anregungen, die in diesem Buch verwertet wurden, gedankt. Der Verfasser dankt hiermit auch Herrn Dr. J. W. Grover für seine Hilfe beim Korrekturenlesen und den Herren John R. Carson und Dr. Vannevar Bush für die liebenswürdige Erlaubnis, die von ihnen zusammengestellten Literaturnachweise zu verwenden[1]).

Ein großer Teil des Inhaltes dieses Buches erschien erstmalig in einer Aufsatzreihe in der »General Electric Review«, die im Dezember 1927 begann und im September 1928 endete. Der Verfasser ist dem Herausgeber der »General Electric Review«, Herrn E. C. Sanders, für sein persönliches Interesse an diesen Artikeln und für die Erlaubnis, sie in Buchform nochmals drucken zu lassen, zu Dank verpflichtet. Schließlich sei Herrn Dr. Harry E. Clifford von der Harvard Universität für seine Hilfe bei der Herausgabe des Buches gedankt.

Schenectady, im Juli 1929.

E. J. BERG.

---

[1]) John R. Carson, Elektrische Ausgleichsvorgänge und Operatorenrechnung. Deutsche Bearbeitung von F. Ollendorff und K. Pohlhausen. Springer, Berlin 1929.

Vorwort der deutschen Ausgabe.

Das Rechnen mit Operatoren nach Heaviside wird in letzter Zeit in immer größerem Umfang praktisch angewendet, besonders in den englisch sprechenden Ländern. Dieses Rechnungsverfahren, auch symbolische Differentialrechnung genannt, ist den klassischen Methoden bei der Lösung vieler auf Differentialgleichungen führender Ausgaben überlegen. Bei der symbolischen Behandlung von Problemen der Wechselstromtechnik wird das Auflösen der Differentialgleichungen, welche die mathematische Formulierung der Aufgaben darstellen, vermieden, und es werden bloß algebraische Rechnungen ausgeführt. In gleicher Weise ist es möglich, Aufgaben, welche Ausgleichsvorgänge in elektrischen Stromkreisen betreffen, mit Hilfe der Operatorenrechnung durch algebraische Operationen zu lösen.

Die Anwendbarkeit der Operatorenrechnung ist nicht auf elektrotechnische Probleme beschränkt, sondern erstreckt sich auf alle Zweige der mathematischen Physik und Chemie. Aus der Originalausgabe wurden die Anwendungsbeispiele auf einfache mechanische Schwingungen (Kap. 10) und auf Aufgaben aus der Theorie der Wärmeleitung (Kap. 28) übernommen. Die Bearbeiter haben einen Abschnitt über die Berechnung mechanischer Kopplungsschwingungen nach diesem Verfahren hinzugefügt (Kap. 11).

Bisher ist nur eine verhältnismäßig kleine Anzahl von Problemen mittels der Operatorenrechnung gelöst worden, und es harrt noch eine ganze Reihe von Fragen theoretischer Natur der exakten mathematischen Untersuchung mit Hilfe der symbolischen Differentialrechnung. Die Anwendungen der Operatorenrechnung bieten daher nicht nur dem praktischen Physiker und Techniker sondern auch dem Mathematiker ein reiches Betätigungsfeld.

In Deutschland hat die Operatorenrechnung bisher, von einigen Ausnahmen abgesehen, wenig Beachtung gefunden. Wir zweifeln jedoch nicht daran, daß sie, ähnlich wie seinerzeit die Vektorrechnung, früher oder später auch in deutschen Landen ihren Einzug halten wird und daß sie dem Techniker sowie dem Physiker ein unentbehrliches Hilfsmittel sein wird.

Herrn Professor E. J. Berg, der sein Interesse an der deutschen Ausgabe durch zahlreiche Verbesserungsvorschläge bewiesen hat, sei an dieser Stelle gedankt. Ebenso danken die Bearbeiter Frl. stud. phil. Lore Brauchbar und Herrn cand. ing. Danilo Blanuša für ihre Mitarbeit und Hilfe beim Korrekturlesen und dem Verlag für die Sorgfalt, die er dem Werke angedeihen ließ.

Wien und London, im November 1931.

Dr.-Ing. Otto Gramisch. Dipl.-Ing. Hans Tropper.

Einiges über die Persönlichkeit Oliver Heavisides.

Oliver Heaviside wurde am 13. Mai 1850 in London geboren und starb am 3. Februar 1925 in Torquay. Sein Tod kam unerwartet und war wahrscheinlich die Folge eines Sturzes von einer Leiter im November 1924. Er lebte viele Jahre allein, ganz ohne Familie und ohne Freunde. Mit der Welt blieb er nur durch seinen »Bobby« in Verbindung, einen Schutzmann, der die Gegenstände seines täglichen Bedarfes besorgte.

In seinen letzten Lebensjahren war er ein auffallend schöner, alter Mann, mit weißem Haar und Bart, scharfen, freundlichen Augen und zarten Händen. Seine Gestalt von mittlerer Größe war nur leicht gebeugt. Obgleich sein Gehör etwas gelitten hatte, war er von wirklicher Taubheit weit entfernt, so daß es nicht schwierig war, mit ihm ein Gespräch zu führen. Seine Augen waren außerordentlich scharf; er las mit Leichtigkeit auch den kleinsten Druck. Aber sein Gesundheitszustand im allgemeinen war nicht der beste, und dies schrieb er hauptsächlich dem Mangel an Heizmaterial und zuträglicher Nahrung während des Weltkrieges zu. Nichtsdestoweniger klagte er selten. Er war ein Optimist und glaubte, daß ihm ein sehr hohes Alter beschieden sein würde. Er war überaus liebenswürdig und freundlich. Wer ihn kennenlernte — und der Verfasser war so glücklich, mehrere Tage in seiner Gesellschaft zu verbringen —, der mußte ihn liebgewinnen. Von seinem Heim, das auf einem Hügel lag, übersah man die Bucht von Torquay; einen schöneren Ausblick kann man schwerlich finden. Heaviside schätzte ihn hoch und erwähnte ihn häufig. Er hatte die Seele eines Künstlers; und er war in der Tat ein Künstler, allerdings kein ausübender. Sein Vater hatte ein beachtenswertes Malertalent besessen, nach einem Ölgemälde zu schließen, das den kleinen Oliver darstellt, wie er gerade über einen Zaun klettert.

Da Heaviside so einsam lebte, war sein Heim natürlich nicht so gut gehalten, als dies unter anderen Verhältnissen möglich gewesen wäre. Wenn man jedoch die besonderen Umstände in Betracht zieht, muß man seine Nettigkeit bewundern. Die Fenster waren ohne Stäubchen. Ich bemerkte bei meinem zweiten und den folgenden Besuchen, daß er Zeitungspapier über die Teppiche auf der Stiege gebreitet hatte. Offenbar erforderte es weniger Arbeit, das Papier aufzulegen, als von den Teppichen den Staub abzukehren.

Er verwandte auf seine äußere Erscheinung große Sorgfalt, denn wenn auch sein Anzug nicht immer nach dem neuesten Schnitt war, so hielt er ihn doch peinlich sauber und nett.

Sein Hauptinteresse galt seinen wissenschaftlichen Arbeiten, durch die er sich neben Newton, Archimedes, Kelvin und Faraday stellte; außerdem hatte er noch viele andere Interessen. Er war ein Literaturkenner und liebte es, Shakespeare und Shaw zu zitieren. Die Wände seines Arbeitszimmers waren mit den Porträts berühmter Persönlichkeiten der verschiedensten Tätigkeitsgebiete bedeckt, und er sprach gerne von ihnen.

Über seinen Werdegang ist wenig bekannt, da er nur sehr ungern über sich selbst sprach und vermutlich seinen Bruder, der auch in Torquay lebte und einige Wochen vor ihm starb, ersucht hatte, niemandem Mitteilungen über seinen Lebenslauf zu machen. Dessenungeachtet versprach er dem Verfasser, den er für den Monat Juni 1925 neuerlich zu Besuch einlud, nicht nur eine Photographie sondern auch nähere Einzelheiten aus seinem Leben; und er würde sein Wort gehalten haben, wenn er diesen Besuch erlebt hätte, denn er kam in mehreren Briefen darauf zu sprechen.

Er war als Briefschreiber ebenso fleißig wie als Verfasser wissenschaftlicher Werke. Sein Stil war hervorragend; daher sind seine Briefe nicht nur hochinteressant, sondern auch künstlerisch in der Form. Er erzeugte sich Tinte und Feder selbst, denn er war der Ansicht, daß durch eine gekaufte Feder die Tinte nicht gleichmäßig fließe.

Im Juni 1925 veröffentlichte Bethenod zu Ehren Heavisides in den »Annales des postes, télégraphes et téléphones« einen sehr interessanten Artikel, der außer einer Würdigung seiner wissenschaftlichen Leistungen, auch einige Tatsachen aus seinem Leben enthält. Aus dieser und anderen Quellen geht hervor, daß Heaviside bis 1874 bei der Great Northern Telegraph Company in Newcastle a/Tyne angestellt war. Er war ein Neffe des berühmten Sir Charles Wheatstone, der ihn wahrscheinlich bei der Wahl seines Berufes beeinflußte.

Er besaß eine gute Schulbildung; von mathematischen Fächern hatte er allerdings in der Schule nur Algebra und Trigonometrie gelernt. Seit seinem zwanzigsten Lebensjahr schrieb er Beiträge für elektrotechnische Zeitschriften, und im Jahre 1873 begann er das Studium von Maxwells »Electromagnetic Theory«. Er beendete sein wissenschaftliches Werk im Jahre 1912 im Alter von 62 Jahren.

Inhaltsverzeichnis.

1. Kapitel.

Heavisides Einheitsfunktion und die algebraische Seite seines Rechnungsverfahrens.

Heavisides dreibändiges Werk »Electromagnetic Theory« ist eine Sammlung von Arbeiten aus dem Zeitraum von 1891 bis 1912; er interessierte sich während dieser Zeit für alle Gebiete der Physik und Mathematik.

Ein sehr großer Teil der »Electromagnetic Theory« ist den elektrischen Erscheinungen und besonders der Berechnung von Störungen in elektrischen Netzen mit Hilfe der Operatorenrechnung gewidmet. Maxwell hatte bereits eine höchst umfassende Theorie von fast allem, das in elektrischen Stromkreisen vorkommen kann, aufgestellt, aber die Darstellung seiner Theorie mit den üblichen mathematischen Mitteln war so kompliziert, daß sie auf viele praktische Aufgaben nur mit den größten Schwierigkeiten anwendbar war. Heaviside stellte sich die Aufgabe, ein neues Rechnungsverfahren auszuarbeiten, welches die Behandlung elektrotechnischer Probleme dieser Art vereinfachen sollte, ohne die Genauigkeit zu verringern. Dies gelang ihm in bewunderungswerter Weise durch die Einführung der Operatorenrechnung und des Entwicklungssatzes.

Die physikalischen Aufgaben, mit denen er sich befaßte, führten zu linearen Differentialgleichungen mit konstanten Koeffizienten und zu bestimmten Arten von partiellen Differentialgleichungen. Im besonderen studierte er das Verhalten von Systemen, die plötzlich zur Zeit $t = 0$ der Einwirkung von Kräften ausgesetzt werden.

Vor Heaviside war die Verwendung von Operatoren (Symbolen für Differentialquotienten) bereits bekannt. Z. B. war es üblich, die Lösung der Differentialgleichung

$$\frac{dy}{dt} - a\,y = f(t)$$

in folgender Form zu schreiben:

$$y = \frac{1}{D - a} f(t),$$

wobei das Symbol D die Bildung des Differentialquotienten $\frac{d}{dt}$ ausdrückte.

Die Lösung dieser Differentialgleichung ist bekanntlich

$$y = C e^{at} + e^{at} \int e^{-at} f(t)\, dt.$$

Hier ist Ce^{at} die Ergänzungsfunktion und der zweite Ausdruck das partikuläre Integral. Der erste Ausdruck hängt nicht von $f(t)$, sondern nur von den Grenzbedingungen ab. Der zweite Ausdruck erfordert eine Integration; diese ist in vielen Fällen sehr mühsam, besonders wenn es sich um Differentialgleichungen höherer Ordnung handelt, welche bei der Behandlung von Systemen vorkommen, die eine große Zahl von Freiheitsgraden besitzen oder »verteilte« Konstante enthalten.

Heaviside fand, daß in Fällen, in denen die wirksame Kraft bis zur Zeit $t = 0$ den Wert Null besitzt und dann plötzlich den Wert Eins annimmt und weiterhin beibehält, große Vereinfachungen eintreten und die Lösungen selbst der schwierigsten Aufgaben mit Hilfe einfacher algebraischer Rechnungen gefunden werden können.

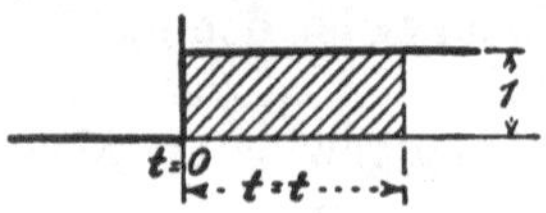

Abb. 1.

Er nannte die vorerwähnte Kraft oder EMK Einheitskraft oder Einheitsspannung und bezeichnete sie mit *1*. Ihr Verlauf ist in Abb. 1 mit starken Linien dargestellt. Wenn also F eine auf ein System wirkende Kraft ist, stellt $F\mathit{1}$ eine Kraft dar, welche bis zur Zeit $t = 0$ den Wert Null besitzt und nach diesem Zeitpunkt den konstanten Wert F. Der Ausdruck $F\mathit{1}$ teilt daher ziemlich viel über die Kraft mit.

Es dürfte sich empfehlen, den Unterschied zwischen F und $F\mathit{1}$ durch ein Beispiel klarzumachen, wobei ein und dieselbe Aufgabe zuerst nach der klassischen Methode und dann nach dem Verfahren von Heaviside gelöst wird. Wenn eine konstante elektromotorische Kraft E zur Zeit $t = 0$ auf einen induktiven Stromkreis einzuwirken beginnt, kann der Stromverlauf durch Lösung der folgenden Differentialgleichung gefunden werden:

$$E = ir + L\frac{di}{dt}, \qquad \text{(1)}$$

wobei zur Zeit $t = 0$ der Strom $i = 0$ sein muß (Anfangsbedingung). Nebenbei sei bemerkt, daß einiges Verständnis elektrischer Vorgänge erforderlich ist, um zu erkennen, daß in diesem Falle der Strom zur Zeit $t = 0$ den Wert Null besitzen muß.

Heaviside würde anschreiben:

$$E\mathit{1} = ir + L\frac{di}{dt}.$$

In dieser Gleichung ist ausgedrückt, daß die Störung des Systems zur Zeit $t = 0$ beginnt und durch eine konstante Spannung E verursacht wird. Bei richtiger Verwendung der Gleichung ist es nicht nötig, eine Integrationskonstante zu bestimmen oder den Grund dafür zu kennen, daß der Strom zur Zeit $t = 0$ den Wert Null besitzen muß.

Es wird später klar werden, daß es vorteilhaft ist, das Symbol p statt des Operationszeichens $\frac{d}{dt}$ einzuführen. Tatsächlich leistet der Operator p dasselbe wie $\frac{d}{dt}$ und noch mehr. Führt man p in vorstehende Gleichung ein, so erhält man:

$$E\,1 = i\,r + L\,p\,i = i\,(r + p\,L);$$

hieraus folgt

$$i = \frac{E}{r + p\,L}\,1 \quad . \; . \; . \; . \; . \; . \; . \; . \; . \; . \; . \quad (2)$$

Vorstehende Gleichung hat erst dann einen Sinn, wenn es möglich ist, i als Funktion von t auszudrücken. Dies ist Heaviside gelungen, doch hat er den Weg nicht angegeben, auf dem er zu seiner Lösung kam; möglicherweise war es der folgende:

Aus Gleichung (1) ergibt sich

$$\frac{d\,i}{d\,t} = \frac{1}{L}\,(E - i\,r)$$

und

$$i = \frac{1}{L}\left[\int_0^t E\,d\,t - r\int_0^t i\,d\,t\right].$$

Wenn dieser Wert von i unter dem Integralzeichen eingesetzt wird, erhält man als erste Annäherung

$$i = \frac{E}{L}\,t - \frac{r}{L}\left[\int_0^t \frac{E\,t}{L}\,d\,t - \frac{r}{L}\int_0^t\!\int_0^t i\,d\,t^2\right].$$

Durch weitere Substitutionen ergibt sich

$$i = \frac{E}{L}\left(t - \frac{r}{L}\,\frac{t^2}{2!} + \frac{r^2}{L^2}\cdot\frac{t^3}{3!} - \ldots + \text{einem Integral}\right) \quad . \; . \quad (3)$$

Die Potenzreihe nach t ist konvergent, so daß beim Grenzübergang das Integral vernachlässigt werden kann.

Aus Gleichung (2) kann man durch gewöhnliches Ausdividieren erhalten:

$$\frac{E\,1}{r + p\,L} = \frac{E}{L}\left(\frac{1}{p} - \frac{r}{L}\,\frac{1}{p^2} + \frac{r^2}{L^2}\,\frac{1}{p^3} - \ldots\right)1 \quad . \; . \; . \; . \quad (4)$$

Die Gleichungen (3) und (4) sind gleichlautend, wenn

$$\frac{1}{p^n} 1 = \frac{t^n}{n!} \quad \ldots \ldots \ldots \ldots \quad (5)$$

ist. Diese Gleichung gibt Heaviside in seiner »Electromagnetic Theory«, 2. Band, S. 130.

Es könnte der Einwand erhoben werden, daß die Gleichung (5) wohl für diesen besonderen Fall richtig ist, daß es aber nicht sicher ist, daß sie auch noch für Differentialgleichungen höherer Ordnung gilt. Doch läßt sich die allgemeine Geltung der Gleichung (5) leicht beweisen. Es ist immer möglich, aus einer Operatorengleichung die Lösung als Funktion von t zu erhalten, indem man sie durch Division algebraisch macht und die Gleichung (5) anwendet. Die Lösung hat die Form einer unendlichen Reihe, was manchmal unerwünscht ist. Es wird später gezeigt werden, daß man durch Anwendung des Entwicklungssatzes die Lösung in anderer Form erhalten kann.

Abb. 1 ist ein Schaubild der Einheitsfunktion 1. Es ist

$$1 = 0, \text{ wenn } t < 0 \text{ ist;}$$
$$1 = 1, \text{ wenn } t > 0 \text{ ist;}$$

zur Zeit $t = 0$ durchläuft 1 alle Werte zwischen 0 und 1.

Nun soll die Einheitsfunktion differentiiert werden. Es ist

$$p\,1 = 0, \text{ wenn } t < 0 \text{ ist,}$$
$$p\,1 = 0, \text{ wenn } t > 0 \text{ ist,}$$

und $p\,1$ durchläuft zur Zeit $t = 0$ alle Werte von Null bis unendlich. Bevor wir nach der Bedeutung von $\frac{1}{p} 1$ fragen, ist es gut, die Gleichung (5) in folgender Form nochmals anzuschreiben

$$\frac{1}{p^n} 1 = \frac{t^n}{n!} 1 \quad \ldots \ldots \ldots \ldots \quad (6)$$

Die Gleichung (6) ist umfassender als die Gleichung (5); sie ist jedoch von Heaviside nicht angewendet worden. $\frac{t^n}{n!}$ ist tatsächlich mit 1 zu multiplizieren, denn wir haben angenommen, daß der Vorgang zur Zeit $t = 0$ beginnt und daß der Faktor 1 alles auslöscht, was sich vor dem Zeitpunkt $t = 0$ ereignete. Setzt man $n = 1$, so erhält man:

$$\frac{1}{p} 1 = t\,1.$$

Es soll also $\frac{1}{p} 1$ numerisch gleich $t\,1$ sein. Dies ist erfüllt, wenn

$$\frac{1}{p} 1 = \int_0^t 1\,dt \quad \ldots \ldots \ldots \ldots \quad (7)$$

gesetzt wird, wobei das Integral durch die in Abb. 1 schraffierte Fläche dargestellt wird und numerisch gleich der Zeit t ist. Wir hätten auch schreiben können:

$$\frac{1}{p}\,1 = \int_{-\infty}^{t} 1\,dt,$$

denn bis zur Zeit $t = 0$ wird zu diesem Integral kein Beitrag geleistet. Ferner hätte die Beziehung auch in der Form

$$\frac{1}{p}\,1 = \int_{0-\varepsilon}^{t} 1\,dt$$

geschrieben werden können, wobei die untere Grenze in unendlich kleinem Abstand links von dem Punkt $t = 0$ liegt, so daß man sicher ist, den lotrechten Teil des Linienzuges, der die Einheitsfunktion darstellt, mit einzuschließen.

Es genügt jedoch bei der Definition

$$\frac{1}{p}\,1 = \int_{0}^{t} 1\,dt$$

anzunehmen, daß die untere Grenze $t = 0 - \varepsilon$ ist, wobei ε gegen Null konvergiert.

Bei jeder Anwendung der Operatorenrechnung sollte man sich daran erinnern, daß man mit der Einheitsfunktion arbeitet und daß die Funktion von t, die man als Endergebnis erhält, mit der Einheitsfunktion multipliziert ist.

Unter diesen Bedingungen sind Differentiation und Integration entgegengesetzte Rechnungsvorgänge, die sich gegenseitig aufheben. Es ist also

$$p\left(\frac{1}{p}\,1\right) = \frac{1}{p}(p\,1) = 1.$$

Dies soll nunmehr bewiesen werden; mit anderen Worten, es ist der Beweis zu erbringen, daß

$$p\left[\frac{1}{p}\,f(t)\,1\right] = \frac{d}{dt}\int_{0}^{t} f(t)\,1\,dt = f(t)\,1 \quad \ldots\ldots \quad (8)$$

ist; ferner daß

$$\frac{1}{p}\,[p\,f(t)\,1] = \int_{0}^{t} \frac{d}{dt} f(t)\,1\,dt = f(t)\,1 \quad \ldots\ldots \quad (9)$$

ist, wobei

$$\frac{d}{dt}\int_0^t f(t)\,dt = f(t)$$

und

$$\int_0^t \frac{d}{dt} f(t)\,dt = f(t) - f(0)$$

ist. Die beiden Operationen der Differentiation und Integration heben einander nicht vollständig auf, wenn man nicht die Einheitsfunktion mit einbezieht. Diese interessante Feststellung und viele andere Betrachtungen über die Eigenschaften der Einheitsfunktion enthält eine Arbeit von Dr. J. J. Smith[1]). Weitere sehr eingehende Untersuchungen über die Regeln des Rechnens mit Operatoren, insbesondere über das Kürzen von Operatorenausdrücken, enthält eine Arbeit von Dr. W. Gauster[2]).

Um den Beweis der Gleichungen (8) und (9) ganz allgemein zu führen, soll die Einheitsfunktion in diesen Gleichungen durch $H(t)$ dargestellt werden. Dann bekommt die Gleichung (8) die Form

$$\frac{d}{dt}\int_0^t f(t)\,H(t)\,dt = f(t)\,H(t) \quad \ldots\ldots\ldots \quad (10)$$

Aus Gleichung (9) entsteht:

$$\int_0^t \frac{d}{dt} f(t)\,H(t)\,dt = \int_0^t f'(t)\,H(t)\,dt + \int_0^t f(t)\,H'(t)\,dt = [f(t)\,H(t)]_0^t -$$

$$-\int_0^t f(t)\,H'(t)\,dt + \int_0^t f(t)\,H'(t)\,dt = f(t)\,H(t) - f(0)\,H(0)\,. \quad (11)$$

Wenn statt der Funktion $H(t)$ die Einheitsfunktion gesetzt wird, so nimmt die rechte Seite der Gleichung (10) den Wert $f(t)\,\mathit{1}$ und die rechte Seite der Gleichung (11) den Wert $f(t)\,\mathit{1} - f(0)\,\mathit{1}_0$ an.

Es ist nun die Frage, welchen Wert die Einheitsfunktion zur Zeit $t = 0$ besitzt. Sie hat nach unserer Definition alle Werte zwischen Null und Eins. Wir können die Gleichung (11) auswerten, wenn wir die untere Grenze des Integrationsintervals ändern, indem wir sie um ein unendlich kleines Stück nach links verschieben, so daß der ganze Ver-

---

1) Proceedings of the Franklin Institute Oktober, November und Dezember 1925.

2) W. Gauster, Über die Lösung von Schwingungsaufgaben mittels symbolischer Differentialrechnung. Archiv für Elektrotechnik Band 24, Heft 3, 1930.

lauf der Einheitsfunktion innerhalb des Integrationsbereiches zu liegen kommt. Wenn die untere Grenze $t = 0 - \varepsilon$ ist, erhält die rechte Seite der Gleichung (11) den Wert $f(t)\,H(t) - f(0-\varepsilon)\,H(0-\varepsilon)$. Da die Einheitsfunktion an jeder um ein noch so kleines Stück links vom Ursprung gelegenen Stelle den Wert Null besitzt, schließen wir, daß $f(0)\,1_0 = 0$ ist und daß daher die rechten Seiten der Gleichungen (10) und (11) einander gleich sind.

Wenn $f(t) = 1$ ist, folgt aus Gleichungen (8) und (9), daß

$$p\left[\frac{1}{p}\,1\right] = \frac{1}{p}\,[p\,1] = 1$$

ist. Hieraus ergibt sich augenscheinlich, daß $\frac{1}{p} = \int\limits_{0-\varepsilon}^{t}$ ist, wobei ε sich dem Werte Null nähert. Es wäre auch möglich $\frac{1}{p}$ als $\int\limits_{-\infty}^{t}$ zu definieren, und man würde dieselben Ergebnisse erhalten. Doch ziehen wir die Definition $\frac{1}{p} = \int\limits_{0}^{t}$ vor, da bei den Aufgaben, die in diesem Buch behandelt werden sollen, nur positive Werte von t vorkommen.

Nach dieser Diskussion der allgemeinen Eigenschaften der Einheitsfunktion wollen wir zu der ursprünglichen Aufgabe zurückkehren, den Strom in einem induktiven Stromkreis, dem eine Spannung $E\,1$ aufgedrückt wird, zu berechnen.

Es wurde gezeigt, daß die symbolische Lösung die Form hat:

$$i = \frac{E}{r + pL}\,1 = \frac{E}{L}\cdot\frac{1}{p+\alpha}\cdot 1,$$

wobei $\alpha = \frac{r}{L}$ ist.

Indem man den Ausdruck $\frac{1}{p+\alpha}$ durch Division entwickelt, erhält man

$$i = \frac{E}{L}\left(\frac{1}{p} - \frac{\alpha}{p^2} + \frac{\alpha^2}{p^3} - \dots\right)1 = \frac{E}{L}\left(t - \frac{\alpha t^2}{2!} + \frac{\alpha^2 t^3}{3!} - \dots\right)1 =$$

$$= \frac{E}{L\alpha}\left(\alpha t - \frac{\alpha^2 t^2}{2!} + \frac{\alpha^3 t^3}{3!} - \dots\right)1 = \frac{E}{r}\,[1 - \varepsilon^{-\alpha t}]\,1.$$

Wir merken uns den Wert des Operators $\frac{1}{p+\alpha}\,1$ vor:

$$\frac{1}{p+\alpha}\,1 = \frac{1}{\alpha}\,(1 - \varepsilon^{-\alpha t})\,1 \quad \dots\dots\dots \quad (12)$$

Ein Operator von großem praktischem Interesse ist:

$$\frac{p}{p+\alpha}\,1 = \left(1 - \frac{\alpha}{p} + \frac{\alpha^2}{p^2} - \ldots\right) 1 =$$
$$= \left(1 - \alpha t + \frac{\alpha^2 t^2}{2!} - \ldots\right) 1 = \varepsilon^{-\alpha t}\, 1 \quad . \; . \; (13)$$

An dieser Stelle mag vielleicht die Frage aufgeworfen werden, warum das »algebraisieren« durch Division, wie Heaviside diesen Vorgang nennt, derart vorgenommen wird, daß in den einzelnen Summanden der Reihe p im Nenner steht. Warum wird nicht auf andere Weise dividiert, etwa folgendermaßen:

$$\frac{p}{\alpha+p}\,1 = \left(\frac{p}{\alpha} - \frac{p^2}{\alpha^2} + \frac{p^3}{\alpha^3} - \ldots\right) 1.$$

Die Antwort auf diese Frage lautet, daß wir bei einer Entwicklung in dieser Form nicht vorwärtskommen würden. Heaviside hat nur die Bedeutung von $\frac{1}{p^n}\,1$ als Funktion von t angegeben; daher müssen wir das »Algebraischmachen« derart vornehmen, daß p im Nenner erscheint. Dieser Punkt wird in den Kapiteln 25 und 26 noch weiter besprochen werden.

Kehren wir für einen Augenblick zur Gleichung (13) zurück. Heaviside schreibt:

$$\frac{p}{p+\alpha}\,1 = \varepsilon^{-\alpha t}.$$

Er läßt die Einheitsfunktion auf der rechten Seite der Gleichung weg und verwendet sie nur in solchen Gleichungen — und auch dort nicht immer —, wo p, aber nicht t vorkommt.

Es ist viel über das Weglassen der Einheitsfunktion auf der rechten Seite der Gleichung zu sagen. Es bewirkt zunächst eine beträchtliche Vereinfachung der Schreibweise und verursacht keinen Fehler, vorausgesetzt, daß wir nicht etwa versuchen, die Funktion $f(t)$ mit p zu behandeln, d. h. zu differentiieren.

Zu diesem Punkt sei ein Beispiel angeführt:

$$p \cdot \varepsilon^{-\alpha t} = \frac{d}{dt}\,\varepsilon^{-\alpha t} = -\alpha \cdot \varepsilon^{-\alpha t}.$$

Hingegen bedeutet $p \cdot \varepsilon^{-\alpha t}\, 1$ die Differentiation eines Produktes.

$$p\,[f(t)\,H(t)] = f'(t)\,H(t) + H'(t)\,f(t).$$

Wenn $H(t) = 1$ gesetzt wird, erhält man

$$p\,[f(t)\,1] = f'(t)\,1 + f(t)\,p\,1.$$

$p\,1$ ist jedoch gleich Null für alle Werte von t mit Ausnahme von $t = 0$. Zur Zeit $t = 0$ ist $f(t) = f(0)$. Daher entsteht

$$p\,[f(t)\,1] = 1\,f'(t) + f(0)\,p\,1 \quad \ldots\ldots\ldots \quad (14)^{1)}$$

Dies ist eine wichtige Gleichung.

Wenn beispielsweise $f(t) = \varepsilon^{-\alpha t}$ ist, so erhält man

$$p\,\varepsilon^{-\alpha t}\,1 = -\alpha\,\varepsilon^{-\alpha t}\,1 + \varepsilon^0\,p\,1 = -\alpha\,\varepsilon^{-\alpha t}\,1 + p\,1$$

oder $p\,\varepsilon^{-\alpha t}\,1$ ist gleich $p \cdot \varepsilon^{-\alpha t}$ vermehrt um einen Impuls $p\,1$. Dieser Impuls erreicht zur Zeit $t = 0$ den Wert unendlich. Wir betrachten nun wieder $p\,\varepsilon^{-\alpha t}\,1$ und entwickeln $\varepsilon^{-\alpha t}$ in eine unendliche Reihe.

$$p\,e^{-\alpha t}\,1 = p\left(1 - \alpha t + \frac{\alpha^2 t^2}{2!} - \frac{\alpha^3 t^3}{3!} + \ldots\right)1.$$

Durch Differentiation des vorstehenden Ausdruckes als Produkt nach Gleichung (14) erhalten wir:

$$p\,\varepsilon^{-\alpha t}\,1 = \left(-\alpha + \frac{2\,\alpha^2 t}{2!} - \frac{3\,\alpha^3 t^2}{3!} + \ldots\right)1 + p\,1$$
$$= -\alpha\,\varepsilon^{-\alpha t}\,1 + p\,1.$$

Die Wichtigkeit der Verwendung der Einheitsfunktion in Verbindung mit Funktionen von t, wenn auf diese der Operator p wirkt, soll durch folgendes Beispiel klargemacht werden:

Es wurde nachgewiesen, daß

$$\frac{p}{p+\alpha}\,1 = \varepsilon^{-\alpha t}\,1$$

ist. Wenn wir beide Seiten dieser Gleichung mit $p + \alpha$ multiplizieren, entsteht:

$$p\,1 = (p + \alpha)\,\varepsilon^{-\alpha t}\,1.$$

Ist dies eine identische Gleichung?

$$(p + \alpha)\,\varepsilon^{-\alpha t}\,1 = -\alpha\,\varepsilon^{-\alpha t}\,1 + \varepsilon^0\,p\,1 + \alpha\,\varepsilon^{-\alpha t}\,1 = p\,1.$$

Es liegt also tatsächlich eine Identität vor. Diese hätte sich aber nicht ergeben, falls wir geschrieben hätten:

$$\frac{p}{p+\alpha}\,1 = \varepsilon^{-\alpha t}.$$

Bei dieser Gelegenheit sollen noch weitere Fälle zum Beweise der Wichtigkeit der Beibehaltung der Einheitsfunktion angeführt werden.

Einige Interpretatoren Heavisides schreiben:

$$\frac{p}{p+\alpha} = \varepsilon^{-\alpha t},$$

---

[1]) Es ist natürlich unwesentlich, ob die Einheitsfunktion vor oder nach $f'(t)$ geschrieben wird.

woraus durch Substitution von $-\alpha$ an Stelle von α hervorgeht:

$$\frac{p}{p-\alpha} = \varepsilon^{\alpha t}.$$

Die Einheitsfunktion ist hier vollständig weggelassen.

Aus diesen Gleichungen könnte geschlossen werden, daß

$$\frac{p}{p+\alpha} \cdot \frac{p}{p-\alpha} = 1$$

ist oder

$$\frac{p^2}{p^2-\alpha^2} = 1.$$

Tatsächlich ist

$$\frac{p^2}{p^2-\alpha^2} \mathit{1} = \cosh \alpha t \, \mathit{1},$$

wie leicht durch »algebraisieren« bewiesen werden kann. Ein Fehler dieser Art kann nicht leicht vorkommen, wenn die Gleichungen in der Form

$$\frac{p}{p+\alpha} \mathit{1} = \varepsilon^{-\alpha t},$$

$$\frac{p}{p-\alpha} \mathit{1} = \varepsilon^{\alpha t}$$

geschrieben werden; hierbei ist zu beachten, daß jede Funktion von t, die in der Operatorenrechnung verwendet wird, in Wirklichkeit mit der Einheitsfunktion multipliziert ist. Würde man die Gleichungen mit der Einheitsfunktion multiplizieren, so erhielte man auf der linken Seite $\mathit{1}^2$; doch kennt niemand die Bedeutung von Operatoren, die mit dem Faktor $\mathit{1}^2$ multipliziert sind.

Zusammenfassung. Lineare Differentialgleichungen mit konstanten Koeffizienten, deren Lösungen konvergente Reihen in t sind, können mit Hilfe der Operatorenrechnung gelöst werden, wenn p anstatt $\frac{d}{dt}$ eingesetzt wird. Die Operatorengleichungen unterliegen den Gesetzen der Algebra und werden gewöhnlich in die Form von unendlichen Reihen mit Gliedern, welche Vielfache von $\frac{1}{p}$, $\frac{1}{p^2}$ usf. sind, gebracht. Diese Reihen werden mit Hilfe der Beziehung

$$\frac{1}{p^n} \mathit{1} = \frac{t^n}{n!} \mathit{1}$$

ausgewertet.

2. Kapitel.

Das Wesen und der praktische Wert der symbolischen Lösung.

Heaviside war offensichtlich der Meinung, daß die Verwendung von Differentialquotienten und Integralen unerwünscht ist, wenn die Möglichkeit besteht, ohne sie auszukommen. Er ging ferner von der Anschauung aus, daß selbst der am wenigsten vorgebildete Elektrotechniker das Ohmsche Gesetz auf den Beharrungszustand eines Gleichstromnetzes anwenden kann, wenn das Netz nur elektromotorische Kräfte und Ohmsche Widerstände aufweist. Mit anderen Worten, er setzte voraus, daß jeder Elektroingenieur für die in Abb. 2 dargestellte Schaltung den resultierenden Widerstand

$$R_0 = \frac{R R_1}{R + R_1}$$

angeben kann.

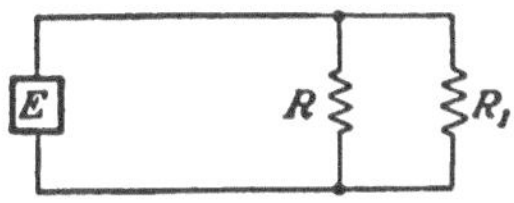

Abb. 2.

Demnach ist der stationäre Strom, nachdem der Beharrungszustand eingetreten ist,

$$i = \frac{E}{R_0} = E\,\frac{R + R_1}{R R_1}.$$

Er hielt es ferner für unmittelbar einleuchtend, daß bei der Schaltung nach Abb. 3 der resultierende Widerstand

$$R_0 = R_2 + \frac{R R_1}{R + R_1}$$

ist und daß die Stromstärke für jeden Stromzweig in Abhängigkeit von der dauernd aufgedrückten Spannung leicht gefunden werden kann.

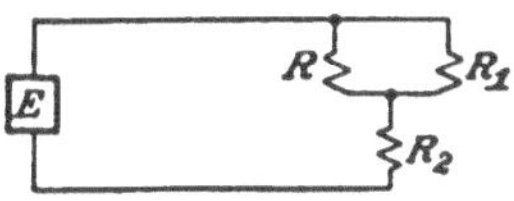

Abb. 3.

Er zog dann kompliziertere Schaltungen in Betracht, wie z. B. die nach Abb. 4. Hier ist ein Ohmscher Widerstand mit einer Induktivität in Reihe geschaltet. Die für die Momentanwerte gültige Beziehung

$$e = i r + L \frac{d i}{d t}$$

setzte er als bekannt voraus. Die Lösung dieser Differentialgleichung in seiner symbolischen Schreibweise ist:

Abb. 4.

$$E\,1 = i r + p L i = i(r + p L).$$

In dem Falle der Abb. 5, wo ein Kondensator mit einem Widerstand in Reihe geschaltet ist, gilt für die Momentanwerte die Gleichung

$$e = i r + \frac{1}{C}\int_0^t i\,d t.$$

Abb. 5.

Die Lösung in der symbolischen Schreibweise ist:

$$E\,1 = i\,r + \frac{i}{p\,C} = i\left(r + \frac{1}{p\,C}\right).$$

Im Falle der Abb. 6 (Reihenschaltung von Widerstand, Induktivität und Kapazität) ist die Differentialgleichung für die Momentanwerte

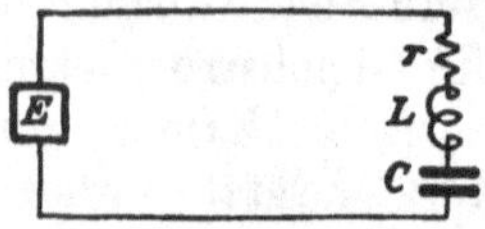

Abb. 6.

$$e = i\,r + L\frac{d\,i}{d\,t} + \frac{1}{C}\int_0^t i\,d\,t$$

und die symbolische Lösung

$$E\,1 = i\,r + p\,L\,i + \frac{i}{C\,p} = i\left(r + p\,L + \frac{1}{p\,C}\right).$$

Der sogenannte Widerstandsoperator für eine Reihenschaltung von Widerstand und Induktivität ist $z = r + pL$. Es ist zu beachten, daß z nicht etwa die Impedanz (der Scheinwiderstand) des Stromkreises ist. Der Ausdruck hat bloß die Bedeutung, daß man, wenn man die Einheitsfunktion der Spannung durch z dividiert, den Strom unter Heavisides Annahmen erhält. Der Widerstandsoperator für eine Reihenschaltung von Widerstand und Kapazität ist $z = r + \frac{1}{p\,C}$. Der Operator für die Reihenschaltung von Widerstand, Induktivität und Kapazität ist

$$z = r + p\,L + \frac{1}{p\,C}.$$

Betrachten wir nun die Schaltung nach Abb. 7, welche einen unvollkommenen Kondensator (Parallelschaltung von C und r) in Reihe mit einem Widerstand r_2 darstellt. Wir können die Gleichung für den Strom so aufstellen, als ob die verschiedenen Stromzweige nur Widerstände enthielten. Für diese in Abb. 3 dargestellte Schaltung erhalten wir

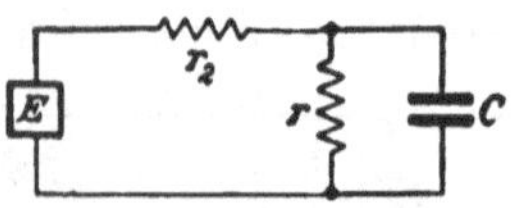

Abb. 7.

$$R_0 = R_2 + \frac{R\,R_1}{R + R_1}.$$

Durch Einsetzen der entsprechenden Operatoren für die Widerstände R erhalten wir:

$$z_0 = r_2 + \frac{r\,\frac{1}{p\,C}}{r + \frac{1}{p\,C}} = r_2 + \frac{r}{1 + r\,p\,C} = \frac{r_2 + r\,r_2\,p\,C + r}{1 + r\,p\,C}.$$

Infolgedessen ist der Strom

$$i = \frac{E\,1}{z_0} = E\,\frac{1 + r\,p\,C}{r + r_2 + r\,r_2\,p\,C}\,1 \quad . \; . \; . \; . \; . \; . \quad (15)$$

Diese Gleichung nennt Heaviside die symbolische Lösung und schreibt sie in der Form:

$$i = E\frac{Y}{Z}\mathit{1} \text{ oder } i = E\frac{Y(p)}{Z(p)}\mathit{1} \quad \ldots\ldots\ldots \quad (16)$$

Im vorliegenden Falle ist

$$Y = 1 + pCr$$

und

$$Z = r + r_2 + rr_2pC.$$

Die Anwendbarkeit der Operatorenrechnung ist nicht auf das Auffinden des Stromes beschränkt, der durch das plötzliche Anlegen einer konstanten Spannung E zur Zeit $t = 0$ verursacht wird. So kann z. B. die Spannung, die zu irgendeiner Zeit nach Einschaltung des Netzes am Kondensator C liegt (Abb. 7), mit Hilfe der Operatorenrechnung bestimmt werden. Bei der Lösung dieser Aufgabe bedeutet es eine Erleichterung für den Leser, zunächst auf die gleichwertige Schaltung nach Abb. 3 mit rein Ohmschen Widerständen zurückzugreifen und die Spannung am Widerstande R_1 zu berechnen, welcher hier an die Stelle des Kondensators C von Abb. 7 tritt. Diese Spannung kann leicht bestimmt werden; sie ist

$$e = E\frac{RR_1}{RR_2 + RR_1 + R_1R_2}.$$

Durch Einsetzen der Operatoren erhalten wir:

$$e = E\frac{r/pC}{rr_2 + \frac{r}{pC} + \frac{r_2}{pC}}\mathit{1} = E\frac{r}{rr_2pC + r + r_2}\mathit{1}.$$

Kehren wir für einen Augenblick zu den Gleichungen (15) und (16) zurück.

Es kann die Frage auftauchen, warum die symbolische Lösung nicht in folgender Form geschrieben wird:

$$i = E\frac{\frac{1 + pCr}{r + r_2 + rr_2pC}}{1}\mathit{1}.$$

Hier wäre

$$Y = \frac{1 + pCr}{r + r_2 + rr_2pC}$$

und $Z = 1$; oder aber warum man nicht schreibt

$$i = E\frac{1}{\frac{r + r_2 + rr_2pC}{1 + pCr}}\mathit{1},$$

wobei $Y = 1$ wäre und $Z = \frac{r + r_2 + rr_2pC}{1 + pCr}$.

Es wird aus dem folgenden Kapitel über den Entwicklungssatz hervorgehen, daß die erste der beiden vorstehenden Gleichungen den Bedingungen nicht entspricht.

Die symbolische Lösung muß eine solche Form besitzen, daß sich, wenn $Z = 0$ gesetzt wird, die größte Zahl von Wurzeln nach p ergibt. Im ersten Falle gibt der Ansatz $Z = 0$ überhaupt keine Wurzeln. Bei der Lösung der meisten Aufgaben ergibt sich ein Z, das höhere Potenzen von p enthält, so daß die Gleichung $Z(p) = 0$ mehrere Wurzeln besitzt.

Beachtet man diese Überlegung, so ist es klar, wie man die symbolische Lösung erhält, zumindest bei allen Schaltungen, bei denen Widerstände, Induktivitäten und Kapazitäten auf bestimmte Punkte konzentriert sind.

Eine Anzahl von Beispielen, wobei nicht nur Widerstand, Selbstinduktion und Kapazität als vorhanden angenommen wird, sondern auch gegenseitige Induktion, wird später folgen. Diese Beispiele dürften geeignet sein, alle Zweifel aufzuklären, die an dieser Stelle noch bestehen mögen.

3. Kapitel.

Der Entwicklungssatz.

Im 2. Kapitel wurde das Verfahren zum Auffinden der symbolischen Lösung gezeigt. Wir müssen uns daran erinnern, daß die symbolische Lösung nur die Frage nach den Folgen des plötzlichen Einwirkens einer konstanten Kraft auf ein System zur Zeit $t = 0$ beantwortet.

Naturgemäß liegen die Verhältnisse bei praktisch vorkommenden Aufgaben nicht immer so. Die Kräfte sind häufig veränderlich; zuweilen sind überhaupt keine äußeren Kräfte wirksam, wie im Falle der Entladung eines Kondensators. Solche Aufgaben können jedoch leicht gelöst werden, wie dies in den Kapiteln 6, 8 und 14 gezeigt werden wird. Die Lösung hängt dann von jener ab, welche man erhält, wenn man zunächst eine konstante Kraft annimmt, die plötzlich zur Zeit $t = 0$ auf das System einzuwirken beginnt. Kurz gesagt, welcher Art die Aufgabe auch sei, es ist im allgemeinen wichtig, die Lösung zu kennen, welche sich für den Fall der plötzlich zur Zeit $t = 0$ zu wirken beginnenden konstanten Kraft, d. i. unter der sog. Heavisideschen Bedingung, ergibt.

In Gleichung (16) im 2. Kapitel wurde die symbolische Lösung für den Netzstrom in folgender Form angegeben: $i = E \frac{Y(p)}{Z(p)} 1$, wobei $Y(p)$ und $Z(p)$ bestimmte Funktionen von p waren.

Wenn $Z(p)$ von höherer Ordnung in Bezug auf p ist, als $Y(p)$, dann ist die Ordnung des Ausdruckes $\frac{Y(p)}{Z(p)}$ kleiner als 1. Wenn andererseits $Y(p)$ von höherer Ordnung in Bezug auf p ist, als $Z(p)$, so ist es immer möglich, den Ausdruck $\frac{Y(p)}{Z(p)}$ durch Division auf eine Summe von Ausdrücken zurückzuführen, von denen einige ganze Funktionen von p sind, während einer von ihnen ein Bruch ist, der sowohl im Zähler als auch im Nenner Potenzen von p enthält. So erhält man beispielsweise einen Ausdruck von der Form:

$$A p \mathit{1} + B \mathit{1} + C \frac{Y(p)}{Z(p)} \mathit{1}.$$

Hier ist offensichtlich der Ausdruck $\frac{Y(p)}{Z(p)}$ nicht derselbe wie zuvor. Die Lösung der Aufgabe ist dann die Summe der Lösungen von $A p \mathit{1}$, $B \mathit{1}$ und $C \frac{Y(p)}{Z(p)} \mathit{1}$.

Aus dem, was über $p \mathit{1}$ gesagt wurde, folgt, daß der Ausdruck $A p \mathit{1}$ zur Zeit $t = 0$ den Wert unendlich besitzt, im übrigen aber den Wert Null. Die Auswertung des dritten Ausdruckes, des Bruches, erfolgt mittels des Entwicklungssatzes.

Der Nenner $Z(p)$ enthält immer verschiedene Potenzen von p. Daher kann $Z(p)$ im allgemeinen dargestellt werden als

$$Z(p) = p^n + a p^{n-1} + \dots$$

Angenommen, die Wurzeln der Gleichung $Z(p) = 0$ sind p_1, p_2, p_3 usf., so ist

$$Z(p) = (p - p_1)(p - p_2)(p - p_3) \dots$$

und

$$\frac{Y(p)}{Z(p)} = \frac{Y(p)}{(p - p_1)(p - p_2)(p - p_3) \dots}.$$

Wird dieser Ausdruck in Partialbrüche zerlegt und sind alle Wurzeln untereinander verschieden und keine gleich Null, so erhalten wir:

$$\frac{Y(p)}{Z(p)} = \frac{A}{p - p_1} + \frac{B}{p - p_2} + \frac{C}{p - p_3} + \dots, \quad \dots \quad (17)$$

wobei

$$A = \frac{Y(p_1)}{Z'(p_1)}, \quad B = \frac{Y(p_2)}{Z'(p_2)}$$

ist, usf. Hier ist

$$Z'(p) = \frac{d}{dp} Z(p)$$

und $Z'(p_1)$ ist der besondere Wert von $Z'(p)$, wenn p_1 an Stelle von p eingesetzt wird. Die Begründung dieser Art der Partialbruchzerlegung findet sich beispielsweise in Dr. L. Kiepert und Dr. M. Stegemann, Grundriß der Integralrechnung, I. Band, S. 215 bis 242, 13. Auflage, Hannover 1922. Wir erhalten also:

$$\frac{Y(p)}{Z(p)} 1 = A \frac{1}{p-p_1} 1 + B \frac{1}{p-p_2} 1 + \ldots$$

Setzt man in Gleichung (12) $\alpha = -p_1$, so erhält man einen Ausdruck für $\frac{1}{p-p_1} 1$, und die Gleichung (17) nimmt folgende Form an:

$$\left[-\frac{A}{p_1} - \frac{B}{p_2} - \ldots\right] 1 + \left[\frac{A\varepsilon^{p_1 t}}{p_1} + \frac{B\varepsilon^{p_2 t}}{p_2} + \ldots\right] 1.$$

Aus Gleichung (17) ergibt sich, daß die erste Klammer gleich $\frac{Y(p)}{Z(p)} 1$ für $p = 0$ ist oder kurz gesagt gleich $\frac{Y(0)}{Z(0)} 1$. Der zweite Klammerausdruck lautet nach Einsetzung der Werte von A und B

$$\left\{\left[\frac{Y(p)\varepsilon^{pt}}{p\frac{dZ}{dp}}\right]_{p=p_1} + \left[\frac{Y(p)\varepsilon^{pt}}{p\frac{dZ}{dp}}\right]_{p=p_2} + \ldots\right\} 1.$$

Daher ist

$$i = E\left[\frac{Y(0)}{Z(0)} + \sum_{p_1 p_2 p_3 \ldots} \frac{Y(p)\varepsilon^{pt}}{p\frac{dZ(p)}{dp}}\right] 1 \quad \ldots \ldots (18)$$

Diese Gleichung gibt Heaviside im II. Band der »Electromagn. Theory« auf S. 135[1]). Es ist jedoch zu beachten, daß bei der Ableitung angenommen wurde, alle Wurzeln der Gleichung $Z(p) = 0$ seien untereinander verschieden und keine von ihnen sei gleich Null. Das Verfahren, welches angewendet werden muß, wenn mehrere Wurzeln gleich sind, oder wenn eine Wurzel gleich Null ist, wird im 7. Kapitel angegeben.

Es ist bereits erwähnt worden, daß Heaviside bei solchen Ausdrücken, welche die unabhängige Veränderliche t enthalten, die Einheitsfunktion 1 wegläßt, während er sie gewöhnlich, wenn auch nicht immer, anschreibt, sobald die Lösung als Funktion von p gegeben wird. Es ist ein guter, praktischer Grund hierfür vorhanden; wir würden andernfalls in unseren Gleichungen zu oft die Einheitsfunktion anschreiben müssen. Aus diesem Grunde ist es empfehlenswert, diesem Brauche Heavisides zu folgen, und es soll von nun an die Einheitsfunktion weggelassen werden,

---

[1]) Dabei wird angenommen, daß $\frac{Y(p)}{Z(p)}$ in ganzen Potenzen von p ausgedrückt werden kann.

wenn die Lösung als Funktion von t angegeben wird. Wir wollen uns jedoch daran erinnern, daß auch in diesem Falle eigentlich die Einheitsfunktion anzuschreiben wäre.

Es ist eine interessante Tatsache, daß, obwohl der Entwicklungssatz unter der Annahme abgeleitet wurde, $Y(p)/Z(p)$ sei eine echt gebrochene Funktion von p, diese Annahme keine notwendige Bedingung ist. Der Entwicklungssatz kann in der Form von Gleichung (18) auch dann angewendet werden, wenn in $Y(p)$ und in $Z(p)$ gleich hohe Potenzen von p vorkommen. Selbst wenn $Y(p)$ höhere Potenzen von p enthält, als $Z(p)$, ist es nicht nötig, auszudividieren. Wir können vielmehr in der üblichen Weise vorgehen, wenn wir uns vor Augen halten, daß zu dem erhaltenen Resultat ein Ausdruck hinzuaddiert werden muß, der vor und nach dem Zeitpunkt $t = 0$ den Wert Null besitzt, hingegen zur Zeit $t = 0$ den Wert unendlich.

Betrachten wir den Fall, wo die höchste Potenz nach p in beiden Ausdrücken dieselbe ist.

$$Y(p) = p^n + \alpha p^{n-1} + \beta p^{n-2} + \dots \gamma$$
$$Z(p) = p^n + a p^{n-1} + b p^{n-2} + \dots c$$

Durch Division erhalten wir:

$$\frac{Y(p)}{Z(p)} = 1 + \frac{(\alpha - a) p^{n-1} + (\beta - b) p^{n-2} \dots + \gamma - c}{p^n + a p^{n-1} + b p^{n-2} + \dots c} = 1 + \frac{Y_1(p)}{Z(p)}.$$

Hier ist der zweite Ausdruck eine echt gebrochene Funktion von p, und wir können ohne Zögern den Entwicklungssatz anwenden. Die Lösung enthält im allgemeinen einen konstanten Ausdruck $\frac{Y_1(0)}{Z(0)}$ und eine Reihe von Ausdrücken, die den Faktor ε^{pt} enthalten.

Sie lautet also

$$1 + \frac{Y_1(0)}{Z(0)} + \Sigma k \varepsilon^{pt}.$$

$\frac{Y_1(0)}{Z(0)}$ ist naturgemäß gleich $\frac{\gamma - c}{c}$; der konstante Ausdruck ist also $1 + \frac{\gamma - c}{c} = \frac{\gamma}{c}$, ein Wert, den wir auch erhalten hätten, wenn wir ohne Division den Entwicklungssatz angewandt hätten. Da der Nenner $Z(p)$ der gleiche bleibt, ob wir dividieren oder nicht, ist die Zahl und der Wert der Wurzeln der Gleichung $Z(p) = 0$ unverändert.

Im ersten Falle, wenn wir nicht dividieren, erhalten wir eine Anzahl von Exponentialausdrücken:

$$m_1 \varepsilon^{p_1 t} + m_2 \varepsilon^{p_2 t} + \dots$$

Im zweiten Falle ergibt sich die gleiche Anzahl von Ausdrücken

$$k_1 \varepsilon^{p_1 t} + k_2 \varepsilon^{p_2 t} + \dots$$

Unter der Heavisideschen Annahme ist $k_1 = m_1$, $k_2 = m_2$ usf. Denn

$$Y_1(p) = Y(p) - p^n - [Z(p) - p^n] = Y(p) - Z(p).$$

Daher ist $k_1 = \dfrac{Y(p) - Z(p)}{p\dfrac{dZ}{dp}}$ für $p = p_1$; aber dies ist $\dfrac{Y(p)}{p\dfrac{dZ}{dp}}$, denn $Z(p)$ muß für $p = p_1$ den Wert Null besitzen. Daher ist $k_1 = m_1$ und in ähnlicher Weise läßt sich zeigen, daß $k_2 = m_2$ ist, usf.

Die Erfahrung hat gezeigt, daß es dem Lernenden leichter fällt, den Entwicklungssatz anzuwenden, wenn er folgenden Vorgang einhält:

1. Anschreiben des Wertes von $Z(p)$.

2. Man setze $Z(p) = 0$ und löse diese Gleichung nach p auf, wobei sich die Wurzeln p_1, p_2, p_3 usf. ergeben.

Wenn $Z(p)$ in bezug auf p linear ist, ergibt sich nur eine Wurzel.

Wenn $Z(p)$ in bezug auf p quadratisch ist, ergeben sich zwei Wurzeln p_1 und p_2. Eine kubische Gleichung liefert drei Wurzeln usf.

3. $Z(p)$ ist nach p zu differentiieren, d. h. es ist $dZ(p)/dp$ zu suchen.

4. Es sind die Ausdrücke $p\dfrac{dZ(p)}{dp}$ und $\dfrac{Y(p)}{p\dfrac{dZ(p)}{dp}}$ anzuschreiben.

5. In die unter 4 gebildeten Ausdrücke ist $p = p_1$, $p = p_2 \ldots$ usf. einzusetzen.

6. Es ist $Y(p)/Z(p)$ anzuschreiben und $p = 0$ zu setzen, um $Y(0)/$ $/Z(0)$ zu finden. Im allgemeinen enthält die Lösung einen konstanten Ausdruck $Y(0)/Z(0)$ und eine Reihe von Ausdrücken der Form

$$C_1 \varepsilon^{p_1 t} + C_2 \varepsilon^{p_2 t} + \ldots,$$

wobei

$$C_1 = \frac{Y(p)}{p\dfrac{dZ}{dp}} \text{ für } p = p_1 \text{ ist, } C_2 = \frac{Y(p)}{p\dfrac{dZ}{dp}}$$

für $p = p_2$ usf. An dieser Stelle könnte ein Mathematiker sagen, daß dies nichts anderes als die übliche Lösung einer linearen Differentialgleichung ist, wenn auf der rechten Seite eine Konstante steht; und das ist naturgemäß richtig. Die Schönheit der von Heaviside angegebenen Rechnungsart liegt in der wunderbar einfachen Bestimmung der Integrationskonstanten C_1, C_2 usw. Man erhält sie durch ein Verfahren, das nur die Kenntnis der Differentiation in bezug auf p voraussetzt.

Die Einfachheit dieser Vorgangsweise ist besonders schätzenswert, wenn es sich um Differentialgleichungen unendlich hoher Ordnung handelt, wie solche bei der Behandlung von Systemen mit »verteilten«

Konstanten vorkommen. Hier ist die Zahl der Integrationskonstanten unendlich groß, und es ist oft hoffnungslos schwierig, solche Differentialgleichungen in üblicher Weise auszuwerten.

Heaviside gibt zur Lösung der einschlägigen Aufgaben zwei verschiedene Verfahren an; das erste und sicherste ist die Anwendung des Entwicklungssatzes; das zweite ist das sog. »Algebraisieren«, worunter die Entwicklung in eine Potenzreihe zu verstehen ist.

Der Nachteil des ersten Verfahrens besteht darin, daß es mitunter sehr viel Rechenarbeit verursacht. Dies ist insbesondere dann der Fall, wenn die Gleichung $Z(p) = 0$ komplexe Wurzeln liefert. Das zweite Verfahren hat den Nachteil, daß es häufig zu Reihenentwicklungen führt, die sehr schwer auszuwerten sind.

Leider ist derjenige Zweig der Operatorenrechnung, der auf der Entwicklung von Funktionen in Potenzreihen beruht, nur mit Schwierigkeit auf bestimmte Aufgaben anwendbar, wie im 17. Kapitel gezeigt wird. Doch gibt es, wie dort und an anderer Stelle besprochen, kürzere Wege. Die Anwendung des Duhamelschen Integrals (15. Kapitel) oder der Vektorgleichungen, wenn es sich um stationäre, von periodisch wirkenden Kräften hervorgerufene Zustände handelt, ist wärmstens zu empfehlen. Wenn das »Algebräisieren« eine Reihe ergibt, die nicht oder nur in einem bestimmten Bereich konvergent ist, so ist nicht zu erwarten, daß diese Reihenentwicklung eine vollständige Darstellung bietet; dies ist nur selten der Fall. Es ist dann ein anderes Verfahren zu versuchen. Heaviside sagt (Bd. II, S. 492) über Entwicklungen, die auf divergente Reihen führen:

»Über diesen Gegenstand wäre mehr zu sagen, und ich zweifle nicht, daß mehr darüber gesagt werden wird, wenn es den Mathematikern gelingen wird, divergente Reihen für physikalische Zwecke zu verwerten.«

Betrachten wir zunächst den denkbar einfachsten Fall: Eine Akkumulatorenbatterie mit der Spannung E ist auf einen Stromkreis geschaltet, der aus einem induktionsfreien Widerstand und einer widerstandslosen Induktivität in Reihenschaltung besteht.

Der Widerstandsoperator ist $r + pL$ und daher der Strom unter der Heavisideschen Annahme:

$$i = \frac{E}{r + pL} 1 = E \frac{Y(p)}{Z(p)} 1.$$

Hier ist $Y(p) = 1$ und $Z(p) = r + pL$.

Die Gleichung $Z(p) = 0$ liefert nur eine Wurzel

$$p_1 = -\frac{r}{L}; \quad \frac{dZ}{dp} = L; \quad p\frac{dZ}{dp} = pL; \quad \frac{Y(p)}{p\frac{dZ}{dp}} = \frac{1}{pL};$$

$$\left[\frac{Y(p)}{p\frac{dZ}{dp}}\right]_{p=p_1} = \frac{1}{-\frac{r}{L}L} = -\frac{1}{r}; \qquad \frac{Y(0)}{Z(0)} = \frac{1}{r};$$

$$i = E\left[\frac{1}{r} - \frac{1}{r}\varepsilon^{-\frac{r}{L}t}\right] = \frac{E}{r}\left[1 - \varepsilon^{-\frac{r}{L}t}\right].$$

Die Spannung an der Induktivität kann auf ähnlichem Wege gefunden werden. Sie ist ipL oder

$$e_i = \frac{EpL}{r + pL}\, 1.$$

Hier ist:

$$Y(p) = pL,\; Z(p) = r + pL,\; p_1 = -\frac{r}{L},$$

ferner

$$\left[\frac{Y(p)}{p\frac{dZ}{dp}}\right]_{p=p_1} = \frac{-\frac{r}{L}L}{-\frac{r}{L}L} = 1.$$

$$\frac{Y(0)}{Z(0)} = 0. \qquad e_i = E\varepsilon^{-\frac{r}{L}t}.$$

Ein anderes einfaches Beispiel ist das folgende: Es ist bei einer Reihenschaltung von Kondensator und Widerstand die Spannung am Kondensator gesucht. Der Anschluß soll an eine Akkumulatorenbatterie mit der Spannung E erfolgen.

Der Widerstandsoperator ist dann $r + \frac{1}{pC}$; der Strom ist

$$i = \frac{E}{r + \frac{1}{pC}}\, 1$$

und die Spannung am Kondensator

$$e_c = i\,\frac{1}{pC};$$

$$e_c = \frac{E\frac{1}{pC}}{r + \frac{1}{pC}}\, 1 = \frac{E}{pCr + 1}\, 1.$$

Hier ist

$$Y(p) = 1,\; Z(p) = pCr + 1,\; p_1 = -\frac{1}{Cr};$$

$$\frac{Y(p)}{p\frac{dZ}{dp}} = \frac{1}{pCr}, \qquad \left[\frac{Y(p)}{p\frac{dZ}{dp}}\right]_{p=p_1} = -1, \qquad \frac{Y(0)}{Z(0)} = \frac{1}{1} = 1,$$

$$e_c = E\left[1 - \varepsilon^{-\frac{1}{Cr}t}\right].$$

Es ist zu beachten, daß zur Zeit $t = 0$, also im Augenblick des Schließens des Schalters $e_c = 0$ ist; daher wirkt ein Kondensator im ersten Augenblick wie ein Stück der Leitung; er verbraucht keinerlei Spannung. Zur Zeit $t = \infty$ ist $e_c = E$; warten wir lange genug, so wirkt also ein Kondensator so, wie ein Leiter von unendlichem Widerstand.

Mit anderen Worten: Im ersten Augenblick wirkt ein Kondensator, als ob er kurzgeschlossen wäre. Später wirkt er als Stromunterbrechung. Eine Induktivität wirkt, wie bei der Behandlung der ersten Aufgabe gezeigt wurde, genau entgegengesetzt.

4. Kapitel.

Anwendung des Entwicklungssatzes auf einige Aufgaben.

Bei der Anwendung des Entwicklungssatzes auf die im 2. Kapitel erwähnte Aufgabe, daß ein bis zu einem gewissen Grade gleichstromdurchlässiger Kondensator in Reihenschaltung mit einem Widerstand plötzlich an eine Akkumulatorenbatterie mit der Spannung E angeschlossen wird, ergibt sich

$$Z(p) = r + r_2 + r r_2 p C$$

(siehe Gleichung (15) und Abb. 7 im 2. Kapitel). Setzt man $Z(p) = 0$, so erhält man

$$p = -\frac{r + r_2}{r r_2 C}$$

und

$$p_1 = -\frac{r + r_2}{r r_2 C}; \quad \frac{dZ}{dp} = r r_2 C.$$

Daher ist

$$p \frac{dZ}{dp} = p r r_2 C$$

und

$$\frac{Y(p)}{p \frac{dZ}{dp}} = \frac{1 + r p C}{p r r_2 C}; \quad \left[\frac{Y(p)}{p \frac{dZ}{dp}}\right]_{p = p_1} = \frac{r}{r_2 (r + r_2)};$$

$$\frac{Y(0)}{Z(0)} = \frac{1}{r + r_2}.$$

Es ist also

$$i = E\left[\frac{1}{r + r_2} + \frac{r}{r_2 (r + r_2)} \varepsilon^{-\frac{r + r_2}{r r_2 C} t}\right].$$

Zur Zeit $t = 0$ ist $i = \frac{E}{r_2}$ und zur Zeit $t = \infty$ ist $i = \frac{E}{r + r_2}$.

Der Anfangs- und Endwert des Stromes kann interessanterweise immer sofort aus der Operatorengleichung abgelesen werden, welche in diesem Falle lautet:

$$i = E \frac{1 + pCr}{r + r_2 + pCrr_2} 1 \quad \ldots \ldots \ldots \quad (19)$$

Aus dem Verlauf der Einheitsfunktion ergibt sich:

für

$$t = 0,\ p = \frac{d}{dt} = \infty,$$

für

$$t = \infty,\ p = 0.$$

Es ist demnach für $t = 0$, p unendlich groß und überwiegt gegen jede endliche Größe; also ist für $t = 0$

$$i = \frac{EpCr}{pCrr_2} 1 = \frac{E}{r_2},$$

für $t = \infty$ und $p = 0$ ist $i = E \frac{1}{r + r_2}$.[1])

Andere Beispiele, bei denen komplexe Wurzeln vorkommen, folgen in den Kapiteln 7 und 8.

Die Operatorengleichung gibt ferner über einige interessante Tatsachen Aufschluß.

Da p für $t = 0$ den Wert unendlich besitzt und für $t = \infty$ den Wert Null, so muß offensichtlich der Einschaltstrom dann gleich Null sein, wenn der Nenner höhere Potenzen von p enthält, als der Zähler.

Wenn Zähler und Nenner Ausdrücke mit gleich hohen Potenzen von p sind, hat der Einschaltstrom einen bestimmten von Null verschiedenen Wert.

---

[1]) Aus der Operatorengleichung erhält man die Lösung für stationären Wechselstrom bei Vektordarstellung durch folgende Substitutionen

$$p = j\omega;\ p^2 = -\omega^2;\ p^3 = -j\omega^3 \text{ usf.}$$

Heaviside stellte diese Tatsache im Jahre 1892 oder möglicherweise früher fest; auch Kennelly hat im Jahre 1892 hierauf hingewiesen.

Der Beweis ist einfach, wenn man von der Gleichung eines rotierenden Vektors $\bar{J} = J\varepsilon^{j\omega t}$ ausgeht.

Es folgt

$$\frac{d}{dt}\bar{J} = p\bar{J} = j\omega J\varepsilon^{j\omega t} = j\omega\bar{J}.$$

Aus Gleichung (19) folgt

$$\bar{J} = \bar{E}\frac{1 + j\omega rC}{r + r_2 + j\omega Crr_2} = \bar{E}\frac{r + r_2 + \frac{r^2}{x_c^2} r_2 + j\frac{r^2}{x_c}}{(r + r_2)^2 + \frac{r^2}{x_c^2} r_2^2},$$

wobei $x_c = \frac{1}{\omega C}$ ist.

Wenn der Zähler höhere Potenzen von p enthält als der Nenner, dann ist der Einschaltstromstoß unendlich groß; aber nach einer unendlich kurzen Zeit geht er auf einen endlichen Wert zurück. Es dürfte angebracht sein, an dieser Stelle zu bemerken, daß derartige Bedingungen bei praktischen Problemen niemals vorkommen, weder bei solchen mechanischer noch elektrischer Art. Solche Bedingungen wären z. B. dann gegeben, wenn ein Kondensator plötzlich mit widerstandslosen Leitungen an eine Batterie angeschlossen würde, ein Fall, der offensichtlich unmöglich ist.

Aber selbst dann bringt dieses Verfahren einiges Licht in die Sache. Es ist ein augenblicklicher, unendlich großer Stromstoß während einer unendlich kurzen Zeit zu erwarten, so daß $\int i\,dt$ die Ladung ist, welche der aufgedrückten Spannung entspricht.

Die Lösung mit Hilfe der Operatorenrechnung ist

$$i = E \frac{1}{\frac{1}{pC}} \mathit{1} = pCE\,\mathit{1}.$$

Diese Gleichung stellt einen augenblicklichen, unendlich starken Stromstoß dar; die Ladung ergibt sich als $\frac{i}{p} = CE$, und dies ist tatsächlich die Ladung des Kondensators.

Beispiel: Ein Kondensator, bei dessen Aufbau zwei verschiedene Dielektrika verwendet wurden, wird plötzlich an eine Akkumulatorenbatterie mit der Spannung E angeschlossen, wie dies Abb. 8 zeigt. Gesucht wird die Ladung auf der mittleren Belegung.

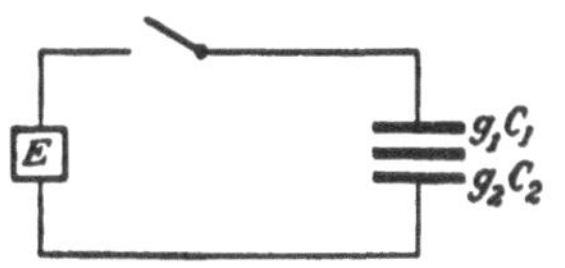

Abb. 8.

Die Leitfähigkeit und Kapazität des oberen Teiles sei g_1 und C_1, die entsprechenden Werte für den unteren Teil seien g_2 und C_2. Wenn der Augenblickswert der Spannung am oberen Teil e_1 und am unteren Teil e_2 ist, dann ist die Stromaufnahme des oberen Teiles offensichtlich $i_1 = e_1(g_1 + pC_1)$.

Der Widerstandsoperator des Kondensators ist $\frac{1}{pC_1}$ und die entsprechende Leitfähigkeit

$$\frac{1}{1/pC_1}.$$

In ähnlicher Weise ergibt sich der Strom im unteren Teil zu $e_2(g_2 + pC_2)$. Diese beiden Ströme müssen augenscheinlich gleich groß sein. Es ist also

$$e_1(g_1 + pC_1) = e_2(g_2 + pC_2) = i.$$

Die Summe $e_1 + e_2$ ist aber gleich $E\,1$. Daher ist

$$E\,1 = \frac{i}{g_1 + pC_1} + \frac{i}{g_2 + pC_2}$$

oder

$$i = E\,\frac{(g_1 + pC_1)(g_2 + pC_2)}{g_1 + g_2 + p\,(C_1 + C_2)}\,1.$$

Hieraus folgt:

$$e_1 = \frac{i}{g_1 + pC_1} = E\,\frac{g_2 + pC_2}{g_1 + g_2 + p\,(C_1 + C_2)}\,1$$

und die Ladung auf der oberen Belegung ist

$$e_1 C_1 = E\,C_1\,\frac{g_2 + pC_2}{g_1 + g_2 + p\,(C_1 + C_2)}\,1.$$

Die entsprechende Ladung auf der Oberseite der mittleren Belegung ist zahlenmäßig die gleiche, besitzt jedoch negatives Vorzeichen.

Betrachten wir den unteren Teil des Kondensators. Seine obere Belegung hat die Ladung $C_2 e_2$, die leicht berechnet werden kann:

$$C_2 e_2 = E\,C_2\,\frac{g_1 + pC_1}{g_1 + g_2 + p\,(C_1 + C_2)}\,1.$$

Daher ergibt sich die Gesamtladung auf der mittleren Belegung.

$$q = E\,\frac{C_2\,(g_1 + pC_1) - C_1\,(g_2 + pC_2)}{g_1 + g_2 + p\,(C_1 + C_2)}\,1 = E\,\frac{g_1 C_2 - g_2 C_1}{g_1 + g_2 + p\,(C_1 + C_2)}\,1 =$$

$$= E\,\frac{A}{G_0 + pC_0}\,1.$$

Hier bedeutet:

$$A = g_1 C_2 - g_2 C_1$$
$$G_0 = g_1 + g_2$$
$$C_0 = C_1 + C_2.$$

Die Gleichung kann auch in folgender Form geschrieben werden.

$$q = E\,\frac{A_1}{p + a}\,1,$$

wobei $A_1 = \dfrac{A}{C_0}$ und $a = \dfrac{G_0}{C_0}$ ist.

Wenn man vorstehende Gleichung mit Gleichung (12) im 1. Kapitel vergleicht, kann man sofort die Lösung niederschreiben. Sie lautet:

$$q = E\,\frac{A}{C_0}\,\frac{C_0}{G_0}\left[1 - \varepsilon^{-\frac{G_0}{C_0}t}\right] = E\,\frac{g_1 C_2 - g_2 C_1}{g_1 + g_2}\left[1 - \varepsilon^{-\frac{g_1 + g_2}{C_1 + C_2}t}\right].$$

Der Leser beweise dies durch Anwendung des Entwicklungssatzes.

5. Kapitel.

Die mangelnde physikalische Bedeutung des Quadrats der Einheitsfunktion.

Der Leser könnte sich veranlaßt fühlen, den Operatorenausdruck für die elektrische Leistung anzuschreiben, und er könnte erwarten, mittels des Entwicklungssatzes den Augenblickswert zu erhalten. Dies wäre falsch, denn die Operatorengleichung würde das Quadrat der Einheitsfunktion enthalten und weder Heaviside, noch irgend jemand anderer hat gezeigt, wie man mit 1^2 arbeiten kann.

Um dies zu erläutern, sei angenommen, daß die Leistungsaufnahme einer Drosselspule gesucht wird. Die Leistung ist der Augenblickswert des Produktes der Spannung an der Drosselspule und des durch sie fließenden Stromes.

Die Operatorengleichung für den Strom ist

$$i = \frac{E}{r + pL} 1.$$

Da die Spannung an der Drosselspule den Wert

$$e = pLi = E \frac{pL}{r + pL} 1$$

besitzt, könnte man schreiben

$$P = E^2 \frac{pL}{(r + pL)^2} 1^2$$

und in irrtümlicher Weise auf diesen Ausdruck den Entwicklungssatz anwenden. Es muß nochmals betont werden, daß wir nur mit der Einheitsfunktion selbst rechnen können und keine Regeln für die Rechnung mit 1^2 bekannt sind.

Die Lösung ist das Produkt von Spannung und Strom, wenn diese als Funktionen von t und nicht von p gegeben sind. Es ist also die Leistung in diesem Falle:

$$P = E^2 \frac{\varepsilon^{-\frac{r}{L}t}}{r} \left[1 - \varepsilon^{-\frac{r}{L}t}\right].$$

Diese Lösung erhält man, indem man anschreibt:

$$P = \left(\frac{E}{r + pL} 1\right)\left(E \frac{pL}{r + pL} 1\right)$$

und jeden Faktor für sich auswertet.

Diese Schwierigkeit ist ähnlich derjenigen, welche auftritt, wenn man versucht, die Leistung in einem Wechselstromkreis aus den Vektorausdrücken für Strom und Spannung zu bestimmen. Es ist bekannt, daß man die Leistung durch Bildung des inneren oder skalaren Vektorproduktes und nicht durch gewöhnliche Multiplikation erhält.

6. Kapitel.

Weitere Operatoren für den Fall des plötzlichen Anschlusses eines Netzes an einen Wechselstromerzeuger statt an eine Batterie mit konstanter Spannung.

Gleichung (13) im 1. Kapitel lautet:

$$\frac{p}{p-a}\,1 = \varepsilon^{at}\,1.$$

Aus ihr folgt, wenn $a = \pm j\omega$ gesetzt wird:

$$\frac{p}{p \pm j\omega}\,1 = \varepsilon^{\mp j\omega t}\,1, \qquad \sin\omega t\,1 = \frac{\varepsilon^{j\omega t} - \varepsilon^{-j\omega t}}{2j}\,1 =$$

$$= \frac{1}{2j}\left[\frac{p}{p-j\omega}\,1 - \frac{p}{p+j\omega}\,1\right] = \frac{p}{2j}\left[\frac{p+j\omega-p+j\omega}{p^2+\omega^2}\right]1 = \frac{p\omega}{p^2+\omega^2}\,1.$$

Diese Gleichung liefert den Operator einer Sinuswelle.

In ähnlicher Weise ergibt sich:

$$\cos\omega t\,1 = \frac{p^2}{p^2+\omega^2}\,1.$$

Daher ist

$$\sin(\omega t \pm \varphi)\,1 = (\sin\omega t\cos\varphi \pm \cos\omega t\sin\varphi)\,1 = \frac{p\omega\cos\varphi \pm p^2\sin\varphi}{p^2+\omega^2}\,1$$

und

$$\cos(\omega t \pm \varphi)\,1 = \frac{p^2\cos\varphi \mp p\omega\sin\varphi}{p^2+\omega^2}\,1.$$

Vorstehende Beziehung wurde nach Wissen des Verfassers zuerst von Pleijel angegeben. In ähnlicher Weise ergibt sich durch Anwendung der Verschiebung (siehe 14. Kapitel)

$$\varepsilon^{-\beta t}\sin(\omega t \pm \varphi)\,1 = \frac{p\omega\cos\varphi \pm p(p+\beta)\sin\varphi}{(p+\beta)^2+\omega^2}\,1$$

$$\varepsilon^{-\beta t}\cos(\omega t \pm \varphi)\,1 = \frac{p(p+\beta)\cos\varphi \mp p\omega\sin\varphi}{(p+\beta)^2+\omega^2}\,1.$$

In bezug auf die letzten zwei Gleichungen wäre zu beachten, daß $\varepsilon^{-\beta t} \sin \omega t \, 1$ nicht direkt durch Multiplikation der beiden Operatoren

$$\varepsilon^{-\beta t} 1 = \frac{p}{p+\beta} 1$$

und

$$\sin \omega t \, 1 = \frac{p\omega}{p^2 + \omega^2} 1$$

erhalten werden kann, weil der sich ergebende Operator das Quadrat der Einheitsfunktion enthalten würde.

Das Verfahren mit diesen Operatoren sei auf das Beispiel eines Wechselstromgenerators mit der elektromotorischen Kraft $E \sin(\omega t + \varphi)$ angewendet, der plötzlich zur Zeit $t = 0$ auf einen induktiven Stromkreis geschaltet wird, wie dies Abb. 9 zeigt.

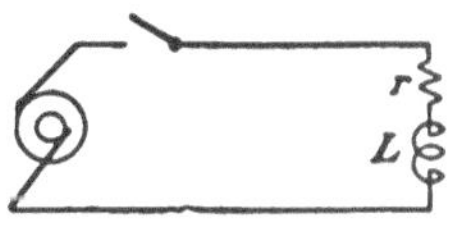

Abb. 9.

Es wird zunächst die Operatorengleichung angeschrieben, als ob der Einheitsstoß der Spannung aufgedrückt würde. Diese Gleichung lautet: $i = \frac{E}{r + pL} 1$. Dann wird der zusätzliche Operator für die Sinuswelle eingeführt. Nun erhält die Operatorengleichung die Form

$$i = \frac{E}{r + pL} \cdot \frac{\omega p \cos \varphi + p^2 \sin \varphi}{\omega^2 + p^2} 1 \quad . \; . \; . \; . \; . \quad (20)$$

Es ist also

$$Y(p) = \omega p \cos \varphi + p^2 \sin \varphi$$

und

$$Z(p) = (r + pL)(\omega^2 + p^2).$$

Die Lösung der Gleichung (20) gibt die Momentanwerte des Stromes. Der Nenner ist von höherer Potenz in bezug auf p als der Zähler. Daher ist der Anfangswert des Stromes gleich Null. Aber in diesem Falle können wir nicht sagen, daß zur Zeit $t = \infty$, $p = 0$ wird. Vielmehr ist zu dieser Zeit p von Null verschieden, denn der schließlich auftretende Strom ist offensichtlich kein konstanter Gleichstrom; die Operatorengleichung liefert das richtige Ergebnis. Wenn wir den Strom im stationären Dauerzustand bestimmen wollen, ohne die Operatorengleichung mit Hilfe des Entwicklungssatzes aufzulösen, können wir auf die im vorstehenden besprochene Vektordarstellung übergehen und schreiben

$$\bar{J} = \frac{\bar{E}}{r + pL},$$

wobei $p = j\omega$ ist.

Es ist also

$$\bar{J} = \frac{\bar{E}}{r + j\omega L}.$$

Dies ist eine sehr bekannte Gleichung der Wechselstromtheorie.

Es ist nun sehr einfach, die Gleichung (20) mittels des Entwicklungssatzes aufzulösen.

Die Gleichung $Z(p) = (r + pL)(\omega^2 + p^2) = 0$ besitzt drei Wurzeln $p_1 = -\frac{r}{L}$, $p_2 = +j\omega$, $p_3 = -j\omega$.

Wir setzen die Rechnung fort, indem wir $\frac{dZ(p)}{dp}$ und dann $p\frac{dZ(p)}{dp}$ für $p = p_1$, p_2 und p_3 aufsuchen.

Das Ergebnis ist die Summe dreier Ausdrücke (es ist leicht einzusehen, daß in diesem Falle $\frac{Y(0)}{Z(0)} = 0$ ist) und lautet

$$A\varepsilon^{-\frac{r}{L}t} + B\varepsilon^{j\omega t} + C\varepsilon^{-j\omega t}.$$

Die beiden letzten Ausdrücke setzen sich zu einer reinen Sinuswelle ohne Dämpfung zusammen und entsprechen dem stationären Zustand, der dem Elektroingenieur wohl bekannt ist. In diesem Falle ist der stationäre Wechselstrom

$$i_s = \frac{E}{z}(\sin \omega t + \varphi - \alpha).$$

Nur für die Wurzel $p = p_1 = -\frac{r}{L}$ ist der Strom nach dem Entwicklungssatz zu berechnen, worauf man zu der so gefundenen Lösung den stationären Strom i_s hinzuaddiert.

Die Lösung ist jedoch nicht immer so leicht auffindbar. Es soll daher eine allgemeine Arbeitsvereinfachung für den Fall, daß der Nenner $Z(p)$ die Form eines Produktes hat, hergeleitet werden. Es sei

$$\frac{Y(p)}{Z(p)} = \frac{Y(p)}{h_1(p) \cdot h_2(p)}.$$

Daher ist

$$Z'(p) = \frac{dZ(p)}{dp} = h_1(p)h_2'(p) + h_2(p)h_1'(p)$$

und

$$pZ'(p) = p[h_1(p)h_2'(p) + h_2(p)h_1'(p)].$$

Wenn wir in diesen Ausdruck die Wurzeln der Gleichung $h_1(p) = 0$ einsetzen, vereinfacht er sich auf den zweiten Summanden in der Klammer. Hingegen verschwindet der zweite Summand, wenn die Wurzeln der Gleichung $h_2(p) = 0$ eingesetzt werden. Es ergibt sich daher, wenn z. B. $h_1(p) = 0$ nur eine Wurzel p_1 liefert und $h_2(p) = 0$ zwei Wurzeln p_2 und p_3

$$i = E\left[\frac{Y(0)}{Z(0)} + \left(\frac{Y(p)\,\varepsilon^{pt}}{p h_2(p)\, h_1'(p)}\right)_{p=p_1} + \left(\frac{Y(p)\,\varepsilon^{pt}}{p h_1(p)\, h_2'(p)}\right)_{p=p_2} + \right.$$
$$\left. + \left(\frac{Y(p)\,\varepsilon^{pt}}{p h_1(p)\, h_2'(p)}\right)_{p=p_3}\right].$$

Diese Beziehung ist, soweit dem Verfasser bekannt, zuerst von Pleijel und Herlitz angegeben worden.

In dem vorliegenden besonderen Beispiel ist

$h_1(p) = r + pL$, daher $h_1'(p) = L$ und $p h_1'(p) = pL$

$h_2(p) = \omega^2 + p^2$, daher $h_2'(p) = 2p$ und $p h_2'(p) = 2p^2$.

Ferner

$$p h_2(p) h_1'(p) = pL(\omega^2 + p^2)$$

und

$$p h_1(p) h_2'(p) = 2p^2(r + pL).$$

$p h_2(p) h_1'(p)$ hat für $p = p_1$ den Wert $-\frac{r}{L^2} z^2$, wobei $z^2 = r^2 + \omega^2 L^2 = r^2 + x^2$ ist.

$Y(p)$ für $p = p_1$ ist: $Z \frac{r}{L^2} \sin(\varphi - \alpha)$, wobei $\operatorname{tg} \alpha = \frac{x}{r}$ ist.

Daher ist der erste Teilstrom (Ausgleichsstrom)

$$-\frac{E}{z} \varepsilon^{-\frac{r}{L}t} \sin(\varphi - \alpha).$$

$p h_1(p) h_2'(p)$ für $p = p_2 = j\omega$ ist $-2\omega^2(r + j\omega L)$.

$Y(p)$ für $p = p_2$ ist $\omega^2(j \cos\varphi - \sin\varphi)$.

Daraus folgt

$$\left[\frac{Y(p)}{p h_1(p) h_2'(p)}\right]_{p=p_2} = \frac{j \cos\varphi - \sin\varphi}{-2(r + j\omega L)} = \frac{\cos\varphi + j \sin\varphi}{2j(r + j\omega L)} =$$

$$= \frac{\cos(\varphi - \alpha) + j \sin(\varphi - \alpha)}{2jz}$$

$$\left[\frac{Y(p)}{p h_1(p) h_2'(p)}\right]_{p=p_3} = \frac{j \cos\varphi + \sin\varphi}{2(r - j\omega L)} = \frac{-\cos(\varphi - \alpha) + j \sin(\varphi - \alpha)}{2jz}.$$

Infolgedessen sind die beiden letzten Teilströme

$$\frac{E}{z}\left[\cos(\varphi - \alpha) \frac{\varepsilon^{j\omega t} - \varepsilon^{-j\omega t}}{2j} + \sin(\varphi - \alpha) \frac{\varepsilon^{j\omega t} + \varepsilon^{-j\omega t}}{2}\right] =$$

$$= \frac{E}{z} \sin(\omega t + \varphi - \alpha).$$

Dies ist der stationäre Stromanteil. Demnach ist der Gesamtstrom

$$i = \frac{E}{z}\left[\sin(\omega t + \varphi - \alpha) - \varepsilon^{-\frac{r}{L}t} \sin(\varphi - \alpha)\right].$$

Die Rechnung ist ein wenig langwierig, aber es ergibt sich, wie bereits festgestellt wurde, daß die Wurzeln $p_2, p_3 = \pm j\omega$ dem stationären

Zustand entsprechen, so daß man tatsächlich bloß mit den anderen Wurzeln weiterrechnen muß, wenn man die Lösung für den stationären Zustand schon kennt. Ist dies nicht der Fall, so ist es am einfachsten, zwecks Auffindung der Lösung für stationäre Verhältnisse zur Vektordarstellung überzugehen, indem man $p = j\omega$ in die Operatorengleichung einsetzt, die im vorliegenden besonderen Fall die Form

$$i = \frac{E\,1}{r + pL}$$

besitzt.

Dieselbe Aufgabe wird auf einem vollkommen abweichenden Wege im 27. Kapitel gelöst werden. Dort werden bestimmte Besonderheiten von Potenzreihenentwicklungen festgestellt und die Anwendung der »Verschiebung« nach Heavisides gezeigt.

7. Kapitel.

Verfahren bei Nichtanwendbarkeit des Entwicklungssatzes, wenn alle Wurzeln untereinander gleich oder einige Wurzeln Null sind.

Betrachten wir zunächst den Fall, daß eine Wurzel den Wert Null besitzt. Dies würde z. B. eintreten, wenn man die Elektrizitätsmenge in Coulomb bestimmen wollte, welche eine Akkumulatorenbatterie vom Augenblick des Anschlusses eines induktiven Stromkreises an liefert.

Der Strom ist

$$i = \frac{E}{r + pL}\,1$$

und die Elektrizitätsmenge $\int\limits_0^t i\,dt$ oder $\frac{i}{p}$

$$Q = \frac{E}{p\,(r + pL)}\,1.$$

In diesem Falle ist $Z(p) = p(r + pL)$ und eine Wurzel von $Z(p) = 0$ besitzt den Wert Null. Daher kann der Entwicklungssatz nicht angewendet werden.

Man geht dann so vor, daß man mittels des Entwicklungssatzes den Wert von $\frac{E}{r + pL}\,1$ bestimmt; er ist bekanntlich

$$\frac{E}{r}\left[1 - \varepsilon^{-\frac{r}{L}t}\right].$$

Da $\frac{1}{p}$ eine Integration zwischen den Grenzen 0 und t bedeutet, findet man dann

$$Q = \int_0^t \frac{E}{r} \left| 1 - \varepsilon^{-\frac{r}{L}t} \right| dt.$$

Es ist also, wenn eine Wurzel gleich Null ist, eine Integration durchzuführen. In allgemeiner Form:

Wenn

$$i = E \frac{Y(p)}{p(p-\alpha)(p-\beta)\dots} 1$$

ist, so ist eine Wurzel der Nennergleichung gleich Null.

In diesem Falle ist der Wert von

$$i_1 = E \frac{Y(p)}{(p-\alpha)(p-\beta)\dots} 1$$

zu bestimmen und dann q durch Integration zu suchen.

$$q = \int_0^t i_1 dt.$$

Wenn zwei oder mehrere Wurzeln untereinander gleich sind, so ist es am einfachsten, anzunehmen, sie seien ein wenig voneinander verschieden, wodurch der Entwicklungssatz anwendbar wird. Eine exakte Lösung, die später erläutert werden soll, besteht darin, daß man den Wert der Funktionen von t bei Annäherung der Wurzeln an ihren gemeinsamen Wert bestimmt oder aber neue Operatoren aufstellt, was ebenfalls später gezeigt werden soll.

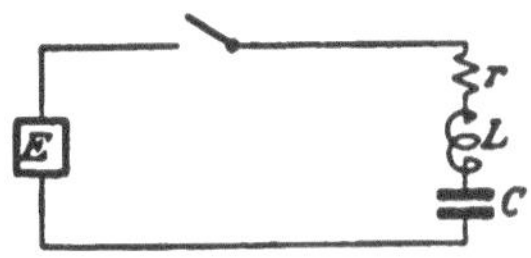

Abb. 10.

Betrachten wir den in Abb. 10 dargestellten Stromkreis, der aus einem Widerstand, einer Drosselspule und einem Kondensator in Reihenschaltung besteht. Die Operatorengleichung für den Strom ist offenbar:

$$i = \frac{E}{r + pL + \frac{1}{pC}} 1 \quad \dots\dots\dots\dots (21)$$

Läßt man die Gleichung in dieser Form stehen, so ist $Y(p) = 1$ und

$$Z(p) = r + pL + \frac{1}{pC}.$$

$Z(p) = 0$ ergibt die Lösungen

$$\left.\begin{aligned} p_1 &= -\alpha + j\omega \\ p_2 &= -\alpha - j\omega \end{aligned}\right\} \text{ wenn } \frac{1}{CL} > \frac{r^2}{4L^2} \text{ ist.}$$

Hier bedeutet:

$$\alpha = \frac{r}{2L}; \quad \omega = \sqrt{\frac{1}{LC} - \alpha^2} = \sqrt{\omega_0^2 - \alpha^2};$$

$$\alpha^2 + \omega^2 = \omega_0^2, \text{ wenn } \omega_0 = \sqrt{\frac{1}{LC}} \text{ ist.}$$

$$\frac{dZ(p)}{dp} = L - \frac{1}{p^2 C} \qquad p\frac{dZ(p)}{dp} = pL - \frac{1}{pC} = \frac{p^2 LC - 1}{pC}$$

$$p\frac{dZ}{dp} \text{ für } p = p_1$$

hat dann den Wert

$$+2j\omega L \text{ und } p\frac{dZ}{dp} \text{ für } p = p_2 \text{ ist } -2j\omega L.$$

$$\frac{Y(0)}{Z(0)} = 0.$$

$$i = E\left[\frac{\varepsilon^{(-\alpha+j\omega)t}}{2j\omega L} - \frac{\varepsilon^{(-\alpha-j\omega)t}}{2j\omega L}\right] = \frac{E}{\omega L}\varepsilon^{-\alpha t}\left[\frac{\varepsilon^{j\omega t} - \varepsilon^{-j\omega t}}{2j}\right] =$$
$$= E\frac{\varepsilon^{-\alpha t}}{\omega L}\sin\omega t.$$

Es läßt sich in einfacher Weise beweisen, daß unter der Annahme

$$\frac{1}{CL} < \frac{r^2}{4L^2}, \quad i = E\frac{\varepsilon^{-\alpha t}}{\beta L}\sinh\beta t$$

ist, wenn

$$\sqrt{\frac{r^2}{4L^2} - \frac{1}{CL}} = \beta$$

gesetzt wird. Der Fall der gleichen Wurzeln ergibt sich dann, wenn

$$\frac{1}{CL} = \frac{r^2}{4L^2}$$

ist. Wenn der Wert von $\frac{1}{CL}$ sich dem Werte von $\frac{r^2}{4L^2}$ nähert, geht ω gegen Null und $\sin\omega t$ gegen ωt. Der Strom ist also:

$$i = E\frac{\varepsilon^{-\alpha t}}{\omega L}\omega t = Et\frac{\varepsilon^{-\alpha t}}{L}.$$

Man kann dieselbe Beziehung auch auf anderem Wege erhalten. Die Gleichung (21) könnte auch geschrieben werden:

$$i = \frac{pCE}{rpC + p^2 CL + 1}1$$

oder

$$i = \frac{pCE}{CL\left(p^2 + \frac{r}{L}p + \frac{1}{CL}\right)}1 = \frac{pE}{L\left(p^2 + \frac{r}{L}p + \frac{1}{CL}\right)}1 = \frac{pE}{L(p+\alpha)^2}1.$$

Nun tritt die Frage nach der Bedeutung von $\frac{E}{L}\frac{p}{(p+\alpha)^2}1$ auf. Zu beachten ist, daß

$$\frac{d}{d\alpha}\frac{p}{p+\alpha}=-\frac{p}{(p+\alpha)^2}$$

ist. Nun ist aber

$$\frac{p}{p+\alpha}1=\varepsilon^{-\alpha t};\qquad \frac{d}{d\alpha}\frac{p}{p+\alpha}1=-t\varepsilon^{-\alpha t};\qquad \frac{p}{(p+\alpha)^2}1=t\varepsilon^{-\alpha t}.$$

Demnach ist

$$i=\frac{E}{L}t\varepsilon^{-\alpha t}.$$

In dem vorstehend behandelten Beispiel, das zu einem Paar konjugiert komplexer Wurzeln führte, war die Rechnung nicht sehr langwierig. Dies ist hauptsächlich darauf zurückzuführen, daß $Y(p)=1$ war, was naturgemäß nicht immer der Fall ist.

8. Kapitel.

Vereinfachungen, die im Falle konjugiert komplexer Wurzeln eintreten.

Im allgemeinen hat eine Operatorengleichung mit quadratischem Nenner die Form:

$$i=E\frac{Y(p)}{Z(p)}1=E\frac{Y(p)}{p^2+ap+b}1.$$

$Z(p)=0$ ergibt unter bestimmten Bedingungen konjugiert komplexe Wurzeln

$$-\alpha\pm j\omega.$$

Es kann leicht gezeigt werden, daß bei Vorhandensein konjugiert komplexer Wurzeln der Gleichung $Z(p)=0$ auch $p\frac{dZ}{dp}$ für $p=p_1$ und $p=p_2$ konjugiert komplexe Zahlen sein müssen, ebenso die beiden Werte von $Y(p)$. Schließlich müssen auch die beiden Ausdrücke

$$\frac{Y(p)}{p\frac{dZ}{dp}}$$

konjugiert komplex sein.

Für $p=-\alpha+j\omega$ habe der komplexe Ausdruck für $\frac{Y(p)}{p\frac{dZ}{dp}}$ den Wert $\overline{A}=c+jc_1$ oder $\overline{A}=A\,\varepsilon^{j\delta}$, wobei $A=\sqrt{c^2+c_1{}^2}$ und $\operatorname{tg}\delta=\frac{c_1}{c}$ ist.

Die entsprechende Beziehung für

$$p = p_2 = -\alpha - j\omega \text{ ist } \overline{B} = c - jc_1 \text{ oder } \overline{B} = A\,\varepsilon^{-j\delta}.$$

Die Summe der beiden Teillösungen lautet daher

$$A\,\varepsilon^{j\delta}\,\varepsilon^{(-\alpha+j\omega)t} + A\,\varepsilon^{-j\delta}\,\varepsilon^{(-\alpha-j\omega)t} = A\,\varepsilon^{-\alpha t}\left[\varepsilon^{j(\omega t+\delta)} + \varepsilon^{-j(\omega t+\delta)}\right] = $$
$$= 2\,A\,\varepsilon^{-\alpha t}\cos(\omega t + \delta).$$

$$i = E\left[\frac{Y(0)}{Z(0)} + 2\,A\,\varepsilon^{-\alpha t}\cos(\omega t+\delta)\right] \quad . \; . \; . \; . \; . \quad (22)$$

Dieses Verfahren soll nun an einem Beispiel erläutert werden. Es soll die Spannung gesucht werden, die an der Induktivität L in Abb. 10 auftritt, wenn der Schalter geschlossen wird. Es ist

$$i = \frac{E\,1}{r + pL + \frac{1}{pC}}.$$

$$e_l = pLi = \frac{pLE}{r + pL + \frac{1}{pC}}\,1 = \frac{p^2 E\,1}{p^2 + p\frac{r}{L} + \omega_0^2} = \frac{p^2 E}{p^2 + 2\alpha p + \omega_0^2}\,1.$$

Die Gleichung $Z = 0$ ergibt $p = -\alpha \pm j\omega$, wobei $\omega = \sqrt{\omega_0^2 - \alpha^2}$ und $\omega_0^2 = \frac{1}{CL}$ ist.

$$\frac{dZ}{dp} = 2(p+\alpha), \quad p\frac{dZ}{dp} = 2p(p+\alpha)$$

und

$$\frac{Y(p)}{p\frac{dZ}{dp}} = \frac{p}{2(p+\alpha)}$$

für $p = -\alpha + j\omega$ ist

$$\frac{Y(p)}{p\frac{dZ}{dp}} = \frac{-\alpha + j\omega}{2(-\alpha + j\omega + \alpha)} = \frac{-\alpha + j\omega}{2j\omega} = \frac{j\alpha + \omega}{2\omega}$$

$$\overline{A} = \frac{\sqrt{\alpha^2 + \omega^2}}{2\omega}\,\varepsilon^{j\delta}$$

oder

$$\overline{A} = \frac{\omega_0}{2\omega}\,\varepsilon^{j\delta},$$

wobei $\operatorname{tg}\delta = \frac{\alpha}{\omega}$ ist. δ deutet an, daß der Vektor um δ^0 verschoben ist

$$e_l = E\left[\frac{Y(0)}{Z(0)} + \frac{\omega_0}{\omega}\,\varepsilon^{-\alpha t}\cos(\omega t + \delta)\right];$$

es ist aber $\frac{Y(0)}{Z(0)} = 0$, daher ist

$$e_l = E \frac{\omega_0}{\omega} \varepsilon^{-\alpha t} \cos(\omega t + \delta).$$

Für $t = 0$ ergibt sich

$$e_l = E \frac{\omega_0}{\omega} \cos\delta = E \frac{\omega_0}{\omega} \frac{\omega}{\omega_0} = E.$$

9. Kapitel.

Aufgaben, in denen gegenseitige Induktivität vorkommt.

Abb. 11 zeigt das Schaltbild zweier induktiv gekoppelter Stromkreise. Die üblichen Gleichungen für diese Schaltung sind:

$$e_1 = i_1 r_1 + L_1 \frac{d i_1}{dt} + \frac{1}{C_1}\int_0^t i_1 dt + M \frac{d i_2}{dt};$$

$$0 = i_2 r_2 + L_2 \frac{d i_2}{dt} + \frac{1}{C_2}\int_0^t i_2 dt + M \frac{d i_1}{dt}.$$

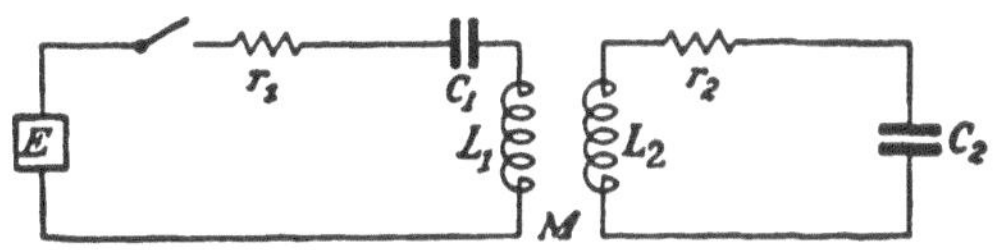

Abb. 11.

Daher ergibt sich unter der Heavisideschen Annahme, d. h. beim Anlegen des Einheitsstoßes der Spannung:

$$E\,1 = i_1\left(r_1 + pL_1 + \frac{1}{pC_1}\right) + i_2 p M = i_1 a_1 + i_2 b$$

$$0 = i_2\left(r_2 + pL_2 + \frac{1}{pC_2}\right) + i_1 p M = i_2 a_2 + i_1 b.$$

Aus der letzten Gleichung ergibt sich

$$i_2 = -\frac{i_1 b}{a_2};$$

setzt man diesen Wert in die erste Gleichung ein, so erhält man:

$$E\,1 = i_1 a_1 - i_1 \frac{b^2}{a_2} = i_1 \frac{a_1 a_2 - b^2}{a_2}$$

oder

$$i_1 = \frac{E a_2}{a_1 a_2 - b^2} 1$$

und

$$i_2 = -\frac{E b}{a_1 a_2 - b^2} 1.$$

In diesen Gleichungen ist

$$a_1 = r_1 + p L_1 + \frac{1}{p C_1}; \quad a_2 = r_2 + p L_2 + \frac{1}{p C_2}; \quad b = p M.$$

Besonderer Fall: Die Kondensatoren in beiden Stromkreisen werden weggelassen. Für die übrigen Größen gelten nachstehende Zahlenwerte:

$E = 500$ Volt $\qquad r_1 = 100$ Ohm, $r_2 = 20$ Ohm
$L_1 = 0{,}4$ Henry $\qquad L_2 = 0{,}1$ Henry
$M = 0{,}6 \sqrt{L_1 L_2} = 0{,}12$ Henry.

Der Leser beweise, daß die Operatorengleichung für den Primärstrom lautet:

$$i_1 = 500 \frac{20 + 0{,}1 p}{2000 + 18 p + 0{,}0256 p^2} 1$$

und daß sich nach Anwendung des Entwicklungssatzes folgende Gleichung für den Primärstrom ergibt:

$$i_1 = 5 [1 - 0{,}412 \varepsilon^{-138 t} - 0{,}6 \varepsilon^{-565 t}].$$

Der Sekundärstrom ist

$$i_2 = -5{,}5 [\varepsilon^{-138 t} - \varepsilon^{-565 t}].$$

Beispiel. Wenn an Stelle der Akkumulatorenbatterie von 500 Volt im Primärkreis ein Generator für 60periodigen Wechselstrom mit einem Scheitelwert der Spannung von 500 Volt eingeschaltet wird und der Schalter gerade in dem Augenblick geschlossen wird, wenn die Wechselspannung durch ihren Nullwert hindurchgeht, ist die Spannung $e = 500 \sin 377\, t$. Die Operatorengleichung für den Primärstrom ist dann

$$i_1 = 500 \frac{377 p}{p^2 + 377^2} \times \frac{20 + 0{,}1 p}{2000 + 18 p + 0{,}0256 p^2} 1.$$

Der Zahlenwert des Primärstromes nach Anwendung des Entwicklungssatzes ist:

$$i_1 = 3{,}06 \sin (\omega t - 41{,}3^0) + 0{,}66 \varepsilon^{-138 t} + 1{,}365 \varepsilon^{-565 t}.$$

10. Kapitel.

Wirkung, hervorgerufen durch eine plötzliche Änderung der eingeprägten EMK eines Systems oder durch Kurzschließen eines Netzes.

Betrachten wir nun die Abb. 12. Der Schalter S_1 sei zunächst geöffnet und S_2 geschlossen. Zur Zeit $t = 0$ wird der Schalter S_1 geschlossen, und es fließt ein Strom

$$i_1 = \frac{E_1}{r + pL} 1 = \frac{E_1}{r} \left[1 - \varepsilon^{-\frac{r}{L}t}\right].$$

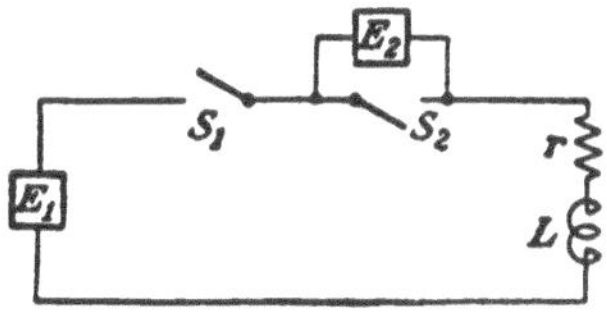

Abb. 12.

Wenn nun zur Zeit $t = t_1$ der Schalter S_2 geöffnet wird, so wird die zusätzliche Spannung im Stromkreis wirksam. Diese Spannung verursacht einen Strom

$$i_2 = \frac{E_2}{r + pL} 1 = \frac{E_2}{r} \left[1 - \varepsilon^{-\frac{r}{L}t}\right],$$

welcher sich dem Strom i_1 überlagert und zur Zeit $t = t_1$ zu fließen beginnt.

Wenn E_2 entgegengesetzt gleich E_1 ist, dann ist i_2 negativ. In Abb. 13 ist dieser Strom durch die gestrichelte Kurve dargestellt. Die voll ausgezogene Kurve gibt den resultierenden Strom.

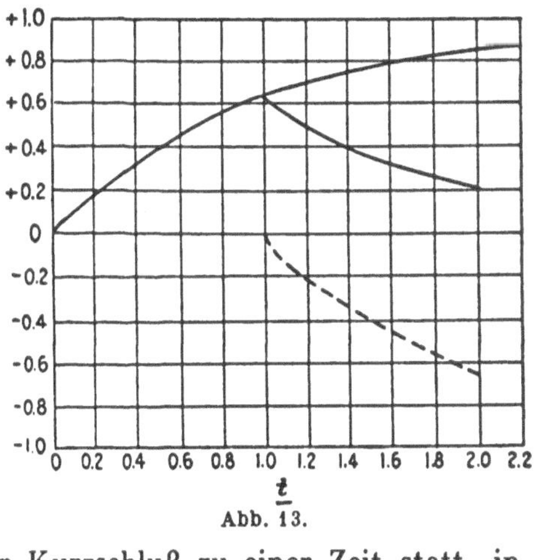

Abb. 13.

Bis zur Zeit t_1 fließt der Strom

$$\frac{E_1}{r}\left[1 - \varepsilon^{-\frac{r}{L}t}\right],$$

nach diesem Zeitpunkt ist der Strom gegeben durch

$$\frac{E}{r}\left[1 - \varepsilon^{-\frac{r}{L}t}\right] - \frac{E}{r}\left[1 - \varepsilon^{-\frac{r}{L}(t-t_1)}\right].$$

Nach dem Zeitpunkt $t = t_1$, also nach Öffnen des Schalters S_2, wirkt keine EMK im Stromkreis, so daß dieser in sich kurzgeschlossen ist.

Spezieller Fall. — Findet der Kurzschluß zu einer Zeit statt, in welcher das System schon den stationären Zustand erreicht hat, so ist der von der ursprünglichen EKM E_1 herrührende Strom $E\frac{Y(0)}{Z(0)}$, und der Strom, der durch die fiktive negative Spannung hervorgerufen wird, ist

$$-E\left[\frac{Y(0)}{Z(0)} + \sum_p \frac{Y(p)}{p\frac{dZ(p)}{dp}}\varepsilon^{pt}\right]$$

Hier ist t vom Zeitpunkt des Kurzschlusses an zu zählen. Der nach dem Kurzschluß auftretende Strom ist gleich der Summe der beiden Ströme. Es ist also

$$i = -\sum \frac{Y(p)\varepsilon^{pt}}{p\frac{dZ(p)}{dp}} \cdot E\,1.$$

Hieraus ergibt sich die folgende Regel: Man ermittle die Operatorengleichung für die ursprüngliche EMK (unter Berücksichtigung der Anfangsbedingungen) und löse die Gleichung mittels der Entwicklungsformel. Unterdrückt man nun das konstante Glied bei gleichzeitiger Änderung des Vorzeichens des Summengliedes, so hat man schon die Lösung für den Kurzschlußstrom.

In dem vorliegenden besonderen Falle sieht man ohne weiteres, daß der Kurzschlußstrom $\frac{E}{r}\varepsilon^{-\frac{r}{L}t}$ auftreten wird, wobei $\frac{E}{r}$ der vor dem Kurzschluß vorhandene Strom ist. Es klingt also der ursprüngliche Strom nach einem Exponentialgesetz ab.

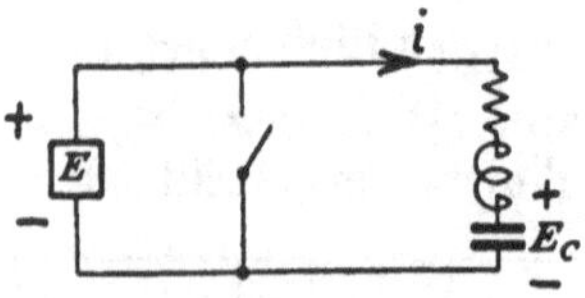

Abb. 14.

Ein weiteres Beispiel. — Gesucht ist der Entladestrom des Kondensators in Abb. 14, welcher von einer Batterie mit der Spannung E auf die Spannung E_c aufgeladen wurde. Der Strom ist gegeben durch die Operatorengleichung

$$i = -\frac{E\,1}{r + pL + \frac{1}{pC}} = \frac{E_c\,1}{r + pL + \frac{1}{pC}} \quad . \; . \; . \; . \quad (23)$$

Weiters soll noch die Spannung an dem Kondensator nach dem Einsetzen der Entladung ermittelt werden. Es ist

$$e_c = \frac{i}{pC} = \frac{E_c}{pC\left(r + pL + \frac{1}{pC}\right)}\,1,$$

wobei nur das veränderliche Glied der mit der Entwicklungsformel gefundenen Lösung verwendet wird.

Auf den ersten Blick wird man die Gleichung (23) sonderbar finden. Sie enthält nämlich $E_c\,1$, und wir wissen doch, daß die Kondensatorspannung, wahrscheinlich in Schwingungen, auf den Wert Null abnimmt. Sie ist also keine Einheitsfunktion, sondern hat nur im Laufe der Rechnung die Form einer solchen angenommen.

Wir sehen, daß der Entladestrom eines Kondensators ebenso groß ist, wie der ursprüngliche Ladestrom, nur fließt er in entgegengesetzter Richtung.

Ein anderes Beispiel. — Die in mechanischen Systemen auftretenden Schwingungen sind ähnlich jenen in elektrischen Stromkreisen. In den Fällen, wo man es mit Federn zu tun hat, deren Masse gegenüber der Masse der bewegten Körper vernachlässigt werden kann und wenn die Reibung proportional der Geschwindigkeit ist, erhält man genau dieselben Gleichungen, wie bei der Behandlung elektrischer Schwingungsvorgänge.

Die Abb. 15 stellt eine zwischen zwei Federn befestigte Scheibe dar. Die Gleichgewichtslage der Scheibe ist durch die gestrichelte Linie

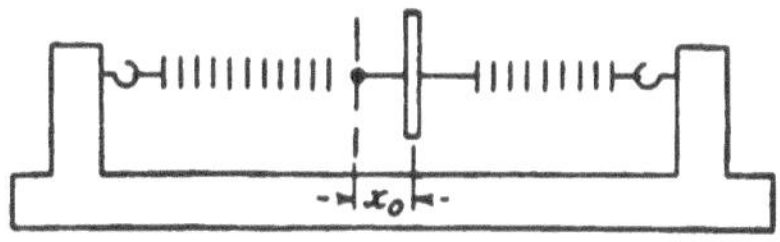

Abb. 15.

angedeutet. Zufolge einer auf die Scheibe wirkenden Kraft hat sich dieselbe um die Strecke x_0 aus der Gleichgewichtslage entfernt. Gesucht ist die Bewegung, die die Scheibe ausführt, wenn die auf sie wirkende Kraft plötzlich entfernt wird.

Es sei

$f \cdot v = f \cdot \dfrac{dx}{dt}$ der Reibungswiderstand

$k \cdot x$ die für das Zusammendrücken der Feder nötige Kraft und

$M \dfrac{d^2 x}{dt^2}$ die zur Beschleunigung der Masse notwendige Kraft.

Wenn nun mit F die konstante Kraft bezeichnet wird, welche die Masse in die Lage x_0 bringt, so gilt die folgende Beziehung:

$$F = M \frac{d^2 x}{dt^2} + f \frac{dx}{dt} + kx$$

oder in der Heavisideschen Bezeichnungsweise angeschrieben

$$F\,1 = M p^2 x + f p x + k x = x(p^2 M + p f + k)$$

$$x = \frac{F}{p^2 M + p f + k}\,1 \qquad \ldots \ldots \ldots \quad (24)$$

Bei entsprechenden Werten der Konstanten M, f und k wird die Scheibe nach einigen Schwingungen schließlich an der Stelle x_0 zur Ruhe kommen. Der Wert $x_0 = Y(0)/Z(0)$, der dem Wert $p = 0$ entspricht, ist F/k.

Hört nun die Kraft zu wirken auf, so wird die entstehende Bewegung die Resultierende aus den zwei Bewegungen sein, nämlich der Bewegung zufolge der ursprünglichen Kraft $+F\,1$ und jener zufolge der Kraft $-F\,1$. Es ist also

$$x = \frac{Y(0)}{Z(0)} - \left[\frac{Y(0)}{Z(0)} + \sum \frac{Y(p)\varepsilon^{pt}}{p\frac{dZ}{dp}}\right] = -\sum \frac{Y(p)}{p\frac{dZ(p)}{dp}}\varepsilon^{pt} \quad (25)$$

Gleichung (24) kann geschrieben werden

$$x = \frac{F/M}{p^2 + p\frac{f}{M} + \frac{k}{M}}\,1.$$

$Z(p) = 0$ gesetzt, gibt $p = -\frac{f}{2M} \pm \sqrt{\frac{f^2}{4M^2} - \frac{k}{M}}$.

Wenn für die Konstanten die Beziehung $\frac{k}{M} > \frac{f^2}{4M^2}$ gilt, dann ist

$$p = -\alpha \pm j\omega,$$

wobei

$$\alpha = \frac{f}{2M}; \qquad \omega = \sqrt{\omega_0^2 - \alpha^2} \text{ und } \omega_0^2 = \frac{k}{M}$$

ist. Weiters ist

$$\frac{dZ}{dp} = 2p + 2\alpha = 2(p + \alpha)$$

und daher

$$p\frac{dZ}{dp} = 2p(p + \alpha); \qquad Y(p) = \frac{F}{M}; \qquad \frac{Y(p)}{p\frac{dZ}{dp}} = \frac{F}{2pM(p + \alpha)};$$

$$\left[\frac{Y(p)}{p\frac{dZ}{dp}}\right]_{p=-\alpha+j\omega} = -\frac{F}{2M\omega(\omega + j\alpha)} = -\frac{F(\omega - j\alpha)}{2M\omega(\omega^2 + \alpha^2)} = \frac{F(-\omega + j\alpha)}{2M\omega\omega_0^2}.$$

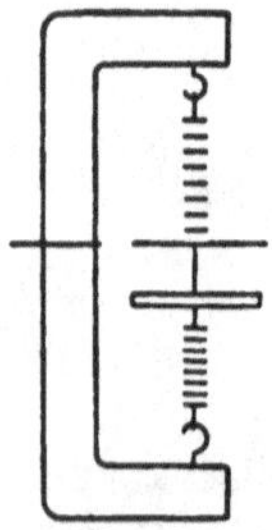

Abb. 16.

Nach Kap. 8 können wir setzen:

$$A = \frac{F}{2M\omega\omega_0} \text{ und } \operatorname{tg}\delta = \frac{+\alpha}{-\omega}.$$

Es liegt daher δ im zweiten Quadranten und

$$x = -\frac{F}{M\omega\omega_0}\varepsilon^{-\alpha t}\cos(\omega t + \delta).$$

Zur Zeit $t = 0$ ist

$$x = -\frac{F}{M\omega\omega_0}\cos\delta = -\frac{F}{M\omega\omega_0}\left(-\frac{\omega}{\omega_0}\right) = \frac{F}{M}\frac{M}{k} = \frac{F}{k} = x_0.$$

Für $t = \infty$ ist $x = 0$. Die Schwingung beginnt an der Stelle $x = x_0$ und endet in der Mittellage.

Wenn wie in Abb. 16 die Federn vertikal angeordnet sind, so wird die Gleichgewichtslage wegen des Gewichtes der Scheibe unterhalb der Mittellage sein.

Aufgabe. — Wir nehmen nun an, daß zunächst auf die Scheibe eine nach oben gerichtete Kraft wirkt, die größer ist als das Gewicht derselben und dann werde diese Kraft plötzlich entfernt. Gesucht ist die Gleichung für die Abstände x_1 der Scheibe von der Mittellage, nachdem die Kraft entfernt wurde. Es gilt nun für den ersten Teil der Bewegung, d. h. für die Zeit, in welcher die Scheibe gehoben wird, die folgende Beziehung:

$$F - W = M \frac{d^2 x}{dt^2} + f \frac{dx}{dt} + kx.$$

Darin ist $F - W$ die Kraft, die zur Verfügung steht, um die Masse zu beschleunigen und die Reibung und Federkraft zu überwinden.

Wenn wir wieder die Heavisidesche Bezeichnungsweise einführen, können wir schreiben

$$(F - W)\, 1 = x\,(p^2 M + fp + k)$$

oder

$$x = \frac{(F - W)}{p^2 M + fp + k} 1 \quad \text{. . . . .} \quad (26)$$

Die Endlage ist

$$x_0 = \frac{F - W}{k}.$$

Wenn nun die Kraft F entfernt wird, wird das System zufolge der Schwerkraft in Schwingungen geraten. Für diesen Teil der Bewegung können wir die gleiche Überlegung anwenden wie früher, d. h. wir ermitteln eine neue fiktive Kraft F' und rechnen den dazugehörigen Wert x_1. Wenn wir zu diesem Wert x_0 addieren, so erhalten wir bereits die Lösung. Die Kraft F' muß so gewählt werden, daß sich durch ihre Addition zur ursprünglichen Kraft $F - W$ die Kraft $-W$ ergibt. Es muß also

$$F' + F - W = -W$$

sein, oder

$$F' = -F.$$

Daher ist

$$x_1 = -\frac{F}{p^2 M + pf + k} 1.$$

Wenn wir nun die Entwicklungsformel auf diese Gleichung anwenden, so erhalten wir die Summe aus einer Konstanten und einem Exponentialglied. Es ist

$$x_1 = -\frac{F}{k} - \frac{F \varepsilon^{-\alpha t}}{M \omega \omega_0} \cos(\omega t + \delta);$$

$$x = x_0 + x_1 = \frac{F - W}{k} - \frac{F}{k} - \frac{F\varepsilon^{-\alpha t}\cos(\omega t + \delta)}{M\omega\omega_0} =$$

$$= -\frac{W}{k} - \frac{F\varepsilon^{-\alpha t}\cos(\omega t + \delta)}{M\omega\omega_0}.$$

Für $t = 0$ ist $x = -\frac{W}{k} + \frac{F}{M\omega_0{}^2} = \frac{F - W}{k}.$

Für $t = \infty$ ist $x = -\frac{W}{k}.$

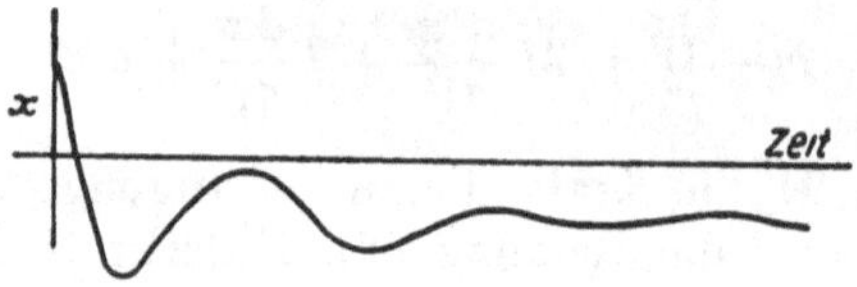

Abb. 17.

Abb. 17 stellt den Schwingungsverlauf für den Fall $F = 2W$ dar.

11. Kapitel.

Weitere Anwendungen der Operatorenrechnung auf mechanische Schwingungen.

Wir wollen nun zur Behandlung einiger komplizierterer schwingungsfähiger mechanischer Systeme übergehen und deren Analogie mit elektrischen Systemen untersuchen.

Da die Lagrangeschen Differentialgleichungen zyklischer Systeme sowohl für mechanische als auch für elektrische Schwingungsvorgänge gelten, ist man immer in der Lage, zu einem gegebenen mechanischen System ein analoges elektrisches anzugeben. Die Differentialgleichungen für die beiden Systeme unterscheiden sich nur durch die Koeffizienten. Geht man daher von einem System zu dem anderen über, so hat man nur die Koeffizienten entsprechend zu ändern.

Nachstehend sind die Größen zusammengestellt, die in den beiden Systemen einander entsprechen.

a) Grundgrößen.

Mechan. System	Elektr. System
m Maße	L Induktion
l Länge	q Ladung
t Zeit	t Zeit

b) Abgeleitete Größen.

	Dimension		Dimension
P Kraft	$m \cdot l \cdot t^{-2}$	e Spannung	$L \cdot q \cdot t^{-2}$
v Geschwindigkeit . . .	$l \cdot t^{-1}$	i Strom.	$q \cdot t^{-1}$
k Dämpfungsfaktor . . .	$l \cdot v^{-1}$	r Widerstand . . .	$q \cdot i^{-1}$
c reziprok. Wert d. Federkonstanten	$l \cdot P^{-1}$	C Kapazität	$q \cdot e^{-1}$

Betrachten wir nun das in Abb. 17a dargestellte Federpendel. Wie im vorangegangenen Kapitel wollen wir wieder annehmen, daß die Masse der Federn gegenüber den Massen m_1 und m_2 der beiden Scheiben vernachlässigt werden kann. Es handelt sich hier um Koppelschwingungen, und zwar im besonderen um den Fall einer Kraftkoppelung. Abb. 17b zeigt das entsprechende elektrische System: zwei kapazitiv gekoppelte elektrische Kreise. Es entspricht also der mechanischen Kraftkoppelung im elektrischen System die kapazitive Koppelung. Analog entspricht der Massen- bzw. Reibungskoppelung im mechanischen System die Induktion bzw. Widerstandskoppelung im elektrischen.

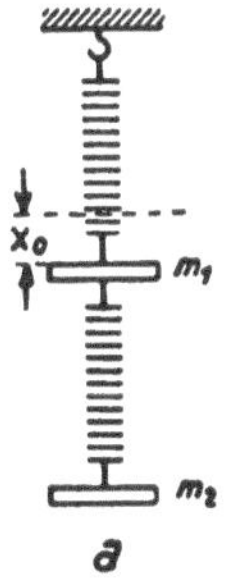

Abb. 17a.

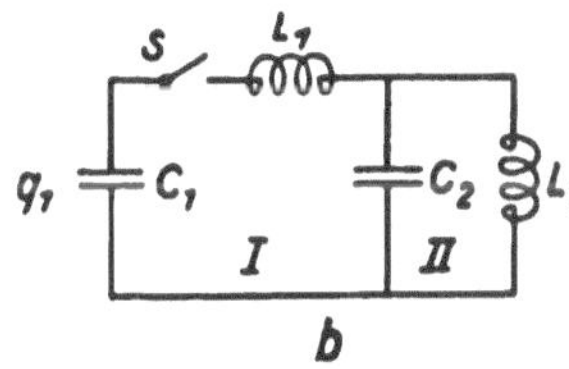

Abb. 17b.

Wir wollen nun annehmen, daß die Masse m_1 durch die Wirkung der Kraft P um die Strecke x_0 aus der Gleichgewichtslage gebracht worden ist. Wird nun die Kraft plötzlich entfernt, so beginnt das System zu schwingen. Es soll nun die Gleichung für die Bewegung der Masse m_1 abgeleitet werden.

Im elektrischen Schwingungskreis entspricht dieser Aufgabenstellung der Fall, daß der auf die Spannung E_1 aufgeladene Kondensator C_1 plötzlich durch Schließen des Schalters S über den Stromkreis entladen wird, wobei der Verlauf der Ladung q_1 gesucht ist. Betrachtet man die Abb. 17b vom Stromkreis I aus, so ist C_2 und L_2 parallelgeschaltet und in Reihe mit dieser Gruppe liegt C_1 und L_1. Man kann daher sofort den Operator der Impedanz dieser Schaltung anschreiben. Er lautet:

$$Z_1 = \frac{1}{\frac{1}{p L_2} + p C_2} + p L_1 + \frac{1}{p C_1} \quad \text{oder}$$

$$= \frac{p^2 L_2 C_1 + L_1 p \,(1 + p^2 C_2 L_2)\, p C_1 + 1 + p^2 L_2 C_2}{p C_1 \,(1 + p^2 L_2 C_2)}$$

$$= \frac{p^4 (L_1 C_1 L_2 C_2) + p^2 (L_2 C_1 + L_1 C_1 + L_2 C_2) + 1}{p C_1 \,(p^2 C_2 L_2 + 1)}.$$

Der Strom, der bei Vorhandensein einer Spannung E im Stromkreis I, in demselben fließt, ist

$$i_1 = \frac{E}{Z_1}.$$

Um nun die Ladung q_1 zu erhalten, müssen wir das Zeitintegral von i_1, d. h. $\int i_1 dt$ bilden, oder was dasselbe ist, wir müssen i_1 mit $\frac{1}{p}$ multiplizieren. Wir erhalten somit

$$q_1 = \frac{E\,(p^2 C_1 C_2 L_2 + C_1)}{p^4 (C_1 C_2 L_1 L_2) + p^2 (C_1 L_1 + C_1 L_2 + C_2 L_2) + 1}\,. \quad (26a)$$

$$= E \frac{Y(p)}{Z(p)}.$$

Es ist daher

$$Y(p) = p^2 C_1 C_2 L_2 + C_1$$

und

$$Z(p) = p^4 C_1 C_2 L_1 L_2 + p^2 (C_1 L_1 + C_1 L_2 + C_2 L_2) + 1.$$

Die Gleichung (1) ist schon die Lösung in Operatorenform. Für den Fall der mechanischen Schwingungen haben wir C_1 und C_2 durch c_1 und c_2 (die reziproken Werte der Federkonstanten), ferner L_1 und L_2 durch die Massen m_1 und m_2 zu ersetzen. Weiters ist an Stelle der Spannung E die Kraft P einzuführen. Es ist somit:

$$Y(p) = p^2 c_1 c_2 m_2 + c_1$$
$$Z(p) = p^4 c_1 c_2 m_1 m_2 + p^2 (c_1 m_1 + c_1 m_2 + c_2 m_2) + 1.$$

Wir wollen nun für die Größen m_1, m_2, c_1, c_2 und P die nachstehenden Zahlenwerte einsetzen:

$$m_1 = 0{,}3 \qquad c_1 = 0{,}09 \text{ m/kg}$$
$$m_2 = 0{,}2 \qquad c_2 = 0{,}07 \text{ m/kg}$$
$$P = 1 \text{ kg}$$

und die Operatorengleichung mit Hilfe des Heavisideschen Entwicklungssatzes lösen. Unter Beachtung der im 3. Kapitel gegebenen Reihenfolge der Rechenoperationen erhalten wir:

1. $Z(p) = 0{,}000415\, p^4 + 0{,}0604\, p^2 + 1$
2. $Z(p) = 0$

$$0{,}000415\, p^4 + 0{,}0604\, p^2 + 1 = 0.$$

Wir setzen $p^2 = u$ und erhalten, wenn wir durch 0,000415 dividieren:

$$u^2 + 145\, u + 2410 = 0$$
$$u_{1,2} = -72{,}5 \pm \sqrt{5260 - 2410}$$
$$u_1 = -19$$
$$u_2 = -126;$$

daraus folgt:

$$p_{1,2} = \pm i\,4{,}36$$
$$p_{3,4} = \pm i\,11{,}25$$

3. $$\frac{dZ(p)}{dp} = 4 \cdot 0{,}00415\, p^3 + 2 \cdot 0{,}0604\, p^2$$

4. $$p\,\frac{dZ(p)}{dp} = 4 \cdot 0{,}00415\, p^4 + 2 \cdot 0{,}0604\, p^3$$

5. $$\frac{Y(p)}{p\,\frac{dZ(p)}{dp}} = \frac{0{,}00139\, p^2 + 0{,}09}{4 \cdot 0{,}00415\, p^4 + 2 \cdot 0{,}0604\, p^3}.$$

Setzt man die Werte für $p_1 \ldots p_4$ ein, so erhält man:

$$\left.\frac{Y(p)}{p\,\frac{dZ(p)}{dp}}\right|_{\substack{p=p_1\\p=p_2}} = -\,0{,}0375$$

$$\left.\frac{Y(p)}{p\,\frac{dZ(p)}{dp}}\right|_{\substack{p=p_3\\p=p_4}} = -\,0{,}00755$$

6. $$\left.\frac{Y(p)}{Z(p)}\right|_{p=0} = \frac{Y(0)}{Z(0)} = C_1 = 0{,}09.$$

Die Gleichung für die Bewegung von m_1 lautet daher:

$$x = P\left[\frac{Y(0)}{Z(0)} + \sum_{p_1..p_4} \frac{Y(p)\,\varepsilon^{pt}}{p\,\frac{dZ(p)}{dp}}\right] 1$$
$$= 0{,}09 - 0{,}0375\,(\varepsilon^{+i\,4{,}36\,t} + \varepsilon^{-i\cdot 4{,}36\,t})$$
$$- 0{,}00755\,(\varepsilon^{+i\,11{,}25\,t}) + \varepsilon^{-i\,11{,}25\,t}) \text{ in Metern.}$$

Wenn wir trigonometrische Funktionen einführen und x in cm ausdrücken, so erhält die Gleichung die Form:

$$x = 9 - 7{,}5 \cos 4{,}36\,t - 1{,}51 \cos 11{,}25.$$

Wir sehen also, daß die Masse m zufolge der Kraft P um 9 cm aus der Gleichgewichtslage gehoben wird. Hört die Kraft zu wirken auf, so setzt eine Schwingung ein, die aus zwei einfachen harmonischen Schwingungen zusammengesetzt ist.

Ein weiteres Beispiel für gekoppelte Schwingungen bietet das Problem des Schlingertanks[1]). Hierbei handelt es sich um eine Reibungskoppelung. Die Rechnung verläuft ganz analog der vorstehenden. Es

[1]) Schuler, »Eine Berichtigung der Gleichung des Schlingertanks«. Zeitschrift f. techn. Phys. 1929, S. 368.

ist wieder eine Gleichung vierten Grades nach p aufzulösen. Jedoch sind zufolge des Vorhandenseins der Dämpfungskonstante die Wurzeln dieser Gleichung nicht mehr rein imaginäre, sondern komplexe Größen. Die Auflösung der Gleichung ist daher mühsamer, aber sie kann immer nach dem im 29. Kapitel gezeigten Verfahren oder nach irgendeinem Näherungsverfahren durchgeführt werden.

Schließlich wollen wir noch ein Zahlenbeispiel für die im Maschinenbau so wichtigen Drehschwingungen besprechen.

Wir nehmen etwa an, es seien drei Schwungräder, Rotoren od. dgl. nach Abb. 17c auf einer Welle aufgekeilt, und es sollen die Frequenzen der Eigenschwingung dieses torsionselastischen Systems bestimmt werden. Die Kenntnis dieser Eigenfrequenzen ist von Wichtigkeit, damit

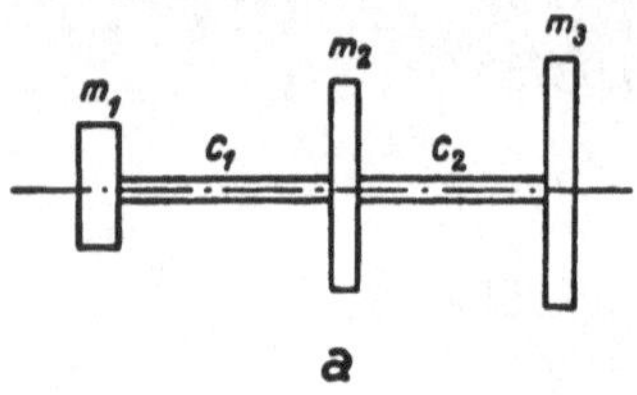

Abb. 17c.

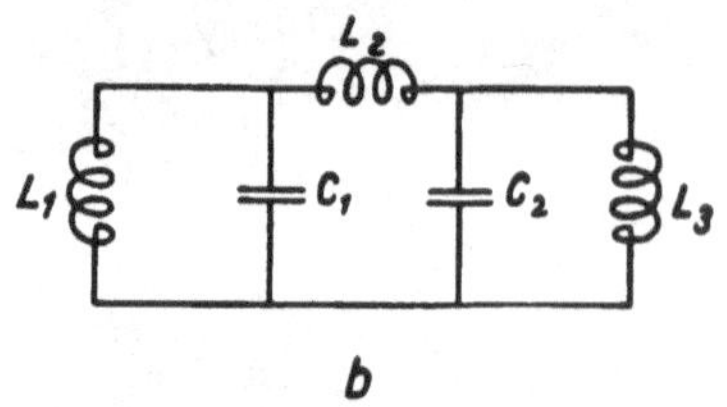

Abb. 17d.

man die Wellen nicht dauernd mit einer Winkelgeschwindigkeit laufen läßt, die einer Eigenfrequenz nahekommt oder gar mit ihr zusammenfällt. In diesem Fall würden nämlich Resonanzerscheinungen auftreten, die zu empfindlichen Betriebsstörungen führen können.

Abb. 17d stellt wieder den entsprechenden elektrischen Schwingungskreis dar.

Die Federkonstanten für die Wellenstücke l_1 und l_2 werden mit c_1 und c_2 bezeichnet. Diese Größen können nach der Formel

$$c_k = \frac{G \cdot J}{l_k} \qquad k = 1,2$$

berechnet werden, wobei G der Schubmodul des betreffenden Materials und J das Querschnittträgheitsmoment des Wellenstückes ist. Bezeichnen wir weiter mit m_1, m_2 und m_3 die Massenträgheitsmomente der drei Schwungräder und mit φ_1, φ_2 und φ_3 die Verdrehungswinkel derselben, so gelten für die Eigenschwingungen die drei folgenden Operatorengleichungen $\left(p^2 = \frac{d^2}{dt^2}\right)$

$$m_1 p^2 \varphi_1 + c_1 (\varphi_1 - \varphi_2) = 0$$
$$m_2 p^2 \varphi_2 + c_1 (\varphi_2 - \varphi_1) + c_2 (\varphi_2 - \varphi_3) = 0$$
$$m_3 p^2 \varphi_3 + c_2 (\varphi_3 - \varphi_2) = 0.$$

Wenn wir die Gleichungen nach φ_1, φ_2 und φ_3 ordnen, erhalten wir weiter:

$$\begin{array}{llll} \varphi_1(m_1 p^2 + c_1) - \varphi_2 c_1 & & & = 0 \\ -\varphi_1 c_1 & + \varphi_2(m_2 p^2 + c_1 + c_2) - \varphi_3 c_2 & & = 0 \\ & - \varphi_2 c_2 & + \varphi_3(m_3 p^2 + c_2) & = 0. \end{array}$$

Da wir nur die Eigenfrequenzen des Systems bestimmen wollen, so haben wir bloß die Gleichung $Z(p) = 0$ zu ermitteln und sie nach p aufzulösen (siehe erstes Beispiel). Zu diesem Zwecke können wir wieder wie im ersten Beispiel die Impedanz für den in Abb. 2b dargestellten Stromkreis bilden oder aber das vorstehende Gleichungssystem benützen. Es ist nämlich $Z(p)$ nichts anderes, als die Determinante dieses Gleichungssystems:

$$Z(p) = \begin{vmatrix} m_1 p^2 + c_1 & -c_1 & 0 \\ -c_1 & m_2 p^2 + c_1 + c_2 & -c_2 \\ 0 & -c_2 & m_3 p^2 + c_2 \end{vmatrix}$$

Wir bekommen schließlich, welchen Weg wir auch einschlagen, nach einigen Umformungen und Vereinfachungen für $Z(p) = 0$ die Gleichung:

$$p^4 m_1 m_2 m_3 + p^2(m_1 m_2 c_2 + m_1 m_3 c_2 + m_2 m_3 c_1 + m_1 m_3 c_1) \\ + m_1 c_1 c_2 + m_2 c_1 c_2 + m_3 c_1 c_2 = 0.$$

Als speziellen Fall nehmen wir an, daß eine Dampfmaschine zwei elektrische Generatoren mittels durchlaufender Welle antreibt. Und zwar soll betragen:

das Massenträgheitsmoment der Antriebsmaschine . . . . $m_1 =$ 400 kg cm,
das Massenträgheitsmoment des ersten Generators . . . . $m_2 =$ 9000 »
das Massenträgheitsmoment des zweiten Generators . . . . $m_3 =$ 2660 »

ferner

$$c_1 = 6{,}1 \times 10^7 \text{ kg cm}$$
$$c_2 = 1{,}22 \times 10^7 \quad »$$

Setzen wir diese Werte in die Gleichung $Z(p) = 0$ ein, so erhalten wir nach einer kleinen Umformung:

$$p^4 + 0{,}166 \cdot 10^6 p^2 + 944 \cdot 10^6 = 0.$$

Durch die Substitution $p^2 = u$ entsteht:

$$u^2 + 0{,}166 \cdot 10^6 u + 944 \cdot 10^6 = 0$$

$$u_{1,2} = \frac{10^6}{2}\left(-0{,}166 \pm \sqrt{0{,}0275 - 0{,}00387}\right)$$
$$= 10^6(-0{,}083 \pm 0{,}076)$$

$$u_1 = -10^6 \cdot 0{,}154; \qquad u_2 = -10^6 \cdot 0{,}007$$

$$p_{1,2} = \pm\, i \cdot 400 \qquad p_{3,4} = \pm\, i \cdot 83{,}3$$

$$T_1 = \frac{2\pi}{p} = \frac{2\pi}{400} = 0{,}015 \text{ sec}$$

$$T_2 = \frac{2\pi}{83{,}8} = 0{,}075 \text{ sec.}$$

12. Kapitel.

Die Wirkung des Kurzschließens gewisser Netzteile und der Einführung neuer Impedanzen durch Schließen eines Schalters.

Wir betrachten beispielsweise den in Abb. 18 dargestellten Stromkreis. Nachdem der ursprüngliche Strom seinen stationären Wert er-

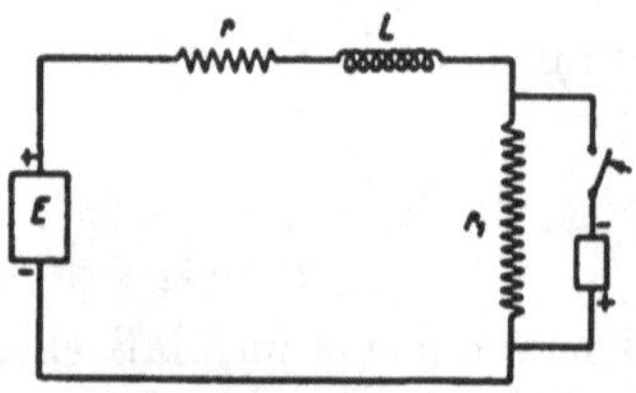

Abb. 18.

reicht hat, werde der Schalter geschlossen. Gesucht ist der Stromverlauf nach dem Schließen des Schalters.

Vor dem Schließen des Schalters fließt der stationäre Strom $J = \frac{E}{r + r_1}$ im Stromkreis, wobei die Spannung $e = J \cdot r_1$ vom Widerstand verbraucht wird. Der obere Kontakt des Schalters weist ein höheres Potential auf als der untere Kontakt, so zwar, daß die Potentialdifferenz stets $J \cdot r_1$ ist. Wird der Schalter geschlossen, so verschwindet die Spannung am Widerstand r_1. Daher können wir das Schließen des Schalters durch Hinzufügen einer Batterie von entgegengesetzter Spannung ersetzen. Vom Zeitpunkte $t = 0$ an sei also statt des Schalters eine Batterie vorhanden, die mit ihrem negativen Pol oben angeschlossen ist[1]).

Die Spannung $+ J r_1 1$ bewirkt nun das Fließen eines bestimmten Stromes, und man erhält den tatsächlichen Strom nach dem Schließen des Schalters, durch Bilden der algebraischen Summe aus dem ursprünglichen Strom und dem Strom, der von der Spannung $J r_1 1$ hervorgerufen wird.

Es ist zweckmäßig, ein neues Schaltbild Abb. 19 zu zeichnen (der Widerstand der ursprünglichen Batterie wird dabei vernachlässigt).

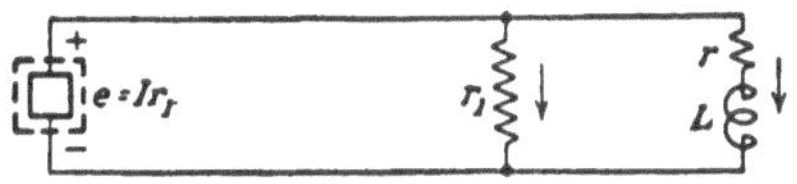

Abb. 19.

Der Ausgleichsstrom, der im Stromkreis mit dem Widerstand $r + pL$ auftritt, ist

$$i = \frac{J r_1}{r + pL} 1 = \frac{J r_1}{r} \left[1 - \varepsilon^{-\frac{r}{L} t} \right].$$

Der ursprüngliche Strom J hat die gleiche Richtung wie der Ausgleichstrom. Es ist daher der Gesamtstrom

$$i = J + J \frac{r_1}{r} \left[1 - \varepsilon^{-\frac{r}{L} t} \right].$$

Im Augenblick des Schließens des Schalters, also zur Zeit $t = 0$, beginnt der Strom von seinem anfänglichen Wert anzusteigen, bis er zur Zeit $t = \infty$ den Wert E/r erreicht.

Im Parallelzweig wird infolge der Spannung $J r_1$ ein Strom fließen, der sofort den Wert $J \frac{r_1}{r_1} = J$ annimmt. Wie man aus der Abb. 18 sieht, fließt dieser Strom in entgegengesetzter Richtung zu dem ursprünglichen. Der Strom im Widerstand r_1 sinkt also sofort nach dem Schließen des Schalters auf Null.

Abb. 20 stellt einen ähnlichen Fall dar, wobei durch Schließen eines Schalters die Stromkreiskonstanten geändert werden. Der Weg, der einzuschlagen ist, um zur Lösung zu gelangen, ist praktisch der

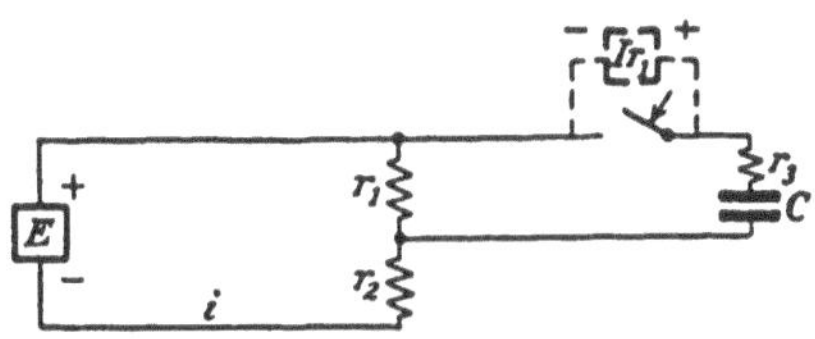

Abb. 20.

gleiche, wie im vorhergehenden Beispiel. Es wird wieder eine fiktive Spannung an den Schalterkontakten eingeführt, deren Größe gleich ist der Spannung, die an dem Parallelzweig unmittelbar vor dem Schließen des Schalters vorhanden war.

Diese fiktive EMK ruft Ströme im Netz hervor, die, zu den ursprünglich vorhandenen Strömen hinzuaddiert, den tatsächlichen Strom ergeben.

Abb. 21 stellt wieder die zwecks einfacherer Rechnung umgezeichnete Abb. 20 dar.

Aufgabe: Es ist der Strom i nach Schließen des Schalters zu ermitteln. Ein Vergleich der beiden Schaltbilder zeigt, daß i der im Widerstand r_2 fließende Strom ist.

Abb. 21.

Der Widerstandsoperator für den gesamten Stromkreis (Abb. 21) ist gegeben durch

$$z = r_3 + \frac{1}{pC} + \frac{r_1 r_2}{r_1 + r_2}$$

der gesamte Ausgleichstrom ist

$$i_0 = \frac{J r_1}{z} 1.$$

Dieser Strom verteilt sich nun auf die zwei Widerstände, und zwar ist

$$i_2 = \frac{r_1}{r_1 + r_2} i_0 = \frac{J r_1^2}{r_1 + r_2} \frac{pC(r_1 + r_2)}{pCr_3(r_1 + r_2) + r_1 + r_2 + pCr_1 r_2} 1 =$$

$$= \frac{J r_1^2 pC}{r_1 + r_2 + pC(r_1 r_2 + r_1 r_3 + r_2 r_3)} 1$$

und der tatsächlich fließende Strom i ist gegeben durch die Summe aus dem ursprünglichen Strom und diesem Ausgleichstrom. Es ist also

$$i = \frac{E}{r_1 + r_2} \left[1 + \frac{pCr_1^2}{r_1 + r_2 + pC(r_1 r_2 + r_1 r_3 + r_2 r_3)} \right] 1.$$

Das erste Glied vorstehender Gleichung hat einfach die Form $\frac{E}{r_1 + r_2}$. Das zweite Glied kann entweder direkt gelöst werden, indem man für den Operatorenausdruck seinen Wert hinschreibt oder mittels des Entwicklungssatzes.

Es kann geschrieben werden

$$\frac{Ap}{B + Dp} 1 = \frac{A}{D} \frac{p}{p + \alpha} 1,$$

wobei

$$\alpha = \frac{B}{D}$$

ist; oder

$$\frac{Ap}{B+Dp} = \frac{A}{D}\varepsilon^{-\alpha t} = \frac{C r_1^2}{C(r_1 r_2 + r_1 r_3 + r_2 r_3)}\varepsilon^{-\alpha}.$$

und

$$i = \frac{E}{r_1 + r_2}\left[1 + \frac{r_1^2}{r_1 r_2 + r_1 r_3 + r_2 r_3}\varepsilon^{-\frac{r_1 + r_2}{r_1 r_2 + r_1 r_3 + r_2 r_3}t}\right].$$

Zur Zeit $t = 0$ ist

$$i = \frac{E(r_1 + r_3)}{r_1 r_2 + r_1 r_3 + r_2 r_3}.$$

Für $t = \infty$ wird

$$i = \frac{E}{r_1 + r_2}.$$

Wir haben bis jetzt immer nur Fälle betrachtet, bei denen das Schließen des Schalters nach Erreichen des stationären Zustandes erfolgte. Die gleichen Überlegungen gelten jedoch auch dann, wenn diese Voraussetzung nicht mehr zutrifft.

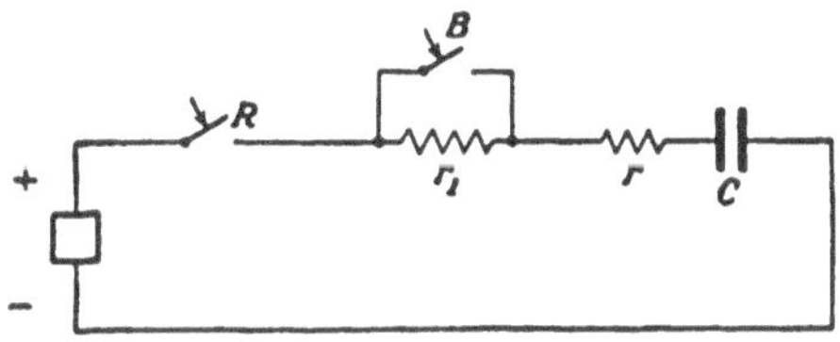

Abb. 21 a.

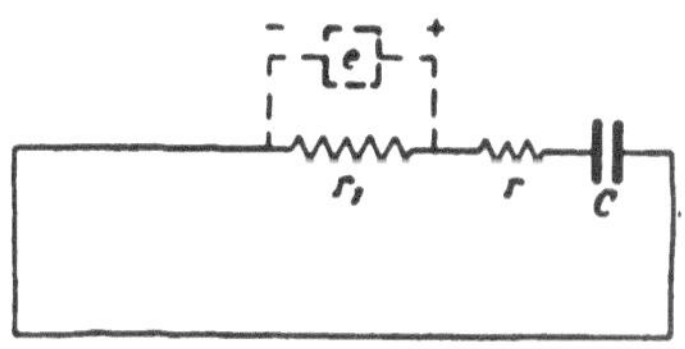

Abb. 21 b.

Betrachten wir beispielsweise den in Abb. 21a dargestellten Stromkreis, der in Abb. 21b wieder umgezeichnet ist. Der Schalter R wird zur Zeit $t = 0$ und der Schalter B zur Zeit $t = t_1$ geschlossen. Die Aufgabe ist nun, den Strom zu irgendeiner Zeit zu finden.

In der Abb. 21b wurde eine Batterie eingeführt, deren Spannung von besonderer Art ist, nämlich jeweils gleich der Spannung, die an den Enden des Widerstandes herrschen würde, wenn der Strom seinen ursprünglichen Wert behielte. Diese Batterie liefert dann einen Strom, der zu dem ursprünglich durch den Kondensator fließenden Strom zu addieren und von dem im Widerstand r_1 fließenden zu subtrahieren ist.

Da der Kondensator sowohl vor als auch nach dem Schließen des Schalters B den gesamten Strom führt, so ist dies der gesuchte Strom. Der von der Batterie herrührende Strom ist

$$i_1 = \frac{E}{r + r_1 + \frac{1}{pC}}1 = \frac{E}{r_0}\varepsilon^{-\alpha_0 t},$$

wobei
$$r_0 = r + r_1 \text{ und } \alpha_0 = \frac{1}{C r_0}$$
ist. Die an dem Widerstand auftretende Spannung e ist dann offenbar
$$e = i_1 r_1 = \frac{E r_1}{r_0} \varepsilon^{-\alpha_0 t}.$$

Diese Spannung erzeugt in dem Stromkreis $r + \frac{1}{pC}$ den Strom
$$i_2 = \frac{E \frac{r_1}{r_0}}{r + \frac{1}{pC}} (\varepsilon^{-\alpha_0 t} 1) = E \frac{r_1}{r_0} \frac{pC}{rpC + 1} (\varepsilon^{-\alpha_0 t} 1) = E \frac{r_1}{r r_0} \frac{p}{p + \alpha} (\varepsilon^{-\alpha_0 t} 1),$$
wobei
$$\alpha = \frac{1}{Cr}$$
ist. Durch Anwendung der Heavisideschen Verschiebung (siehe Kap. 14) erhält man:
$$i_2 = \varepsilon^{-\alpha_0 t} \frac{E r_1}{r r_0} \frac{p - \alpha_0}{p - \alpha_0 + \alpha} 1.$$

Löst man $\frac{p - \alpha_0}{p - \alpha_0 + \alpha} 1$ mittels der Entwicklungsformel auf, so ergibt sich:
$$\frac{1}{\alpha - \alpha_0} \cdot [-\alpha_0 + \alpha \varepsilon^{-(\alpha - \alpha_0)(t - t_1)}].$$

In diesem Ausdruck tritt $t - t_1$ auf, da die Zeit vom Zeitpunkt des Schließens des Schalters B an zu zählen ist. Es ist also
$$i_2 = \varepsilon^{-\alpha_0 t} E \frac{r_1}{r r_0} \left[\frac{\alpha}{\alpha - \alpha_0} \varepsilon^{-(\alpha - \alpha_0)(t - t_1)} - \frac{\alpha_0}{\alpha - \alpha_0} \right]$$
$$= E \varepsilon^{-\alpha_0 t} \left[\frac{1}{r} \varepsilon^{-(\alpha - \alpha_0)(t - t_1)} - \frac{1}{r_0} \right].$$

Nun sei die Frage aufgeworfen, ob für i_2 ein Ausdruck dieser Form zu erwarten war. Für $t = t_1$ nimmt der neu hinzukommende Strom die Eorm $\frac{E r_1 \varepsilon^{-\alpha_0 t_1}}{r r_0}$ an. Es ist bekannt, daß ein Kondensator sich einer plötzlichen Änderung der angelegten Spannung gegenüber wie ein vollkommener Leiter verhält, das heißt also, daß der Kondensator in diesem Falle keinen Widerstand bietet. Daher ist der Strom, der durch die Spannung $E \frac{r_1}{r_0} \varepsilon^{-\alpha_0 t_1}$ hervorgerufen wird (das ist die zur Zeit $t = t_1$ herrschende Spannung), gleich dieser Spannung, gebrochen durch den

Widerstand r, der mit dem Kondensator in Reihe liegt. Somit erscheint vorstehendes Ergebnis gerechtfertigt. Der Gesamtstrom, der nach dem Zeitpunkt $t = t_1$ fließt, ist $i_0 = i_1 + i_2$ oder

$$i_0 = E\,\varepsilon^{-\alpha_0 t}\left[\frac{1}{r_0} - \frac{1}{r_0} + \frac{1}{r}\,\varepsilon^{-(\alpha-\alpha_0)(t-t_1)}\right] = E\,\frac{\varepsilon^{-\alpha_0 t}}{r}\,\varepsilon^{-(\alpha-\alpha_0)(t-t_1)}.$$

Bis zur Zeit $t = t_1$ ist der Strom

$$i_0 = \frac{E}{r_0}\,\varepsilon^{-\alpha_0 t}.$$

Der ungefähre Stromverlauf ist in Abb. 21c dargestellt. Für den Anfänger wird es gut sein, eine ähnliche Aufgabe zu lösen, bei welcher

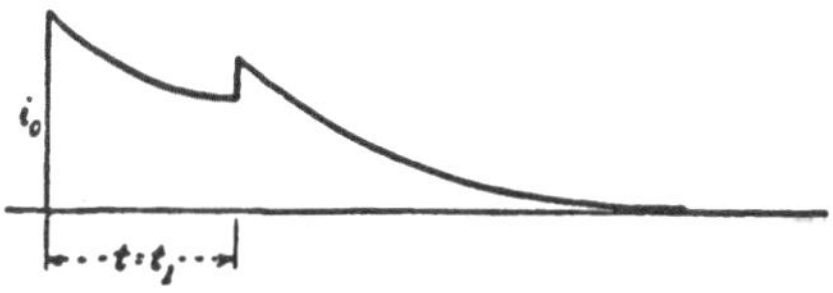

Abb. 21c.

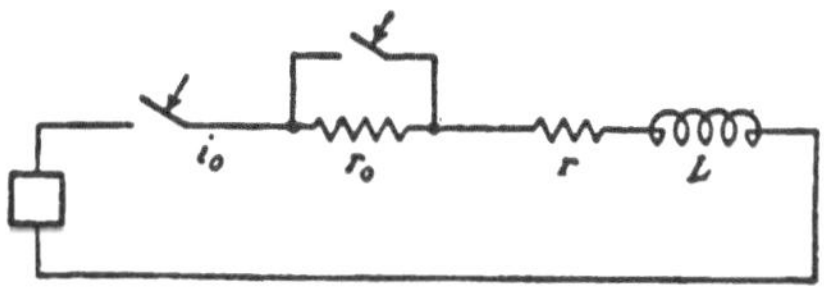

Abb. 21d.

jedoch an Stelle des Kondensators eine Drosselspule mit der Selbstinduktion L tritt, wie dies Abb. 21d zeigt.

Die Rechnung ergibt folgende Ströme: Bis zur Zeit $t = t_1$

$$i_0 = \frac{E}{r_0}\left[1 - \varepsilon^{-\frac{r_0}{L}t}\right];$$

nach diesem Zeitpunkt

$$i_0 = \frac{E}{r} - \frac{E\,r_1}{r\,r_0}\,\varepsilon^{-\frac{r_1}{L}(t-t_1)} - \frac{E}{r_0}\,\varepsilon^{-\frac{r_1}{L}t_1}\,\varepsilon^{-\frac{r}{L}t}.$$

Für diesen Fall stellt Abb. 21e den Stromverlauf dar.

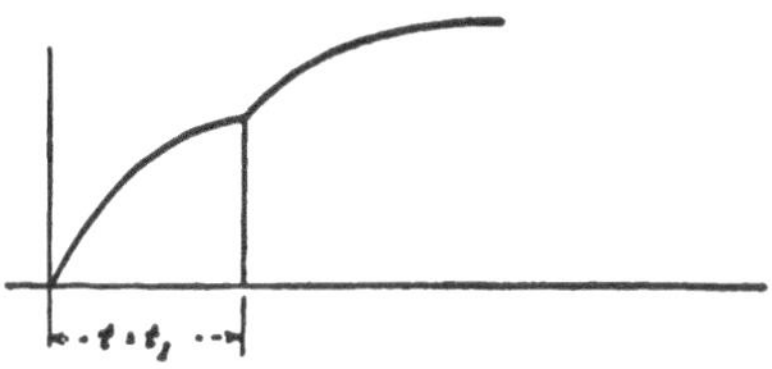

Abb. 21e.

Schaltvorgänge in Wechselstromkreisen.

Wir wollen jetzt den in Abb. 21f dargestellten Stromkreis betrachten, der in Abb. 21g umgezeichnet ist. Nachdem der in diesem

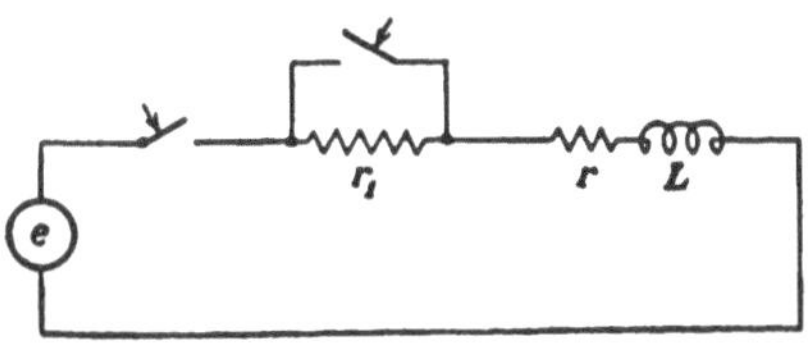

Abb. 21f.

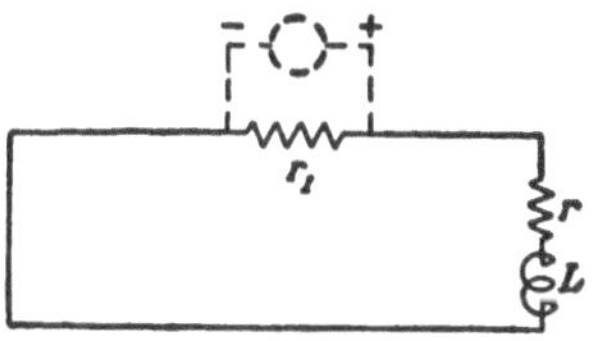

Abb. 21g.

Stromkreise fließende Wechselstrom seinen stationären Wert erreicht hat, wird der Widerstand r_1 kurzgeschlossen, und zwar soll dies beim Nulldurchgang der Spannung geschehen.

Es sind die Gleichungen für den Strom vor und nach dem Schließen des Schalters aufzustellen.

Bevor der Schalter geschlossen wird, gilt:

$$i = \frac{e}{r + r_1 + pL} 1$$

oder in Vektordarstellung

$$\bar{J} = \frac{\bar{E}}{r + r_1 + j\omega L} = \frac{e}{Z_0} (\cos \varphi - j \sin \varphi),$$

wobei

$$Z_0 = \sqrt{(r + r_1)^2 + \omega^2 L^2} \text{ und } \operatorname{tg} \varphi = \frac{\omega L}{r + r_1}$$

ist. Wenn also

$$e = E \sin \omega t \text{ ist, dann ist } i = \frac{E}{Z_0} \sin (\omega t - \varphi)$$

und am Widerstand r_1 liegt die Spannung $e_1 = \frac{E r_1}{Z_0} \sin (\omega t - \varphi)$. Wir ersetzen nun den Schalter durch einen Wechselstromgenerator mit der Spannung e_1, wie dies Abb. 21g zeigt. Dieser Generator schickt den Strom i_2 durch $r + pL$ hindurch, und zwar in der Richtung des ursprünglichen Stromes. Der Strom i_2 ist $\frac{1}{r + pL} e_1$ und wurde schon im 6. Kapitel untersucht.

Es ergibt sich

$$i_2 = \frac{e_1}{Z} \left[\sin (\omega t - \varphi - \alpha) - \varepsilon^{-\frac{r}{L} t} \sin (-\varphi - \alpha) \right] =$$

$$= \frac{E r_1}{Z_0 Z} \left[\sin (\omega t - \varphi - \alpha) + \varepsilon^{-\frac{r}{L} t} \sin (\varphi + \alpha) \right],$$

und zwar ist

$$Z = \sqrt{r^2 + \omega^2 L^2} \text{ und } \operatorname{tg} \alpha = \frac{\omega L}{r}.$$

Der Gesamtstrom i_0 nach dem Schließen des Schalters ist

$$i_0 = \frac{E}{Z_0} \left[\sin (\omega t - \varphi) + \frac{r_1}{Z} \sin (\omega t - \varphi - \alpha) + \frac{r_1}{Z} \varepsilon^{-\frac{r}{L} t} \sin (\varphi + \alpha) \right].$$

Dieses Ergebnis kann wieder auf seine Richtigkeit hin überprüft werden. Setzen wir nämlich $t = 0$, so verschwinden die zwei letzten Glieder in vorstehendem Ausdruck, und wir erhalten tatsächlich den Strom vor Schließung des Schalters. Für $t = \infty$ verschwindet das dritte Glied und die beiden restlichen Glieder können zusammengefaßt und vereinfacht werden zu dem Ausdruck $i = \frac{E}{Z} \sin (\omega t - \alpha)$, der den richtigen stationären Endwert angibt.

13. Kapitel.

Die Wirkung der durch das Öffnen eines Schalters hervorgerufenen plötzlichen Änderung der Stromkreiskonstanten.

Wir betrachten den Stromkreis in Abb. 22 und nehmen an, daß, nachdem der stationäre Zustand eingetreten ist, der Schalter S geöffnet wird. Vor dem Öffnen fließt durch den Schalter der stationäre Strom J, nachher der Strom Null.

Wenn wir an Stelle des Öffnens des Schalters eine gewisse, an den Klemmen desselben wirkende EMK einführen, so zwar, daß sie für alle Zeiten $t > 0$ einen durch den Schalter fließenden konstanten Strom $-J$

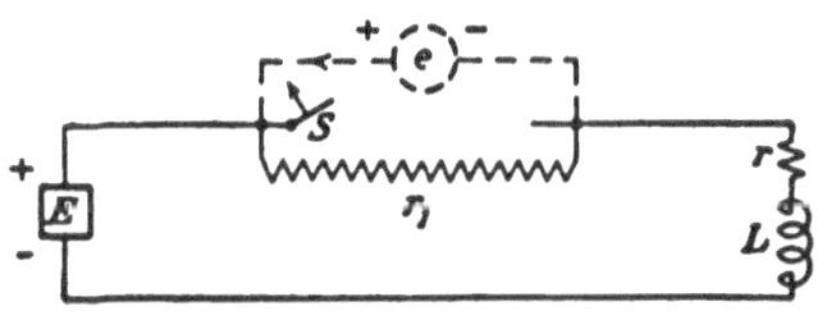

Abb. 22.

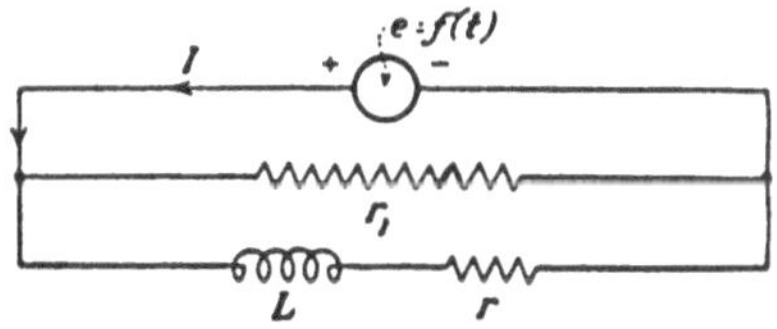

Abb. 23.

hervorruft, so haben wir die gleiche Wirkung erreicht. Es ist vorteilhaft, die Abb. 22 umzuzeichnen, wodurch Abb. 23 entsteht.

Der Strom, der durch die vorerwähnte EMK verursacht wird, teilt sich auf die zwei parallelen Stromwege auf, und zwar ist das Verhältnis des Stromes i_1, der durch r_1 fließt, zum Gesamtstrom J gegeben durch:

$$\frac{i_1}{J} = \frac{1/r_1}{\frac{1}{r_1} + \frac{1}{r + pL}}$$

oder

$$i_1 = \frac{r + pL}{r + r_1 + pL} J 1.$$

Es ist zu beachten, daß in obigen Ausdruck die Einheitsfunktion eingesetzt wurde. Es war nämlich der Strom, der ursprünglich durch den Schalter ging, stationär und gleich $+J$. Um diesen Strom nun auf Null zu bringen, muß $-J$ mit der Einheitsfunktion multipliziert sein.

In unserem besonderen Fall ist der ursprünglich fließende stationäre Strom $J = E/r$, so daß der Strom i_1 gegeben ist durch:

$$i_1 = \frac{E}{r}\left(\frac{r + pL}{r + r_1 + pL}\right) 1.$$

Zur Zeit $t = 0$ ist

$$i_1 = \frac{E}{r}.$$

Die Lösung für i_1, die unschwer gefunden werden kann, ist

$$i_1 = \frac{J}{r + r_1}\left[r + r_1 \varepsilon^{-\frac{r + r_1}{L} t}\right].$$

Das ist der gesamte durch den Widerstand fließende Strom, denn vor dem Öffnen des Schalters ist kein Strom durch r_1 geflossen.

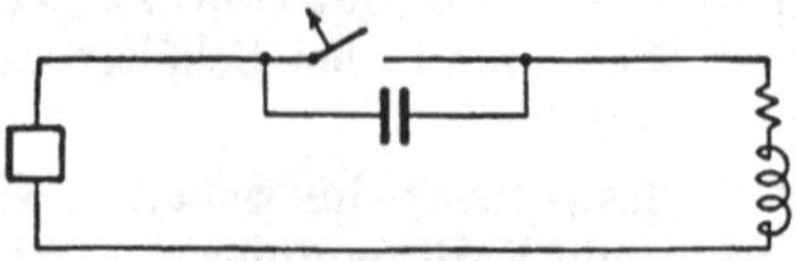

Abb. 24.

Liegt parallel zum Schalter ein Kondensator (siehe Abb. 24), so gilt, wie ohne weiteres einleuchtet:

$$\frac{i_c}{J} = \frac{pC}{pC + \frac{1}{r + pL}}$$

$$i_c = \frac{E}{r}\left(\frac{pC(r + pL)}{rpC + p^2CL + 1}\right) 1 \quad \ldots\ldots\ldots \quad (27)$$

Die Schaltung nach Abb. 25 wird bei Wellenmessern angewendet. Hier ist die Gleichung für den nach Öffnen des Schalters fließenden Strom offensichtlich dieselbe, wie im vorstehend behandelten Falle.

Lösung der Gleichung (27) mittels des Entwicklungssatzes. — Die rechte Seite der Gleichung stellt die Summe der zwei folgenden Glieder dar:

$$\frac{pA_1}{p^2 + 2\alpha p + \omega_0^2} 1 \text{ und } \frac{p^2 B_1}{p^2 + 2\alpha p + \omega_0^2} 1,$$

wobei

$$A_1 = \frac{ECr}{rCL} = \frac{E}{L}$$

und

$$B_1 = \frac{ECL}{rCL} = \frac{E}{r}$$

ist. Wir setzen ferner

$$2\alpha = \frac{rC}{CL} = \frac{r}{L} \text{ und } \omega_0^2 = \frac{1}{CL}.$$

Für den Fall, daß Schwingungen auftreten, d. h. wenn $\frac{1}{CL} > \frac{r^2}{4L^2}$ ist, liefert die Nennergleichung $Z(p) = 0$, für beide Summanden die Wurzeln $p = -\alpha \pm j\omega$, wobei $\omega^2 = \omega_0^2 - \alpha^2$ ist. Ferner ist

$$p\frac{dZ}{dp} = 2p(p + \alpha)$$

und
$$\frac{Y(p)}{p\,\dfrac{dZ}{dp}} = \frac{A_1}{2\,(p+\alpha)}$$
für das erste Glied, hingegen
$$\frac{Y(p)}{p\,\dfrac{dZ}{dp}} = \frac{p\,B_1}{2\,(p+\alpha)}$$
für das zweite Glied.

Es ist also

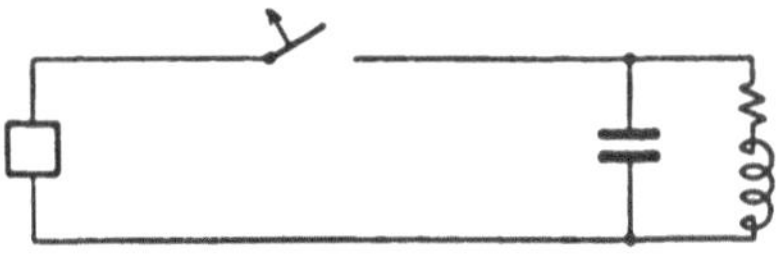

Abb. 25.

$$\left[\frac{Y(p)}{p\,\dfrac{dZ}{dp}}\right]_{p=p_1=-\alpha+j\omega} = \frac{A_1}{2\,j\,\omega} = -j\,\frac{A_1}{2\,\omega}$$
für das erste bzw.
$$= \frac{B_1}{2\,\omega}\,(\omega + j\,\alpha)$$
für das zweite Glied.

Durch Anwendung der Gleichung (22) des 8. Kapitels erhalten wir (im Falle des ersten Gliedes) für
$$A = \sqrt{0^2 + \frac{A_1^2}{4\,\omega^2}} = \frac{A_1}{2\,\omega} = \frac{E}{2\,L\,\omega}$$
und für das zweite Glied
$$A = \frac{B_1}{2\,\omega}\sqrt{\omega^2+\alpha^2} = \frac{E\,\omega_0}{2\,r\,\omega}.$$

Für den ersten Summanden gilt ferner
$$\operatorname{ctg}\delta = \frac{0}{-\dfrac{A_1}{2\,\omega}} \quad \text{oder } \delta = -\,90^0$$
und für das zweite Glied
$$\operatorname{tg}\delta = \alpha/\omega.$$

Der Ausdruck $Y(0)/Z(0)$ verschwindet in beiden Fällen. Es ist somit
$$i_c = \frac{E}{L\omega}\,\varepsilon^{-\alpha t}\cos(\omega t - 90^0) + \frac{E\,\omega_0}{r\,\omega}\,\varepsilon^{-\alpha t}\cos(\omega t + \Phi),$$
worin
$$\operatorname{tg}\Phi = \frac{\alpha}{\omega} = \frac{E}{L\omega}\,\varepsilon^{-\alpha t}\cos(\omega t - 90^0) + \frac{E\,\varepsilon^{-\alpha t}\,\omega_0}{r\,\omega}\,\sin(\omega t + \Phi_1)$$
ist, während $\operatorname{tg}\Phi_1 = \dfrac{\omega}{\alpha}$ ist. Zur Zeit $t=0$ erhalten wir
$$i_c = \frac{E\,\omega_0\,\omega}{r\,\omega\,\omega_0} = \frac{E}{r}.$$

Zur Zeit $t = 0$ fließt also der Gesamtstrom durch den Kondensator.

Bei der Lösung dieser Aufgabe haben wir die beiden nützlichen Operatoren

$$\frac{A_1 p}{p^2 + 2\alpha p + \omega_0^2} 1 \quad \text{und} \quad \frac{B_1 p^2}{p^2 + 2\alpha p + \omega_0^2} 1$$

erhalten.

Das 30. Kapitel enthält eine reichhaltige Zusammenstellung von weiteren Operatoren.

14. Kapitel.

Heavisides „Verschiebung".

Im zweiten Band des Werkes »Electromagnetic Theory« bringt Heaviside die Beziehung

$$f(p)\, u\, \varepsilon^{\alpha t} = \varepsilon^{\alpha t} f(p + \alpha)\, u \text{ [1]} \quad \ldots \ldots \ldots \quad (28)$$

worin $f(p)$ eine Funktion von p, gewöhnlich $Y(p)/Z(p)$, und u eine Funktion von t darstellt. u kann zum Beispiel $\sin(\omega t + \alpha)$ oder bloß die Einheitsfunktion sein, je nach der vorliegenden Aufgabe.

Beweis. — Wir nehmen zunächst $f(p) = p$ an. Es wird dann die linke Seite der Gleichung

$$p(u\varepsilon^{\alpha t}) = \frac{d}{dt}(u\varepsilon^{\alpha t}) = \varepsilon^{\alpha t}\frac{du}{dt} + \alpha u \varepsilon^{\alpha t} = \varepsilon^{\alpha t}\left[\frac{du}{dt} + \alpha u\right] = \varepsilon^{\alpha t}(p + \alpha)\, u,$$

welcher Ausdruck die rechte Seite von (28) befriedigt.

Ähnlich ist

$$p^n(u\varepsilon^{\alpha t}) = \varepsilon^{\alpha t}(p + \alpha)^n u.$$

Man sieht daher, daß Gleichung (28) auch für den Fall $f(p) = p^n$ gilt. Sie wird daher für jede Funktion von p gelten, die in eine Potenzreihe nach p entwickelt werden kann. Es kann weiters leicht gezeigt werden, daß die gleiche Regel auch für $1/p$ gilt.

Abb. 26.

Um die Anwendung dieser Beziehung zu zeigen, betrachten wir die folgende Aufgabe: Wir nehmen an, daß beim Schließen des Schalters S eine Spannung $E\,\varepsilon^{-\beta t}$ an den in Abb. 26 dargestellten induktiven Stromkreis angelegt wird und wollen die Spannung bestimmen, die

[1] Es ist vielleicht klarer, die Gleichung in der Form $f(p)\,(u\,\varepsilon^{\alpha t}) = \varepsilon^{\alpha t} f(p + \alpha)\, u$ anzuschreiben, da $f(p)$ auf den Ausdruck $u\,\varepsilon^{\alpha t}$ angewendet wird.

an der Induktivität auftritt. Würde der Einheitsstoß der Spannung aufgedrückt werden, so würden folgende Gleichungen gelten:

$$i = \frac{E\,1}{r + pL}$$

und

$$e_i = pLi = \frac{pLE}{r + pL}\,1 = E\frac{p}{p + \alpha}\,1, \text{ wobei } \alpha = \frac{r}{L}$$

ist. Wir setzen nun:

$$f(p) = \frac{p}{p + \alpha}$$

und

$$u\,\varepsilon^{at} = E\,\varepsilon^{-\beta t}\,1.$$

Dann wirkt der Operator $\frac{p}{p + \alpha}$ auf die Funktion $E\,\varepsilon^{-\beta t}\,1$, und es ergibt sich:

$$e_i = \frac{p}{p + \alpha}(E\,\varepsilon^{-\beta t})\,1 \quad . \; . \; . \; . \; . \; . \; . \; . \; . \; . \quad (29)$$

Wir sind jedoch nicht immer in der Lage, den Wert des Operators für irgendeine Funktion von t anzugeben, so daß häufig Umformungen nötig sind. Nach der im vorstehenden abgeleiteten Formel kann nun $\varepsilon^{-\beta t}$ vor den Operator gebracht werden, wenn in $f(p)$, also in unserem Falle in $\frac{p}{p + \alpha}$, p durch $p - \beta$ ersetzt wird. Wir erhalten also:

$$e_i = E\,\varepsilon^{-\beta t}\frac{p - \beta}{p - \beta + \alpha}\,1 = E\,\varepsilon^{-\beta t}\frac{Y(p)}{Z(p)}\,1.$$

Mit Hilfe des Entwicklungssatzes finden wir:

$$\frac{Y(p)}{Z(p)}\,1 = \frac{1}{\alpha - \beta}[\alpha\,\varepsilon^{-(\alpha - \beta)t} - \beta]$$

$$e_i = \frac{E}{\alpha - \beta}[\alpha\,\varepsilon^{-\alpha t} - \beta\,\varepsilon^{-\beta t}] \quad . \; . \; . \; . \; . \; . \quad (30)$$

In dem vorliegenden einfachen Falle wäre allerdings die Umformung nicht nötig gewesen, da bekanntlich $(E\,\varepsilon^{-\beta t})$ in Gleichung (29) in der Form $E\frac{p}{p + \beta}\,1$ geschrieben werden kann. Es lautet daher die Lösung in Operatorenform:

$$e_i = \frac{p^2 E}{(p + \alpha)(p + \beta)}\,1.$$

Wendet man auf vorstehende Gleichung den Entwicklungssatz an, so erhält man ebenfalls die Gleichung (30).

Die »Verschiebung« kann nach beiden Richtungen erfolgen, und es ist manchmal vorteilhaft, eine Verschiebung nach der entgegengesetzten Richtung wie in vorstehendem Beispiel vorzunehmen, d. h. von der inversen Operation Gebrauch zu machen. Nehmen wir beispielsweise an, es läge der Ausdruck

$$\frac{p}{p-\alpha} 1 \quad \ldots \ldots \ldots \ldots \quad (31)$$

vor. Diesen könnte man auch schreiben:

$$\varepsilon^{-\beta t} \varepsilon^{+\beta t} \frac{p}{p-\alpha} 1 \quad \ldots \ldots \ldots \ldots \quad (32)$$

$\varepsilon^{+\beta t}$ kann nach rechts verschoben werden, wobei dieser Faktor in einen neuen Operator eintritt; hierbei ist p durch $p-\beta$ zu ersetzen. Der Ausdruck (32) geht dann über in:

$$\varepsilon^{-\beta t} \frac{p-\beta}{p-\beta-\alpha} (\varepsilon^{+\beta t} 1); \quad \ldots \ldots \ldots \quad (33)$$

da $\varepsilon^{\beta t} 1 = \frac{p}{p-\beta} 1$ ist, so nimmt der Ausdruck (31) folgende Form an:

$$\varepsilon^{-\beta t} \frac{p-\beta}{p-\beta-\alpha} \frac{p}{p-\beta} 1 = \varepsilon^{-\beta t} \frac{p}{p-\beta-\alpha} 1,$$

daher ist

$$\frac{p}{p-\alpha} 1 = \varepsilon^{-\beta t} \frac{p}{p-\alpha-\beta} 1 \quad \ldots \ldots \ldots \quad (34)$$

und für $\beta = \alpha$

$$\frac{p}{p-\alpha} 1 = \varepsilon^{-\alpha t} \frac{p}{p-2\alpha} 1 \quad \ldots \ldots \ldots \quad (35)$$

Wir sehen, daß bei »Verschiebung« nach links das Vorzeichen des Exponenten beibehalten wird, während es sich bei »Verschiebung« nach rechts umkehrt.

Es ist also

$$\frac{p}{p+\alpha} (\varepsilon^{-\alpha t} 1) = \varepsilon^{-\alpha t} \frac{p-\alpha}{p+\alpha-\alpha} 1 = \varepsilon^{-\alpha t} \frac{p-\alpha}{p} 1 =$$

$$= \varepsilon^{-\alpha t} \left(1 - \frac{\alpha}{p}\right) 1 = \varepsilon^{-\alpha t} (1-\alpha t) 1 \quad \ldots \quad (36)$$

und

$$\varepsilon^{-\alpha t} \frac{p}{p+\alpha} 1 = \frac{p+\alpha}{p+2\alpha} (\varepsilon^{-\alpha t} 1) = \frac{p+\alpha}{p+2\alpha} \cdot \frac{p}{p+\alpha} 1 =$$

$$= \frac{p}{p+2\alpha} 1 = \varepsilon^{-2\alpha t} 1 \quad \ldots \ldots \ldots \quad (37)$$

$$\frac{1}{Z(p)}1 = \varepsilon^{-\alpha t}\varepsilon^{+\alpha t}\frac{1}{Z(p)}1 = \varepsilon^{-\alpha t}\frac{1}{Z(p-\alpha)}(\varepsilon^{+\alpha t}1) =$$

$$= \varepsilon^{-\alpha t}\frac{1}{Z(p-\alpha)}\cdot\frac{p}{p-\alpha}1 \quad . \; . \; . \; . \; . \; . \; . \; (38)$$

Für $\frac{1}{Z(p)} = \frac{p}{\sqrt{p+\alpha}}$ erhalten wir aus Gleichung (38)

$$\frac{p}{\sqrt{p+\alpha}}1 = \varepsilon^{-\alpha t}\frac{p-\alpha}{\sqrt{p-\alpha+\alpha}}\cdot\frac{p}{p-\alpha}1 = \varepsilon^{-\alpha t}p^{\frac{1}{2}}1 = \frac{\varepsilon^{-\alpha t}}{\sqrt{\pi t}}1 \quad (39)$$

Im 24. Kapitel wird diese Beziehung näher erörtert und auf die Bedeutung gebrochener Potenzen von p eingegangen. Es folgt ferner:

$$\frac{1}{\sqrt{p+\alpha}}1 = \int_0^t \frac{\varepsilon^{-\alpha t}\,dt}{\sqrt{\pi t}} = 2\sqrt{\frac{t}{\pi}}\,\varepsilon^{-\alpha t}\left(1 + \frac{2\alpha t}{1\cdot 3} + \frac{(2\alpha t)^2}{1\cdot 3\cdot 5} + \ldots\right) \quad (40)$$

Ein anderes Beispiel. — Eine bestimmte Aufgabe hätte zu folgender Operatorengleichung geführt:

$$y = \sqrt{\frac{p}{p+2\alpha}}\,1 \; . \; . \; . \; . \; . \; . \; . \; . \; . \; . \; . \; . \; (41)$$

Gesucht ist der numerische Wert von y.

Nach dem allgemeinen, im 1. Kapitel erörterten Verfahren hätten wir zu schreiben:

$$y = \sqrt{\frac{1}{1+\frac{2\alpha}{p}}}\,1 = \left(\frac{1}{1+\frac{2\alpha}{p}}\right)^{\frac{1}{2}}1$$

und den Ausdruck

$$\left(1+\frac{2\alpha}{p}\right)^{-\frac{1}{2}}1$$

in eine unendliche Reihe zu entwickeln, wie folgt:

$$y = \left[1 - \frac{1}{2}\left(\frac{2\alpha}{p}\right) + \frac{1\cdot 3}{2\cdot 4}\left(\frac{2\alpha}{p}\right)^2 - \frac{1\cdot 3\cdot 5}{2\cdot 4\cdot 6}\left(\frac{2\alpha}{p}\right)^3 \ldots\right]1$$

$$= \left[1 - \alpha t + \frac{1\cdot 3\cdot 4}{2\cdot 4}\,\frac{\alpha^2 t^2}{2!} - \ldots\right]1$$

$$= \left[1 - \alpha t + \frac{1\cdot 3\cdot(\alpha t)^2}{(2!)^2} - \frac{1\cdot 3\cdot 5\,(\alpha t)^3}{(3!)^2}\ldots\right]1 \; . \; . \; . \; . \; . \; (42)$$

Man kann der Gleichung (41) auch folgende Form geben:

$$y = \left(\frac{p}{p+2\alpha}\right)^{\frac{1}{2}}1 = \varepsilon^{-\alpha t}\,\varepsilon^{+\alpha t}\left(\frac{p}{p+2\alpha}\right)^{\frac{1}{2}}1.$$

Wenn wir nun $\varepsilon^{\alpha t}$ auf die rechte Seite bringen und den Operator ändern, indem wir $p-\alpha$ für p einsetzen, so erhalten wir:

$$
\begin{aligned}
y &= \varepsilon^{-\alpha t}\left(\frac{p-\alpha}{p+\alpha}\right)^{\frac{1}{2}}(\varepsilon^{+\alpha t}\,1) \\
&= \varepsilon^{-\alpha t}\left(\frac{p-\alpha}{p+\alpha}\right)^{\frac{1}{2}}\frac{p}{p-\alpha}\,1 = \varepsilon^{-\alpha t}\frac{p}{\sqrt{(p+\alpha)(p-\alpha)}}\,1 \\
&= \varepsilon^{-\alpha t}\frac{p}{(p^2-\alpha^2)^{\frac{1}{2}}}\,1 = \varepsilon^{-\alpha t}\frac{1}{\left(1-\frac{\alpha^2}{p^2}\right)^{\frac{1}{2}}}\,1 \quad \text{. . . . . . . (43)}
\end{aligned}
$$

Hieraus folgt weiter:

$$
\begin{aligned}
y &= \varepsilon^{-\alpha t}\left[1+\frac{1}{2}\frac{\alpha^2}{p^2}+\frac{1\cdot 3}{2\cdot 4}\cdot\frac{\alpha^4}{p^4}+\frac{1\cdot 3\cdot 5}{2\cdot 4\cdot 6}\frac{\alpha^6}{p^6}+\dots\right]1 \\
&= \varepsilon^{-\alpha t}\left[1+\frac{1}{2}\frac{\alpha^2 t^2}{2!}+\frac{1\cdot 3}{2\cdot 4}\frac{\alpha^4 t^4}{4!}+\frac{1\cdot 3\cdot 5}{2\cdot 4\cdot 6}\frac{\alpha^6 t^6}{6!}+\dots\right]1 \\
&= \varepsilon^{-\alpha t}\left[1+\frac{(\alpha t/2)^2}{1!^2}+\frac{(\alpha t/2)^4}{2!^2}+\frac{(\alpha t/2)^6}{3!^2}+\dots\right]1 \\
&= \varepsilon^{-\alpha t}J_0(i\alpha t)\,1 \quad \text{. . . . . (44)}
\end{aligned}
$$

$J_0(i\alpha t)$ ist die Besselsche Funktion nullter Ordnung mit dem imaginären Argument $i\alpha t$. Heaviside verwendet die Schreibweise $J_0(\alpha t)$.

Um auf einen Umstand hinzuweisen, der Verwirrung hervorrufen könnte, wollen wir noch ein weiteres Beispiel betrachten:

An einen induktiven Stromkreis wird die Spannung $E\varepsilon^{-\beta t}\cos\omega t$ zur Zeit $t=0$ angelegt. Es gilt dann die bekannte Beziehung, nämlich

$$E\varepsilon^{-\beta t}\cos\omega t = ir + L\frac{di}{dt} = i(r+pL).$$

Im 6. Kapitel wurde gezeigt, daß $\cos\omega t = \frac{p^2}{p^2+\omega^2}\,1$ ist. Es ist also

$$i = \frac{E}{r+pL}\left(\varepsilon^{-\beta t}\frac{p^2}{p^2+\omega^2}\,1\right).$$

Hier erscheint es erwünscht, $\varepsilon^{-\beta t}$ vor den Operator zu bringen. Wir führen dies durch, wobei wir nach der Verschiebungsregel gleichzeitig p in $p-\beta$ verwandeln. Es entsteht also die Gleichung:

$$i = E\varepsilon^{-\beta t}\frac{1}{r+L(p-\beta)}\cdot\frac{p^2}{p^2+\omega^2}\,1.$$

Um den Strom i zu erhalten, müssen wir demnach den Ausdruck

$$\frac{1}{r+L(p-\beta)}\cdot\frac{p^2}{p^2+\omega^2}\,1$$

auflösen und das Ergebnis mit $E\varepsilon^{-\beta t}$ multiplizieren. Die Gleichung $Z(p) = 0$ hat drei Wurzeln: $p_1 = \beta - \frac{r}{L}$, $p_2 = +j\omega$ und $p_3 = -j\omega$. Wir erhalten somit $i_1 = A\varepsilon^{\left(\beta - \frac{r}{L}\right)t} + B\varepsilon^{j\omega t} + C\varepsilon^{-j\omega t}$. Die zwei letzten Glieder können, wie im 6. Kapitel gezeigt wurde, zum stationären Glied zusammengefaßt werden. Der Koeffizient für den übrigbleibenden Ausdruck ist $\frac{Y(p)}{p\,h_2(p)\,h_1'(p)}$, wobei p_1 statt p zu setzen ist, ferner $h_2(p) = p^2 + \omega^2$, $h_1(p) = r - L\beta + pL$ und $Y(p) = p^2$ ist. Es ergibt sich daher

$$A = \frac{p^2}{pL(p^2 + \omega^2)} = \frac{p}{L(p^2 + \omega^2)}.$$

Setzt man für $p = p_1 = \beta - \frac{r}{L}$, so geht der Ausdruck über in:

$$\frac{\beta - \frac{r}{L}}{L\left[\left(\beta - \frac{r}{L}\right)^2 + \omega^2\right]} = \frac{\beta L - r}{(\beta L - r)^2 + \omega^2 L^2}.$$

Das stationäre Glied von i_1 entspricht der Impedanz $(r - \beta L + j\omega L)$ oder anders geschrieben

$$Z = \sqrt{(r - \beta L)^2 + \omega^2 L^2},$$

und es ist

$$i_1 = \frac{E}{Z}\cos(\omega t - \delta) + \frac{E(\beta L - r)\varepsilon^{\left(\beta - \frac{r}{L}\right)t}}{(\beta L - r)^2 + \omega^2 L^2},$$

wobei

$$\operatorname{tg}\delta = \frac{\omega L}{r - \beta L}$$

ist; somit erhalten wir für i:

$$\begin{aligned} i &= \frac{E\varepsilon^{-\beta t}}{Z}\cos(\omega t - \delta) - E\frac{r - \beta L}{Z^2}\,\varepsilon^{-\frac{r}{L}t} \\ &= \frac{E}{Z}\left[\varepsilon^{-\beta t}\cos(\omega t - \delta) - \varepsilon^{-\frac{r}{L}t}\cos\delta\right]. \end{aligned}$$

Zum gleichen Ergebnis wären wir natürlich auch gelangt, wenn wir statt des Verschiebungsverfahrens den Operator für $\varepsilon^{-\beta t}\cos\omega t$, der im 6. Kapitel hergeleitet wurde, verwendet hätten. In diesem Falle hätten wir den folgenden Operatorenausdruck erhalten:

$$i = \frac{p(p + \beta)}{(p + \beta)^2 + \omega^2} \cdot \frac{1}{r + pL}\,1.$$

15. Kapitel.

Das Duhamelsche Integral.

Die Anwendung des Duhamelschen Integrals ist dann sehr vorteilhaft, wenn man es mit aufgedrückten Spannungen zu tun hat, die nicht die Form von »Einheitsfunktionen« besitzen. Besondere Vorteile bietet das Duhamelsche Integral bei der Lösung von Aufgaben, bei welchen »verteilte« Konstante auftreten, wie zum Beispiel bei der Berechnung von Übertragungsleitungen und bei Wärmeleitungsberechnungen.

Der Vorgang ist hier folgender: Man sucht zunächst die Lösung $\varphi(t)$ für den Fall der Einheitsfunktion. $\varphi(0)$ soll der Wert von $\varphi(t)$ sein, wenn $t = 0$ gesetzt wird. Wenn nun die aufgedrückte EMK mit $e(t)$ bezeichnet wird und $e(u)$ jene Funktion ist, die aus $e(t)$ durch Einsetzen von u an Stelle von t hervorgeht, so ist eine Form der Lösung schon gegeben durch die Gleichung:

$$i = e(t)\,\varphi(0) + \int\limits_{u=0}^{u=t} e(u) \frac{d}{d(t-u)} \varphi(t-u)\,du \quad . \; . \; . \; (45)$$

Eine andere Form der Lösung stellt die Gleichung (46) dar.

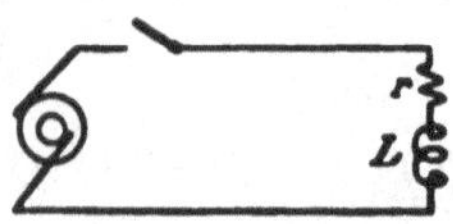
Abb. 27.

Bevor wir zum Beweis der Gleichung (45) übergehen, soll die Anwendung derselben auf einen bestimmten Fall gezeigt werden. Es sei der Strom gesucht, der in dem induktiven Stromkreis Abb. 27 auftritt, wenn eine EMK $e(t) = E \sin(\omega t + \varphi)$ aufgedrückt wird.

Die Lösung für den Fall des Einheitsstoßes der Spannung ist

$$i = \frac{1}{r + pL} 1 = \frac{1}{r}\left[1 - \varepsilon^{-\frac{r}{L}t}\right].$$

Es ist also

$$\varphi(t) = \frac{1}{r}\left[1 - \varepsilon^{-\frac{r}{L}t}\right]$$

$$\varphi(0) = 0$$

$$\varphi(t-u) = \frac{1}{r}\left[1 - \varepsilon^{-\frac{r}{L}(t-u)}\right]$$

$$\frac{d}{d(t-u)} \varphi(t-u) = \frac{1}{L} \varepsilon^{-\frac{r}{L}(t-u)}$$

$$e(u) = E \sin(\omega u + \varphi)$$

$$i = \int_{u=0}^{u=t} E \frac{1}{L} \varepsilon^{-\frac{r}{L}(t-u)} \sin(\omega u + \varphi) du$$

$$= \frac{E}{L} \varepsilon^{-\frac{r}{L}t} \int_{u=0}^{u=t} \varepsilon^{\frac{r}{L}u} \sin(\omega u + \varphi) du$$

$$= \frac{E}{L} \left[\frac{\sin(\omega t + \varphi - \delta) - \varepsilon^{-\frac{r}{L}t} \sin(\varphi - \delta)}{\sqrt{\frac{r^2}{L^2} + \omega^2}} \right]$$

$$= \frac{E}{Z} \left[\sin(\omega t + \varphi - \delta) - \varepsilon^{-\frac{r}{L}t} \sin(\varphi - \delta) \right]$$

wobei $Z = \sqrt{r^2 + \omega^2 L^2}$ und $\operatorname{tg} \delta = \frac{\omega L}{r}$ ist.

Die Deutung dieses Integrals, die schon vor beinahe hundert Jahren durch Duhamel erfolgte, geschieht am besten an der Hand der Abb. 27a. Die EMK sei durch den gekrümmten Linienzug dargestellt. Dieser kann angenähert wiedergegeben werden, wenn man annimmt, daß zur Zeit $t = 0$ eine EMK e_0 plötzlich zu wirken anfängt; kurze Zeit nachher wird eine andere rechteckige EMK e_1 hinzugefügt und wieder nach einer gewissen Zeit eine EMK e_2 usf. Alle diese elektromotorischen Kräfte sollen »Einheitsform« haben. Um nun den Strom für irgendeine Zeit t zu bestimmen, müssen wir die Summe der Ströme bilden, die von der Spannung e_0, die zur Zeit $t = 0$ einsetzt, ferner von der Spannung e_1, die zur Zeit $t = u_1$ einsetzt, usw. herrühren. Der von e_0 herrührende Strom ist natürlich $e_0 \varphi(t)$, wobei $\varphi(t)$ die Lösung für den Einheitsstoß der Spannung zur Zeit $t = 0$ ist. Der Strom, den die kleine EMK Δe, die zur Zeit u einsetzt, hervorruft, ist offenbar gegeben durch $\Delta e \varphi(t - u)$; wobei $(t - u)$ jene Zeit darstellt, die nach dem Wirksamwerden von Δe verstrichen ist. Es ist daher der Gesamtstrom zu irgendeiner Zeit t gegeben durch

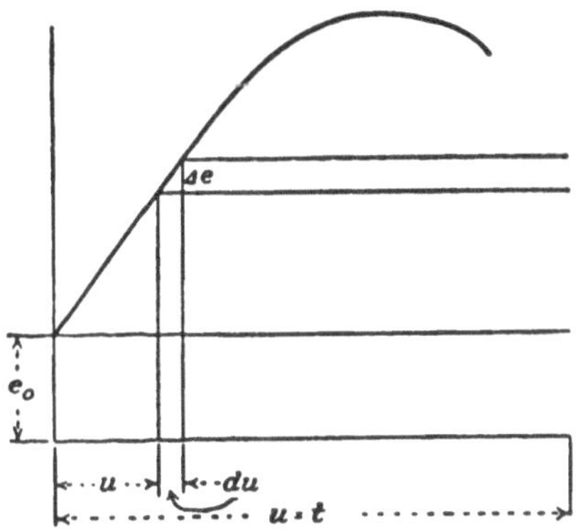

Abb. 27a.

$$i = e_0 \varphi(t) + \sum_{u=0}^{u=t} \Delta e \varphi(t - u)$$

nun ist aber

$$\Delta e = e(u + du) - e(u)$$

und daher
$$\frac{\Delta e}{du} = \frac{e(u+du) - e(u)}{du} = \frac{d}{du} e(u),$$
deshalb
$$\Delta e = \frac{d}{du} e(u) du$$
und
$$i = e_0 \varphi(t) + \int_{u=0}^{u=t} \varphi(t-u) \frac{d}{du} e(u) du \quad . \quad . \quad . \quad . \quad . \quad . \quad (46)$$

Vorstehende Form ist für die Lösung mancher Aufgaben zweckmäßig. Das Integral kann mittels der partiellen Integration umgeformt werden. Es ist
$$\int_0^t U dV = \Big[U V \Big]_0^t - \int_0^t V dU.$$

Wenn wir nun
$$U = \varphi(t-u)$$
und
$$dV = de(u)$$
oder
$$V = e(u)$$
setzen, so erhalten wir:
$$\int_0^t \varphi(t-u) \frac{d}{du} e(u) du =$$
$$= \Big[e(u) \varphi(t-u) \Big]_{u=0}^{u=t} - \int_{u=0}^{u=t} e(u) \frac{d}{du} \varphi(t-u) du =$$
$$= e(t) \varphi(0) - e(0) \varphi(t) + \int_{u=0}^{u=t} e(u) \frac{d}{d(t-u)} \varphi(t-u) du.$$

Die Gleichung (46) nimmt nun folgende Gestalt an:
$$i = e(0) \varphi(t) + e(t) \varphi(0) - e(0) \varphi(t) + \int_{u=0}^{u=t} e(u) \frac{d}{d(t-u)} \varphi(t-u) du$$
$$= e(t) \varphi(0) + \int_{u=0}^{u=t} e(u) \frac{d}{d(t-u)} \varphi(t-u) du.$$

Dies ist die Gleichung (45), welche zu beweisen war.

Wenn also einem Stromkreis eine EMK von willkürlichem Verlauf aufgedrückt wird, so gibt es im allgemeinen drei Möglichkeiten, um zur Lösung zu gelangen:

1. Es ist unter Umständen möglich, die willkürliche EMK durch einen Operator auszudrücken.

2. Wenn die willkürliche EMK eine Exponentialfunktion enthält, so kann das Verschiebungsverfahren angewendet werden.

3. Es wird das Duhamelsche Integral verwendet.

Zur Erläuterung wollen wir nun ein Beispiel nach allen drei Methoden durchrechnen, und zwar soll der Strom bestimmt werden, der bei Reihenschaltung eines Kondensators und eines Widerstandes auftritt, wenn die aufgedrückte Spannung die Form $E\varepsilon^{-\beta t}1$ hat.

Für diesen Fall ist der Widerstandsoperator $r + \frac{1}{pC} = \frac{pCr+1}{pC}$.

1. Verfahren. — Da $E\varepsilon^{-\beta t}1 = E\frac{p}{p+\beta}1$ ist, so kann die symbolische Lösung in folgender Form geschrieben werden:

$$i = \frac{EpC}{pCr+1} \cdot \frac{p}{p+\beta} 1 = EC\frac{p^2}{(pCr+1)(p+\beta)} 1.$$

Diese Gleichung kann mit Hilfe des Entwicklungssatzes weiterbehandelt werden und liefert das Ergebnis:

$$i = \frac{EC}{1-\beta Cr}\left(\frac{\varepsilon^{-\frac{t}{Cr}}}{Cr} - \beta\varepsilon^{-\beta t}\right).$$

2. Verfahren.

$$i = \frac{pC}{pCr+1}(\varepsilon^{-\beta t}E)1.$$

Wir bringen $\varepsilon^{-\beta t}$ vor den Operator und bekommen:

$$i = EC\varepsilon^{-\beta t}\frac{p-\beta}{(p-\beta)Cr+1} 1 = EC\varepsilon^{-\beta t}\frac{Y(p)}{Z(p)} 1.$$

Entwickelt man $\frac{Y(p)}{Z(p)}$, so erhält man:

$$\frac{1}{1-Cr\beta}\left[\frac{\varepsilon^{\left(\beta-\frac{1}{Cr}\right)t}}{Cr} - \beta\right];$$

es ist daher

$$i = \frac{EC}{1-Cr\beta}\left[\frac{\varepsilon^{-\frac{1}{Cr}t}}{Cr} - \beta\varepsilon^{-\beta t}\right].$$

3. Verfahren. — Die Lösung für den Einheitsstoß der Spannung ist

$$i = \frac{pCE}{pCr+1}1 \text{ oder } i = \frac{E}{r}\varepsilon^{-\frac{1}{Cr}t}.$$

Wir setzen nun

$$\varphi(t) = \frac{1}{r}\varepsilon^{-\frac{1}{Cr}t},$$

dann ist

$$\varphi(t-u)=\frac{1}{r}\,\varepsilon^{-\frac{1}{Cr}(t-u)},$$

$$\frac{d}{d(t-u)}\varphi(t-u)=-\frac{1}{Cr^2}\,\varepsilon^{-\frac{1}{Cr}(t-u)},$$

$$e(u)=E\varepsilon^{-\beta u},\ e(t)=E\varepsilon^{-\beta t}\ \text{und}\ \varphi(0)=\frac{1}{r},$$

wir bekommen daher

$$i=E\frac{\varepsilon^{-\beta t}}{r}+\int\limits_{u=0}^{u=t}-E\frac{\varepsilon^{-\beta u}}{Cr^2}\,\varepsilon^{-\frac{1}{Cr}(t-u)}\,du,$$

$$=E\,\frac{\varepsilon^{-\beta t}}{r}-\frac{E}{Cr^2}\,\varepsilon^{-\frac{1}{Cr}t}\int\limits_{u=0}^{u=t}\varepsilon^{\left(\frac{1}{Cr}-\beta\right)u}\,du=$$

$$=\frac{EC}{1-Cr\beta}\left[\frac{\varepsilon^{-\frac{1}{Cr}t}}{Cr}-\beta\varepsilon^{-\beta t}\right].$$

Bei Anwendungen des Duhamelschen Integrals treten gewisse Integralausdrücke häufig auf, und es ist zweckmäßig, diese zusammenzustellen:

$$\varepsilon^{-\alpha t}\int\limits_{u=0}^{u=t}\varepsilon^{\alpha u}\sin(\omega u+\delta)\,du=\frac{\sin(\omega t+\delta-\varphi)-\varepsilon^{-\alpha t}\sin(\delta-\varphi)}{\sqrt{\alpha^2+\omega^2}};$$

$$\varepsilon^{-\alpha t}\int\limits_{u=0}^{u=t}\varepsilon^{\alpha u}\cos(\omega u+\delta)\,du=\frac{\cos(\omega t+\delta-\varphi)-\varepsilon^{-\alpha t}\cos(\delta-\varphi)}{\sqrt{\alpha^2+\omega^2}},$$

wobei

$$\operatorname{tg}\varphi=\frac{\omega}{\alpha}$$

ist. Oder

$$\varepsilon^{-\alpha t}\int\limits_{u=0}^{u=t}\varepsilon^{\alpha u}\sin(\omega u+\delta)\,du=\frac{-\cos(\omega t+\delta+\psi)+\varepsilon^{-\alpha t}\cos(\delta+\psi)}{\sqrt{\alpha^2+\omega^2}}.$$

und

$$\varepsilon^{-\alpha t}\int\limits_{u=0}^{u=t}\varepsilon^{\alpha u}\cos(\omega u+\delta)\,du=\frac{\sin(\omega t+\delta+\psi)-\varepsilon^{-\alpha t}\sin(\delta+\psi)}{\sqrt{\alpha^2+\omega^2}},$$

wobei

$$\operatorname{tg}\psi=\alpha/\omega$$

ist.

16. Kapitel.

Hauptgeichungen der Übertragungsleitung. Leerlauf und Kurzschluß des idealen Kabels.

Heaviside hat nur wenige Seiten seiner umfangreichen Arbeiten der Untersuchung von Stromkreisen mit konzentrierten Konstanten (Widerstand, Selbstinduktion, Kapazität und gegenseitiger Induktion) gewidmet. Er befaßte sich hauptsächlich mit Kabelproblemen, und zwar besonders mit dem sogenannten idealen Kabel, bei welchem die numerische Rechnung ziemlich einfach wird.

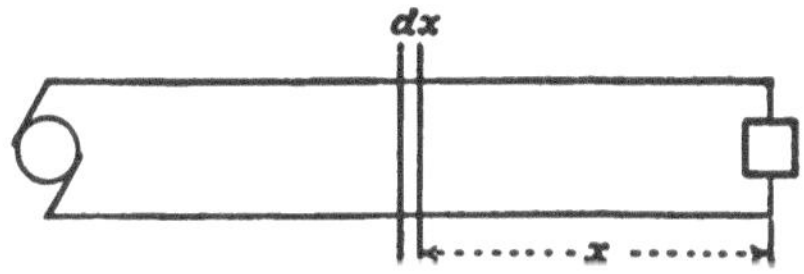

Abb. 28.

Wir wollen nun die in Abb. 28 dargestellte Übertragungsleitung betrachten. R, L, C und G seien die auf die Längeneinheit der Doppelleitung bezogenen Konstanten derselben.

Dann gelten für Strom und Spannung an einem um die Strecke x vom Ende der Leitung entfernten Punkt die wohlbekannten Beziehungen.

$$\frac{\partial i}{\partial x} d x = e G d x + C d x \frac{\partial e}{\partial t} \quad \ldots \ldots \ldots \quad (47)$$

und

$$\frac{\partial e}{\partial x} dx = i R d x + L d x \frac{\partial i}{\partial t}\,^{1)} \quad \ldots \ldots \ldots \quad (48)$$

Aus welchen folgt

$$\frac{\partial i}{\partial x} = G e + C \frac{\partial e}{\partial t} = G e + p C e = e\,[G + p C] \quad \ldots \ldots \quad (49)$$

$$\frac{\partial e}{\partial x} = R i + p L i = i\,(R + p L) \quad \ldots \ldots \ldots \ldots \quad (50)$$

Gleichung (47) besagt einfach, daß die Stromdifferenz zwischen den Enden des Leitungselementes dx gleich ist der Summe aus Ableitungs- und Ladestrom für dieses Element. In ähnlicher Weise ist nach Gleichung (48) die Spannungsdifferenz gegeben durch die Spannung, die vom Widerstand und von der Selbstinduktion verbraucht wird.

[1]) Die Gleichung (47) bedeutet einfach, daß der Unterschied der Stromstärken an beiden Seiten des Elementes dx der Ableitungsstrom und der Ladestrom sind. In ähnlicher Weise ist nach Gleichung (48) der Spannungsunterschied gleich der durch den Widerstand und die Induktivität des Elementes verbrauchten Spannung.

Und weiter

$$\frac{\partial^2 e}{\partial x^2} = (R + pL)\,(G + pC)\,e = n^2 e \;.\;.\;.\;.\;.\;.\quad (51)$$

wobei n eine Funktion von p, aber nicht von x ist. Die Lösung dieser Gleichung ist bekannt. Sie lautet:

$$e = A_1 \varepsilon^{nx} + A_2 \varepsilon^{-nx} \;.\;.\;.\;.\;.\;.\;.\;.\;.\;.\;.\;.\;.\;.\;.\;.\;.\;.\quad (52)$$

$$= A_1 (\cosh nx + \sinh nx) + A_2 (\cosh nx - \sinh nx) =$$

$$= (A_1 + A_2) \cosh nx + (A_1 - A_2) \sinh nx$$

$$e = K_1 \cosh nx + K_2 \sinh nx \;.\;.\;.\;.\;.\;.\;.\;.\;.\;.\;.\;.\;.\quad (53)$$

Die Konstanten K_1 und K_2 können aus den Randbedingungen bestimmt werden.

Um den Strom zu berechnen, gehen wir von Gleichung (49) aus. Es ist

$$\frac{di}{dx} = (G + pC)\,e = Y e,$$

daraus folgt

$$i = Y \int e\,dx$$

oder

$$i = \frac{Y}{n}\,[K_1 \sinh nx + K_2 \cosh nx] \;.\;.\;.\;.\;.\;.\quad (54)$$

Im folgenden wollen wir immer für $G + pC = Y$ und für $R + pL = Z$ setzen. Aus Gleichung (51) entsteht durch diese Substitutionen $n^2 = YZ$. Es gilt somit: $Y/n = n/Z$.

In den folgenden Gleichungen wird die Form Y/n verwendet. Die andere Form ist dann vorzuziehen, wenn es sich darum handelt, die Wurzeln $Z(p) = 0$ zu bestimmen.

Spezielle Fälle. — 1. Das Leitungsende ist offen. Es ist dann

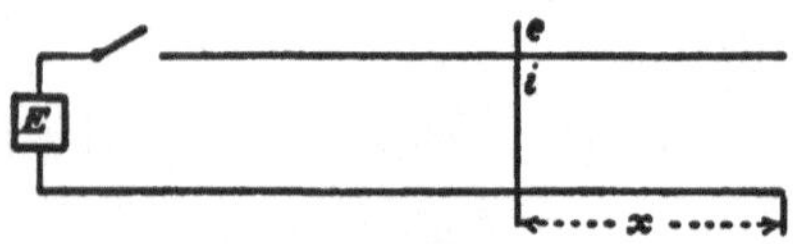

Abb. 29.

$i = 0$ für $x = 0$; $e = E$ für $x = l$, daher

$$E = K_1 \cosh nl + K_2 \sinh nl$$

$$O = \frac{Y}{n}\,[K_1 \sinh 0 + K_2 \cosh 0].$$

Da cosh 0 gleich 1 ist, folgt daß $K_2 = 0$ sein muß.

Es ist daher

$$e = K_1 \cosh nx, \quad E = K_1 \cosh nl \quad \text{oder} \quad K_1 = \frac{E}{\cosh nl}$$

und

$$\left.\begin{aligned} e &= E\,\frac{\cosh nx}{\cosh nl}\,1 \\ i &= \frac{Y}{n}\cdot E\,\frac{\sinh nx}{\cosh nl}\,1 \end{aligned}\right\} \;.\;.\;.\;.\;.\;.\;.\;.\;.\;.\;.\;.\quad (56)$$

Die beiden Gleichungen (56) gelten unter den Heavisideschen Bedingungen, d. h. für den Einheitsstock der Spannung.

Wie solche Gleichungen mittels des Entwicklungssatzes gelöst werden, wird später gezeigt.

2. Das Leitungsende ist kurzgeschlossen (Abb. 30):

In diesem Fall gilt:

Für $x = 0$, $e = 0$ und für $x = l$, $e = E$,

also

$$0 = K_1 \cosh 0 + K_2 \sinh 0,$$

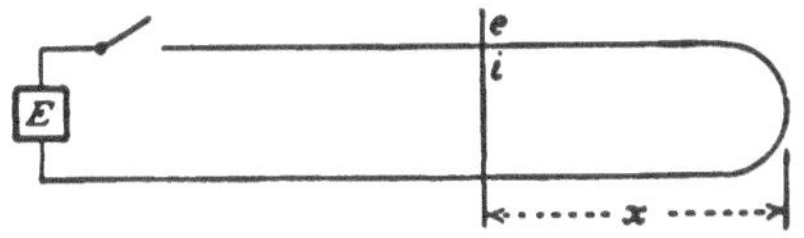

Abb. 30.

daraus folgt

$$K_1 = 0.$$

Es ist daher

$$e = K_2 \sinh nx \quad (\text{für } x = l,\; e = E)$$

und somit

$$K_2 = \frac{E}{\sinh nl}.$$

Es gelten daher die folgenden Gleichungen (unter Heavisideschen Bedingungen):

$$\left.\begin{aligned} e &= \frac{E \sinh nx}{\sinh nl} \mathbf{1} \\ i &= \frac{Y}{n} E \frac{\cosh nx}{\sinh nl} \mathbf{1} \end{aligned}\right\} \quad \ldots\ldots\ldots\ldots \quad (57)$$

Es ist nicht schwer, die Gleichungen (56) und (57) für den allgemeinen Fall einer mit Ohmschem Widerstand, Selbstinduktion, Kapazität und Ableitung behafteten Leitung zu lösen. Die Lösung wird im 18. Kapitel durchgeführt werden.

Um jedoch das angewandte Verfahren zunächst klarer hervortreten zu lassen, wollen wir es auf das »ideale« Kabel von Heaviside anwenden. Es ist dies ein Kabel, dessen Ableitung und Induktivität vernachlässigbar klein sind, so daß man nur mit 2 Konstanten, nämlich mit dem Ohmschen Widerstand und der Kapazität pro Längeneinheit zu rechnen hat.

Ein solches Kabel gibt es natürlich streng genommen nicht, aber viele Kabel kommen vorstehenden Bedingungen nahe. Der schwerwiegendste Einwand gegen eine Untersuchung solcher Kabel ist der, daß aus den sich ergebenden Gleichungen die Fortpflanzungsgeschwindigkeit von Strom und Spannung nicht hervorgeht. Jedoch sind die Ergebnisse für alle praktischen Anforderungen ausreichend und haben den Vorteil, daß die Rechnungen einfach werden.

Der Fall des offenen Leitungsendes. — Abb. 29 soll ein solches ideales Kabel darstellen. Für Strom und Spannung gelten die Gleichungen (56)

$$\left.\begin{aligned} e &= \frac{E \cosh n x}{\cosh n l} 1 \\ i &= E \frac{Y \sinh n x}{n \cosh n l} 1 \end{aligned}\right\}$$

Unsere Aufgabe besteht nun darin, diese Operatorengleichungen mittels der Entwicklungsformel zu lösen. Im folgenden wollen wir noch an Stelle der Hyperbelfunktionen trigonometrische Funktionen einführen, da in der Regel der Techniker mit den letzteren mehr vertraut ist.

Im 30. Kapitel wird gezeigt werden, daß $\cosh ja = \cos a$ und $\sinh ja = j \sin a$ ist. Wenn wir also $n^2 = -m^2$ setzen, dann ist $n = \pm jm$ und

$$\cosh n x = \cosh (\pm jmx) = \cos m x$$

$$\sinh n x = \sinh (\pm jmx) = \pm j \sin m x.$$

Es ist daher

$$e = E \frac{\cos m x}{\cos m l} 1.$$

Setzt man $Z(p) = 0$, d. h. also $\cos ml = 0$, so erhält man $ml = (\pm \pi/2, \pm 3\pi/2, \pm 5\pi/2)$ oder allgemein $\pm \frac{2s-1}{2} \pi$ und

$$m = \pm \frac{2s-1}{2} \frac{\pi}{l} \quad \text{. . . . . (58)}$$

worin für s der Reihe nach die Werte 1, 2, 3 usw. einzusetzen sind. Wir hätten ebensogut für $m = \pm \frac{2s+1}{2} \frac{\pi}{l}$ schreiben können, wobei dann aber für s die Werte 0, 1 usw. zu nehmen wären.

Es kann nun die Frage aufgeworfen werden, ob es gestattet ist, im vorliegenden Falle die Entwicklungsformel anzuwenden. Es könnte nämlich eine der Wurzeln von $Z(p) = 0$ gleich Null sein. Für diesen Wert von p würde der Ausdruck $Y(p)/Z(p)$ unendlich werden. Um uns zu überzeugen, ob diese Verhältnisse vorliegen, setzen wir in der Gleichung

$$n^2 = (R + pL)(G + pC)$$

$p = 0$; das gibt

$$n^2 = R \cdot G \text{ oder } n = \pm \sqrt{R \cdot G}$$

und

$$\frac{Y(p)}{Z(p)} = \frac{\cosh x \sqrt{RG}}{\cosh l \sqrt{RG}}.$$

Dieser Wert ist für $p = 0$ nicht unendlich.

Im Falle des idealen Kabels ist $G=0$ und daher $Y(p)/Z(p)=\cosh 0/\cosh 0=1$ für $p=0$. Weiters enthalten $Y(p)$ und $Z(p)$ nur ganze Potenzen von p. Wir schließen also daraus, daß die Entwicklungsformel verwendet werden kann. Wir wollen nun Strom und Spannung für irgendeine Stelle x (gemessen vom Leitungsende) der idealen, leerlaufenden Leitung und zu irgendeiner Zeit t, nach Anlegen einer Batterie, bestimmen. Die Spannung der Batterie wollen wir mit E bezeichnen. Es ist

$$\frac{dZ}{dp}=\frac{dZ}{dm}\frac{dm}{dp}$$

Aus Gleichung (51) folgt $-m^2=pCR$, und daher ist $-2m\,dm=CR\,dp$ oder $\frac{dm}{dp}=-\frac{CR}{2m}$. Weiters ist

$$p=-\frac{m^2}{CR} \text{ und } \frac{dZ}{dm}=-l\sin ml.$$

Also gilt

$$p\frac{dZ}{dp}=\left(-\frac{m^2}{CR}\right)\left(-l\sin ml\right)\left(-\frac{CR}{2m}\right)=-\frac{ml}{2}\sin ml\,.\quad.\quad(59)$$

Da $p=-\frac{m^2}{CR}$ ist, gibt es nur einen Wert von p, der den zwei Werten von m, nämlich $\pm\frac{2s-l}{2}\frac{\pi}{l}$ entspricht. Wir müssen uns natürlich vor Augen halten, daß die Heavisidesche Entwicklungsformel eine Summation über die Wurzeln von p und nicht über die von m darstellt.

Nach dieser Abschweifung kehren wir wieder zur Gleichung (59) zurück. Wir sehen, daß für $s=1$, $\sin ml=\sin\frac{\pi}{2}=1$; für $s=2$, $\sin ml=\sin\frac{3\pi}{2}=-1$ ist usw. Es ist also

$$-\frac{ml}{2}\sin ml=\frac{ml}{2}(-1)^s\quad.\quad.\quad.\quad.\quad.\quad.\quad.\quad.\quad(60)$$

und daher

$$e=E\left[1+\sum_{s=1}^{s=\infty}\frac{2(-1)^s}{ml}\cos mx\cdot\varepsilon^{-\frac{m^2}{CR}t}\right],$$

da, wie gezeigt wurde, $Y(0)/Z(0)$ gleich 1 ist. Wenn wir für m dessen Wert einsetzen, so erhalten wir:

$$e=E\left[1+\frac{4}{\pi}\sum_{s=1}^{s=\infty}(-1)^s\frac{\cos\frac{2s-1}{2}\frac{\pi\cdot x}{l}}{2s-1}\cdot\varepsilon^{\frac{-(2s-1)^2\pi^2}{4CRl^2}t}\right]\quad.\quad(61)$$

Um den Strom zu finden, setzen wir die Werte für Y und n in Gleichung (56) ein

$$\frac{Y}{n} = \frac{n}{Z}, \text{ da } n^2 = YZ, \text{ so ist } \frac{Y}{n} = \frac{n}{Z} = \frac{\pm jm}{R}$$

und

$$i = -E \frac{m}{R} \frac{\sin mx}{\cos ml} 1.$$

$p \frac{dZ}{dp}$ wird in diesem Fall $\frac{Rml}{2}(-1)^s$; $\frac{Y(0)}{Z(0)} = 0$ und daher

$$i = \sum_{s=1}^{s=\infty} -\frac{2E}{Rl}(-1)^s \sin mx \varepsilon^{-\frac{m^2}{CR}t} \quad \ldots\ldots (62)$$

m ist durch Gleichung (58) definiert, wobei in diesem Falle nur das positive Vorzeichen zu verwenden ist. Für $x = l$, also unmittelbar an der Batterie ist $e = E$ für alle Werte von t und

$$i = \frac{2E}{Rl}\left[\varepsilon^{-\frac{\pi^2}{4CRl^2}t} + \varepsilon^{-\frac{9\pi^2}{4CRl^2}t} + \varepsilon^{-\frac{25\pi^2}{4CRl^2}t} \ldots\right] \ldots (63)$$

Die Gleichung (62) ist für $t > 0$ eine nicht gleichmäßig konvergente Reihe. Für $t = 0$ ist sie divergent. Daher kann diese Gleichung für $t = 0$ nicht verwendet werden.

Gleichung (63) konvergiert für kleine Werte von t sehr stark, so daß man mit ziemlicher Genauigkeit schreiben kann

$$i = \frac{2E}{Rl} \varepsilon^{-\frac{\pi^2}{4CRl^2}t}.$$

Wie aus dieser Gleichung ersichtlich, wird der anfänglich große Strom bei langen Kabeln durch eine beträchtliche Zeit hindurch fließen, während er bei kurzen Kabeln sehr bald abklingt. Für eine kurze ideale Leitung ist also der Batteriestrom gegeben durch

$$i = \frac{2E}{R_0} \varepsilon^{-\frac{\pi^2}{4R_0C_0}t}.$$

Darin bedeuten R_0 und C_0 den gesamten Leitungswiderstand bzw. die gesamte Leitungskapazität.

In einem aus konzentriertem Widerstand und konzentrierter Kapazität bestehenden Stromkreis gilt für den Strom der folgende Ausdruck:

$$i = \frac{E}{R_0} \varepsilon^{-\frac{1}{C_0R_0}t}.$$

Man sieht daher, daß eine »ideale« Leitung mit ziemlicher Genauigkeit dargestellt werden kann, indem man die gesamte Kapazität der

Leitung in die Mitte derselben verlegt. Der Anfangsstrom ist für alle praktischen Fälle

$$i = \frac{2E}{Rl}.$$

Der Fall des kurzgeschlossenen Leitungsendes. — Wir betrachten nun ein kurzgeschlossenes »ideales« Kabel, wie dies Abb. 30 darstellt.

Wenn wir wieder, wie im vorhergehenden Falle, m statt n einführen, so geht die Gleichung (57) über in

$$\left.\begin{aligned} e &= E\frac{\sin mx}{\sin ml}\,1 \\ i &= E\frac{m}{R}\frac{\cos mx}{\sin ml}\,1 \end{aligned}\right\} \quad \ldots\ldots\ldots\ldots \quad (64)$$

Setzt man $Z(p) = 0$, so erhält man $ml = 0, \pi, 2\pi \ldots$, allgemein $ml = s\pi$ oder

$$m = \pm\frac{s\pi}{l}, \quad \ldots\ldots\ldots\ldots \quad (65)$$

wobei $s = 0, 1, 2 \ldots$ usw.

Wir haben uns wieder zu fragen, ob $p = 0$ eine Wurzel ist. Wenn in dem Ausdruck $n^2 = (R + pL)(G + pC)$ das p gegen Null geht, so nähert sich im Falle der idealen Leitung n ebenfalls dem Wert Null. Es ist dann

$$\frac{\sinh nx}{\sinh nl} = \frac{nx}{nl} = \frac{x}{l},$$

welcher Ausdruck nicht unendlich ist. $p = 0$ ist daher keine Wurzel, und wir können wieder den Entwicklungssatz anwenden. Aus Gleichung (65) folgt, daß für $s = 0$ auch $m = 0$ ist. Mit diesem Wert ergibt sich das konstante Glied $Y(0)/Z(0)$ zu x/l. Wenn wir also das Glied $Y(0)/Z(0)$ verwenden, so beginnen wir die Reihe mit $s = 1$.

Die Spannung e erhalten wir durch folgende Rechnung:

$$\frac{dZ}{dp} = \frac{dZ}{dm}\frac{dm}{dp} = (l\cos ml)\left(-\frac{CR}{2m}\right)$$

und

$$p\frac{dZ}{dp} = \left(-\frac{m^2}{CR}\right)(l\cos ml)\left(-\frac{CR}{2m}\right) = \frac{ml\cos ml}{2};$$

es ist daher

$$e = E\left[\frac{x}{l} + \sum_{s=1}^{\infty}\frac{2\sin mx\,\varepsilon^{-\frac{m^2}{CR}t}}{ml\cos ml}\right].$$

Da $\cos ml = -1, +1, -1$ usw. und $m = s\pi/l$ ist, so erhalten wir weiter:

$$e = E\left[\frac{x}{l} + 2\sum_{s=1}^{\infty}(-1)^s \frac{\varepsilon^{-\frac{s^2\pi^2}{CRl^2}t}\sin\frac{s\pi x}{l}}{s\pi}\right] \quad . \; . \; . \; . \; (66)$$

Durch eine ähnliche Rechnung ergibt sich der Strom zu

$$i = \frac{E}{Rl}\left[1 + 2\sum_{s=1}^{\infty}(-1)^s \varepsilon^{-\frac{s^2\pi^2}{CRl^2}t}\cos\frac{s\pi x}{l}\right] \quad . \; . \; . \; . \; (67)$$

Für das Ende der Leitung $x = 0$ erhalten wir den Strom

$$i_r = \frac{E}{Rl}\left[1 + 2\sum_{s=1}^{\infty}(-1)^s \varepsilon^{-\frac{s^2\pi^2}{CRl^2}t}\right].$$

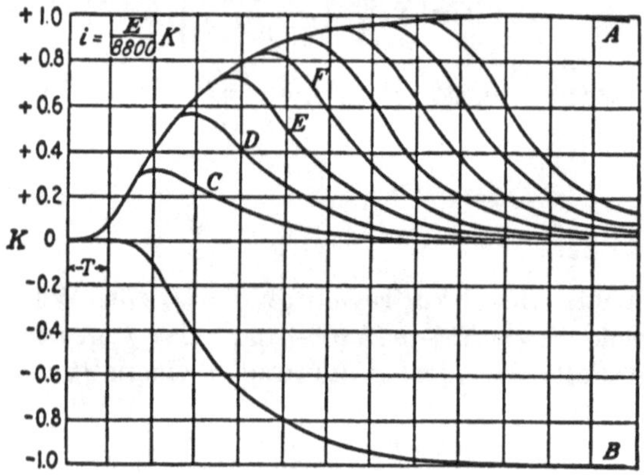

Abb. 31.

Strom am Empfangsende eines Telephonkabels.

Kurve A .... Strom, den die zur Zeit $t = 0$ plötzlich einsetzende Spannung E erzeugt.
Kurve B .... Strom, hervorgerufen von der Spannung $-E$, die nach dem Zeitraum T zu wirken beginnt.
Kurve C .... Tatsächlich fließender Strom (Summe der Ströme, die durch die Kurven A und B dargestellt sind.
Kurve D, E, F u. s. f. .... Ströme, die auftreten, wenn die Batterie nach den Zeiten $2T$, $3T$, $4T$ u. s. f. geerdet wird.
Konstanten des Kabels:

$$C = 0{,}0337\ \mu\mathrm{F/km}$$
$$R = 55\ \Omega/\mathrm{km}$$
$$T = \frac{2l^2CR}{\pi^2}\ln\frac{4}{3}.$$

Für $l = 160$ km ist $T = 2{,}77 \cdot 10^{-3}$ Sekunden.

In Abb. 31 (Kurve A) sind die Werte des Stromes am Ende eines solchen kurzgeschlossenen Kabels dargestellt. Die Kurve gilt auch dann noch mit großer Genauigkeit, wenn an das Kabel ein Verbraucher mit sehr kleinem Widerstand angeschlossen ist.

Als Zeiteinheit wurde die Größe $T = \dfrac{2l^2CR\ln 4/3}{\pi^2}$ gewählt. Bei

Verwendung dieses von Kelvin vorgeschlagenen Wertes erhält man eine schnell konvergierende Reihe.

Die Exponentialglieder nehmen folgende Form an:

$$\varepsilon^{-\frac{s^2\pi^2}{CRl^2}\frac{2l^2CR}{\pi^2}\ln\frac{4}{3}} = \varepsilon^{-2s^2\ln\frac{4}{3}} = (3/4)^{2s^2},$$

und die Gleichung für den Strom lautet:

$$i_r = \frac{E}{Rl}\left[1 + 2\sum_{s=1}^{\infty}(-1)^s\left(\frac{3}{4}\right)^{2s^2}\right].$$

Die nachstehenden Zahlenwerte sollen einem 160 km langen Telephonkabel entsprechen.

$$R = 55\ \Omega/\text{km}.$$
$$C = 0{,}0337\ \mu\text{F/km}.$$

Die Zeiteinheit T ist dann 2,77 Tausendstelsekunden. Die Kurve C zeigt den Stromverlauf für den Fall, daß das Kabel während der Zeit T an die Batterie angelegt und nachher bei der Batterie (am Kabelanfang) geerdet wird. In gleicher Weise stellen die Kurven D, E, F usw. Fälle dar, in welchen die Batterie während der Zeiträume $2\,T$, $3\,T$ usw. an das Kabel angelegt und dieses sodann geerdet wurde.

Das Verfahren, nach dem man zu diesen Kurven gelangt, wurde im 10. Kapitel besprochen. Die Kurve C erhält man, indem man zu dem ursprünglichen Strom, der zur Zeit $t = 0$ beginnt, einen ähnlichen, aber verkehrt fließenden Strom, der zur Zeit $t = T$ beginnt und durch die Kurve B dargestellt wird, hinzuaddiert.

17. Kapitel.

Plötzliches Anlegen einer Wechselstromquelle an ein ideales Kabel.

Es sei die Aufgabe gestellt, den Wert der Spannung zu irgendeiner Zeit und für irgendeine Stelle des idealen kurzgeschlossenen

Abb. 32.

Kabels (Abb. 32) zu finden, wenn die aufgedrückte Spannung durch $E\cos\omega t$ gegeben ist und wenn der Schalter zur Zeit $t = 0$ geschlossen wird.

Wir können in diesem Fall auf zwei verschiedene Arten vorgehen. Entweder wir verwenden für $\cos \omega t$ den Operator $\frac{p^2}{p^2+\omega^2} 1$ (siehe 6. Kapitel), oder aber wir benützen das Duhamelsche Integral (15. Kapitel).

Im ersten Fall erhalten wir

$$e = E \frac{\sinh n x}{\sinh n l} \frac{p^2}{p^2+\omega^2} 1 \text{ oder } e = E \frac{\sin m x}{\sin m l} \frac{p^2}{p^2+\omega^2} 1 \ . \quad (68)$$

$Z(p) = 0$ liefert die beiden Wurzeln $\pm j\omega$ und weiters, wie im 16. Kapitel gezeigt wurde, eine Reihe von Wurzeln $m = s\pi/l$. Den beiden Wurzeln $\pm j\omega$ entspricht das stationäre Glied, das am einfachsten in vektorieller Form ermittelt wird, wie in der Fußnote des 4. Kapitels gezeigt wurde, d. h. es wird in der symbolischen Lösung $p = j\omega$ für den Einheitsstoß der Spannung gesetzt.

$$\bar{e} = E \frac{\sinh \bar{n} x}{\sinh \bar{n} l}; \text{ nun ist aber } n^2 = pCR = j\omega CR,$$

daher ist:

$$\bar{n} = \sqrt{j}\sqrt{\omega CR} = \sqrt{\frac{\omega CR}{2}}(1+j) = a(1+j)$$

und

$$\bar{e} = E \frac{\sinh [a x (1+j)]}{\sinh [a l (1+j)]}.$$

Nun ist aber die Größe von $\sinh(a + jb)$ gegeben durch $\sqrt{\sinh^2 a + \sin^2 b}$ und die Neigung aus der Beziehung $\operatorname{tg} \varphi = \coth a \operatorname{tg} b$ (siehe 30. Kapitel). Wir bekommen daher

$$\bar{e} = E \sqrt{\frac{\sinh^2 a x + \sin^2 a x}{\sinh^2 a l + \sin^2 a l}} \left[\cos(\varphi_1 - \varphi_2) + j \sin(\varphi_1 - \varphi_2)\right],$$

wobei $\operatorname{tg} \varphi_1 = \coth a x \operatorname{tg} a x$ und $\operatorname{tg} \varphi_2 = \coth a l \operatorname{tg} a l$ oder für die Momentanwerte

$$e_p = E \sqrt{\frac{\sinh^2 a x + \sin^2 a x}{\sinh^2 a l + \sin^2 a l}} \cos(\omega t + \varphi_1 - \varphi_2).$$

Um die Ausgleichspannung zu erhalten, macht man am besten von dem im 6. Kapitel gezeigten Verfahren Gebrauch. Wir setzen

$$h_1(p) = \sin m l \text{ und } h_2(p) = p^2 + \omega^2.$$

Wir haben dann den Ausdruck $\frac{Y(p)}{p h_2(p) h'_1(p)}$ zu ermitteln.

$p h'_1(p) = p l \cos m l \frac{dm}{dp}$; da $-m^2 = pCR$ ist, ergibt sich weiters:

$$p h'_1(p) = \frac{ml}{2} \cos ml$$

$$p h_2(p) h'_1(p) = \left(\frac{m^4}{C^2 R^2} + \omega^2\right) \frac{ml}{2} \cos ml =$$

$$= (m^4 + \omega^2 C^2 R^2) \frac{ml}{2 C^2 R^2} \cos ml;$$

$$Y(p) = E p^2 \sin mx = E \frac{m^4}{C^2 R^2} \sin mx$$

und endlich

$$\frac{Y(p)}{p h_2(p) h'_1(p)} = \frac{2 E m^3 \sin mx}{l (\omega^2 C^2 R^2 + m^4) \cos ml},$$

daher ist

$$e_t = \sum_{s=1}^{\infty} \frac{2 E (-1)^s s^3 \pi^3 \sin \frac{s \pi x}{l}}{\omega^2 C^2 R^2 l^4 + s^4 \pi^4} \varepsilon^{-\frac{s^2 \pi^2}{C R l^2} t}$$

und

$$e = e_p + e_t.$$

Bei Verwendung des Duhamelschen Integrals ist es wieder am zweckmäßigsten, die Ausdrücke für den stationären Zustand und für den Ausgleichsvorgang zu trennen und nur für die Ermittlung des letzteren das Integral zu benützen. Auf diese Weise ergeben sich die Resultate in üblicher Form und die Rechnung wird nicht so langwierig. Jedoch ist es nicht unbedingt nötig, diesen Weg einzuschlagen.

Wie gezeigt wurde, ist die Lösung für den Einheitsstoß der Spannung:

$$e = E \left[\frac{x}{l} + 2 \sum_{s=1}^{\infty} (-1)^s \frac{\varepsilon^{-\frac{s^2 \pi^2}{C R l^2} t} \cdot \sin \frac{s \pi x}{l}}{s \pi} \right].$$

Es ist zu beachten, daß t nur in dem Exponentialglied auftritt; alle anderen Glieder sind von t unabhängig.

$$\varphi(t) = k \varepsilon^{-\alpha t} + \frac{x}{l}$$

$$\varphi(t - u) = k \varepsilon^{-\alpha (t-u)} + \frac{x}{l}$$

$$\frac{d}{d(t-u)} \varphi(t-u) = - k \alpha \varepsilon^{-\alpha (t-u)}$$

$$e(u) = E \cos \omega u$$

$$e(t) = E \cos \omega t$$

$$\Phi(0) = \frac{x}{l} + 2 \sum (-1)^s \frac{\sin \frac{s \pi x}{l}}{s \pi}$$

Ein Teil des stationären Gliedes ist daher

$$E\Phi(0)\cos\omega t.$$

Wenn wir uns nun auf die Gleichung (45) des 15. Kapitels beziehen, so nimmt der zweite Ausdruck folgende Form an:

$$e=\int_{u=0}^{u=t}-k\alpha\varepsilon^{-\alpha(t-u)}E\cos\omega u\,du=$$

$$=-k\alpha\frac{\cos(\omega t-\varphi)-\varepsilon^{-\alpha t}\cos\varphi}{\sqrt{\alpha^2+\omega^2}},\text{ wobei } \operatorname{tg}\varphi=\frac{\omega}{\alpha}\text{ ist.}$$

Ein Teil dieses Ausdruckes gibt wieder einen Beitrag zum stationären Gliede. Die Ausgleichspannung ist:

$$e_t=\frac{Ek\alpha\varepsilon^{-\alpha t}\cos\varphi}{\sqrt{\alpha^2+\omega^2}}=\frac{Ek\alpha^2}{(\alpha^2+\omega^2)}\varepsilon^{-\alpha t}=$$

$$=2\sum_{s=1}^{\infty}\frac{E(-1)^s}{s\pi}\sin\frac{s\pi x}{l}\frac{s^4\pi^4}{C^2R^2l^4}\frac{C^2R^2l^4}{s^4\pi^4+\omega^2C^2R^2l^4}\varepsilon^{-\frac{s^2\pi^2}{CRl^2}t}.$$

Durch Substitution bekommen wir weiter

$$e_t=\sum_{s=1}^{\infty}\frac{2E(-1)^s s^3\pi^3\sin\frac{s\pi x}{l}\varepsilon^{-\frac{s^2\pi^2}{CRl^2}t}}{s^4\pi^4+\omega^2C^2R^2l^4}.$$

Es mag vielleicht von Interesse sein, auch den stationären Wechselstrom unter diesen Bedingungen zu bestimmen. Unter Berücksichtigung von Gleichung (57) bekommen wir

$$\bar{J}=\frac{\bar{E}\cosh\bar{n}x}{\bar{z}_0\sinh\bar{n}l}$$

$$=\frac{\bar{E}}{\bar{z}_0}\sqrt{\frac{\cosh^2\alpha x-\sin^2\alpha x}{\sinh^2\alpha l+\sin^2\alpha l}}\Big(\cos(\varphi_3-\varphi_2)+j\sin(\varphi_3-\varphi_2)\Big),$$

wobei $\operatorname{tg}\varphi_3=\operatorname{tgh}\alpha x\cdot\operatorname{tg}\alpha x$ ist. Da nun

$$\bar{z}_0=\frac{\bar{z}}{n}=\frac{R}{\sqrt{pCR}}=\sqrt{\frac{R}{\omega C}}(\cos 45^0-j\sin 45^0)\text{ ist,}$$

so erhalten wir für den Stromvektor:

$$\bar{J}=\bar{E}\sqrt{\frac{\omega C}{R}}\sqrt{\frac{\cosh^2\alpha x-\sin^2\alpha x}{\sinh^2\alpha l+\sin^2\alpha l}}\Big(\cos(\varphi_3-\varphi_2+45^0)+$$
$$+j\cos(\varphi_3-\varphi_2+45^0)\Big).$$

Der Momentanwert des Stromes ist:

$$i=E\sqrt{\frac{\omega C}{R}}\sqrt{\frac{\cosh^2\alpha x-\sin^2\alpha x}{\sinh^2\alpha l+\sin^2\alpha l}}\cos(\omega t+\varphi_3-\varphi_2+45^0).$$

Die Strom- und Spannungsvektoren schließen also den Winkel $\varphi_2 - \varphi_3 - 45^0$ miteinander ein.

Es ist daher, wenn mit E der Scheitelwert der Wechselspannung des Generators bezeichnet wird, die Leistung an irgendeiner Stelle:

$$P = \frac{E J}{2} \cos(\varphi_2 - \varphi_3 - 45^0)$$

$$= \frac{E^2}{2} \sqrt{\frac{\omega C}{R}} \sqrt{\frac{\cosh^2 \alpha x - \sin^2 \alpha x}{\sinh^2 \alpha l + \sin^2 \alpha l}} \cos(\varphi_2 - \varphi_3 - 45^0).$$

Im Falle eines sehr langen idealen Kabels ist $\sinh \alpha l = \cosh \alpha l$ und beide Größen sind sehr groß im Vergleich mit $\sin \alpha l$ und $\cos \alpha l$. Die vom Generator zu liefernde Leistung erhalten wir, wenn wir $x = l$ einsetzen:

$$P_g = \frac{E^2}{2} \sqrt{\frac{\omega C}{R}} \cos 45^0 = \frac{E^2}{2} \sqrt{\frac{\omega C}{2 R}},$$

da $\operatorname{tg} \varphi_1 = \operatorname{tg} \varphi_3$ ist.

Der Generatorstrom ist

$$i = E \sqrt{\frac{\omega C}{R}} \cos(\omega t + 45^0).$$

18. Kapitel.

Übertragungsleitung mit allen vier Konstanten.

Wir stellen uns die Aufgabe, den Strom zu irgendeiner Zeit und an irgendeiner Stelle einer kurzgeschlossenen Leitung zu finden, die von einer Batterie gespeist wird.

Im 16. Kapitel wurde die allgemeine Operatorenlösung hergeleitet. Es ist

$$i = E \frac{Y}{n} \frac{\cosh n x}{\sinh n l} 1 = E \frac{n \cosh n x}{Z \sinh n l} 1 \quad . \; . \; . \; . \; . \; . \; . \quad (69)$$

$$= E \frac{m}{Z} \frac{\cos m x}{\sin m l} 1 = E \frac{m \cos m x}{(R + p L) \sin m l} 1 \quad . \; . \; . \; . \quad (70)$$

Da $Z(p)$ ein Produkt, nämlich $(R + pL) \sin ml$ ist, so wird eine Wurzel $p_1 = -\frac{R}{L}$ sein. Setzt man den anderen Faktor $\sin ml = 0$, so erhält man $ml = \pm s\pi$ oder $m = \pm \frac{s\pi}{l}$, wobei mit $s = 1$ zu beginnen ist, da der Wert, welcher $p = 0$ entspricht, schon in dem Glied $Y(0)/Z(0)$ berücksichtigt ist.

Die Lösung enthält drei Gruppen von Ausdrücken. Die erste entspricht $Y(0)/Z(0)$, die zweite der Wurzel $p_1 = -\frac{R}{L}$ und die dritte ist eine Reihe. Wir bekommen

$$i = E\left\{\frac{Y(0)}{Z(0)} + \frac{Y(p)}{p h_1'(p) h_2(p)} \varepsilon^{p_1 t} + \sum \frac{Y(p)}{p h_2'(p) h_1(p)} \varepsilon^{p_2 t}\right\}.$$

1. Ermittlung von $Y(0)/Z(0)$

$$n^2 = (R + pL)(G + pC); \text{ ferner für } p = 0,\ n = \sqrt{RG} \quad . \quad (71)$$

und

$$Z(0) = R \sinh n l = R \sinh l\sqrt{RG}.$$

Daher ist

$$\frac{Y(0)}{Z(0)} = E\sqrt{\frac{G}{R}} \frac{\cosh x\sqrt{RG}}{\sinh l\sqrt{RG}} \quad . \; . \; . \; . \; . \; . \; . \quad (72)$$

2. Ermittlung des zweiten Ausdruckes. Wir setzen $h_1(p) = R + pL$ und $h_2(p) = \sin m l$.

Es gilt dann (siehe 6. Kapitel)

$$p h'_1 h_2(p) = pL \sin m l$$

und mithin

$$p h_1'(p) h_2(p) \text{ für } p = p_1 = -\frac{R}{L} \text{ gleich} -R \sin m l$$

$$Y(p) = m \cos m x.$$

Nun ist aber

$$-m^2 = (R + pL)(G + pC) = p^2 CL + p(RC + LG) + RG. \quad (73)$$

Wenn wir nun für $p = p_1 = -\frac{R}{L}$ einführen, so erhalten wir

$$-m_1^2 = \frac{R^2}{L^2} CL - \frac{R}{L}(RC + LG) + RG = 0 \text{ oder } m_1 = 0.$$

Es ist also $Y(p)/p h_1'(p) h_2(p) = 0/0$. Wir müssen daher den Wert dieses unbestimmten Ausdruckes bestimmen. Es ist

$$\frac{Y(p)}{p h_1'(p) h_2(p)} = \lim_{m \to 0} \frac{m \cos m x}{-R \sin m l} = -\frac{1}{Rl}.$$

Der zweite Ausdruck wird daher

$$-\frac{E}{Rl} \varepsilon^{-\frac{R}{L} t} \quad . \; . \; . \; . \; . \; . \; . \; . \; . \; . \; . \; . \quad (74)$$

3. Ermittlung des Reihengliedes.

$$\sin m l = 0 \text{ gibt } m = \pm \frac{s\pi}{l},$$

nun ist

$$-m^2 = p^2 CL + p(RC + LG) + RG \quad . \; . \; . \; . \; . \quad (73)$$

daher

$$p = -\frac{RC+LG}{2CL} \pm \sqrt{\frac{(RC+LG)^2}{4C^2L^2} - \frac{RG+m^2}{CL}} = -\alpha \pm j\beta, \quad (75)$$

wobei

$$\alpha = +\frac{1}{2}\left(\frac{R}{L} + \frac{G}{C}\right) \quad \ldots\ldots\ldots\ldots (76)$$

$$\beta = \sqrt{\frac{m^2}{CL} - \frac{1}{4}\left(\frac{R}{L} - \frac{G}{C}\right)^2} \quad \ldots\ldots (77)$$

ist. Wie man sieht, hängt α nur von den Leitungskonstanten ab, β hingegen außerdem noch von den besonderen Randbedingungen. Im vorliegenden Fall einer kurzgeschlossenen Leitung ist $\sin ml = 0$ und $m = \pm\frac{s\pi}{l}$. Oft jedoch, besonders wenn komplizierte Randbedingungen vorliegen, muß man zu graphischen Methoden greifen, um m zu ermitteln. Dies wird im 19. Kapitel näher ausgeführt werden.

Wir gehen nun zur Bestimmung von $p h_2'(p) h_1(p)$ über.

$$h_2'(p) = \frac{d}{dp}\sin ml = \frac{d}{dm}\sin ml \frac{dm}{dp} = l\cos ml \frac{dm}{dp}; \quad . (78)$$

nun ist

$$-m^2 = p^2 CL + p(RC+LG) + RG,$$

$$\frac{dm}{dp} = -\frac{2pCL + RC + LG}{2m},$$

$$h_2'(p) = -l\cos ml \frac{CL}{2m}\left[\left(\frac{R}{L} + \frac{G}{C}\right) + 2p\right],$$

$$p h_2'(p) h_1(p) = -pl\cos ml (R+pL)\frac{CL}{2m}\left[\left(\frac{R}{L} + \frac{G}{C}\right) + 2p\right],$$

daher

$$\frac{Y(p)}{p h_2'(p) h_1(p)} = \frac{2Em^2\cos mx}{-pl\cos ml (R+pL) CL\left[\frac{R}{L} + \frac{G}{C} + 2p\right]}.$$

Wenn wir für $m^2 = \frac{s^2\pi^2}{l^2}$ und für $p = -\alpha + j\beta$ einführen, so erhalten wir einen mit $\varepsilon^{(-\alpha+j\beta)t}$ multiplizierten Ausdruck. Einen ähnlichen Ausdruck erhalten wir, wenn wir für $p = -\alpha - j\beta$ einsetzen, jedoch tritt nun der Faktor $\varepsilon^{(-\alpha-j\beta)t}$ auf. Durch Zusammenfassen der beiden Ausdrücke erhalten wir das dritte Glied

$$E\sum_{s=1} \frac{2(-1)^s l \cos\frac{s\pi x}{l}\varepsilon^{-\alpha t}}{s^2\pi^2 + RGl^2}\left[\frac{1}{\beta}\left\{\frac{s^2\pi^2}{Ll^2} + \frac{1}{2}G\left(\frac{R}{L} - \frac{G}{C}\right)\right\}\sin\beta t - G\cos\beta t\right] (79)$$

Die allgemeine Lösung setzt sich dann zusammen als die Summe der drei in den Gleichungen (72), (74) und (79) gegebenen Gliedern.

19. Kapitel.

Übertragungsleitung mit Impedanz am Anfang und Ende.

Wie wir gesehen haben, ist es nicht schwierig, für die offene oder kurzgeschlossene Übertragungsleitung die Lösungen der Gleichung $Z(p) = 0$ zu finden. Ungleich schwieriger wird dies jedoch, wenn die Randbedingungen nicht mehr so einfach sind.

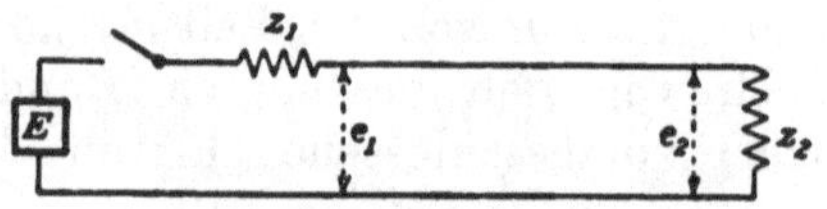

Abb. 33.

Heaviside hat solche Fälle an verschiedenen Stellen seines Buches behandelt. Da jedoch seine Behandlungsweise von der nun folgenden etwas abweicht, so wird es zweckmäßig sein, einige Fälle näher zu erläutern. Betrachten wir beispielsweise den in Abb. 33 dargestellten Fall, den Heaviside auf S. 143 (Bd. II) behandelt. In der Abbildung sollen die horizontalen Linien ein Kabel darstellen, dessen äußere Hülle geerdet ist. z_1 und z_2 seien die konzentrierten Impedanzen am Anfang und Ende der Leitung.

Aus vorhergegangenen Überlegungen folgen ohne weiteres für die Kabelleitung die folgenden Beziehungen:

$$\left.\begin{aligned} e &= K_1 \cosh n x + K_2 \sinh n x \\ i &= \frac{Y}{n}[K_1 \sinh n x + K_2 \cosh n x] \end{aligned}\right\} \quad \ldots \ldots \quad (80)$$

Für $x = 0$ ist

$$e = e_2 = i_2 z_2 = K_1(1) + 0 = K_1,$$

für $x = l$ ist

$$e = e_1 = K_1 \cosh nl + K_2 \sinh nl.$$

Nun ist aber

$$\begin{aligned} E &= e_1 + i_1 z_1 \\ &= i_2 z_2 \cosh nl + K_2 \sinh nl + i_1 z_1. \end{aligned}$$

Für $x = 0$ ergibt sich

$$i_2 = \frac{Y}{n}\left[0 + K_2\right], \text{ daraus folgt } K_2 = \frac{n i_2}{Y}.$$

Für $x = l$ ist

$$i_1 = \frac{Y}{n}\left[i_2 z_2 \sinh n l + \frac{n}{Y} i_2 \cosh n l\right].$$

Aus diesen Beziehungen erhalten wir weiter

$$E = i_2 z_2 \cosh n l + \frac{n}{Y} i_2 \sinh n l + \frac{Y z_1}{n} i_2 \left[z_2 \sinh n l + \frac{n}{Y} \cosh n l \right]$$

$$= i_2 \left[(z_1 + z_2) \cosh n l + \frac{1}{n} (Z + Y z_1 z_2) \sinh n l \right]$$

$$= i_2 A \quad \text{oder} \quad i_2 = \frac{E}{A}\,; \quad Z = R + p L.$$

Nach Gleichung (80) ist

$$e = i_2 z_2 \cosh n x + \frac{n i_2}{Y} \sinh n x,$$

daraus folgt:

$$e = \frac{z_2 \cosh n x + \frac{n}{Y} \sinh n x}{(z_1 + z_2) \cosh n l + \frac{1}{n} (Z + Y z_1 z_2) \sinh n l} E 1 \quad . \; . \; (81)$$

Nach Substitution erhalten wir weiter aus Gleichung (80)

$$i = \frac{Y}{n} i_2 \left[z_2 \sinh n x + \frac{n}{Y} \cosh n x \right] =$$

$$= \frac{\frac{z_2}{z_0} \sinh n x + \cosh n x}{(z_1 + z_2) \cosh n l + \frac{1}{n} [Z + Y z_1 z_2] \sinh n l} E 1, \; . \; . \; . \; (82)$$

wobei

$$z_0 = \frac{n}{Y} = \frac{Z}{n}$$

ist.

Spezieller Fall: Wir nehmen an, z_1 sei gleich Null (Abb. 34), dann folgt aus Gleichung (81)

Abb. 34.

$$e = \frac{z_2 \cosh n x + \frac{n}{Y} \sinh n x}{z_2 \cosh n l + \frac{Z}{n} \sinh n l} E 1 = \frac{z_2 \cosh n x + z_0 \sinh n x}{z_2 \cosh n l + z_0 \sinh n l} E 1 \; (83)$$

Aus Gleichung (82) folgt für $z_1 = 0$

$$i = \frac{\frac{z_2}{z_0} \sinh n x + \cosh n x}{z_2 \cosh n l + z_0 \sinh n l} E 1 \quad . \; . \; . \; . \; . \; . \; (84)$$

Für die Empfangsseite der Leitung ($x = 0$) ergibt sich:

$$e_2 = \frac{1}{\cosh n l + \frac{z_0}{z_2} \sinh n l} E 1 \quad \ldots \ldots \quad (85)$$

und

$$i_2 = \frac{1}{z_2 \cosh n l + z_0 \sinh n l} E 1 \quad \ldots \ldots \quad (86)$$

Es soll nun der Strom i_2 ermittelt werden, um den Weg zu zeigen, der einzuschlagen ist, wenn die Wurzeln der Gleichung $Z(p) = 0$ mittels graphischer Methoden ausgewertet werden müssen.

Wir nehmen der Einfachheit halber wieder an, daß es sich um ein ideales Kabel handle. Es gilt dann

$$n^2 = p C R.$$

Wenn $m^2 = -n^2$ ist, dann ist $m^2 = -pCR$ und $p = -\frac{m^2}{CR}$.

Abb. 35.

Weiters wollen wir annehmen, daß die Endimpedanz durch einen Kondensator gegeben ist (Abb. 35). Wir haben dann also

$$z_2 = \frac{1}{p C_1} = -\frac{CR}{C_1 m^2} \text{ und } z_0 = \frac{z}{n} = \frac{R}{\sqrt{pCR}} = \sqrt{\frac{R}{C}} \frac{\sqrt{CR}}{jm} = \frac{R}{jm}.$$

Da nun $\cosh jml = \cos ml$ und $\sinh jml = j \sin ml$ ist, so erhalten wir weiter

$$i_2 = \frac{1}{-\frac{CR}{C_1 m^2} \cos m l + \frac{R}{m} \sin m l} E 1,$$

$$= \frac{\frac{C_1}{CR} m^2}{-\cos m l + \frac{C_1}{C} m \sin m l} E 1,$$

$$Z(p) = 0 \text{ gibt } \operatorname{tg} m l = \frac{C}{C_1 m}.$$

Wir benötigen nun alle möglichen Werte m_1, m_2, m_3 usw., welche die Gleichung $\operatorname{tg} m l = C/C_1 m$ befriedigen.

Die Abb. 36 zeigt für ein besonderes Zahlenbeispiel das Verfahren zur Berechnung dieser Werte. Es ist ein 160 km langes ideales Kabel gegeben, dessen Ohmscher Widerstand 55 Ω/km und dessen Kapazität 0,0337 μF/km betragen. Die Enden dieses Kabels werden durch einen Kondensator C_1 verbunden, dessen Kapazität gleich der Kapazität des gesamten Kabels ist. Zu ermitteln ist die Gleichung des Stromes, der in den Kondensator fließt, für den Fall, daß an das Kabel plötzlich eine Stromquelle mit der konstanten Spannung E angelegt wird.

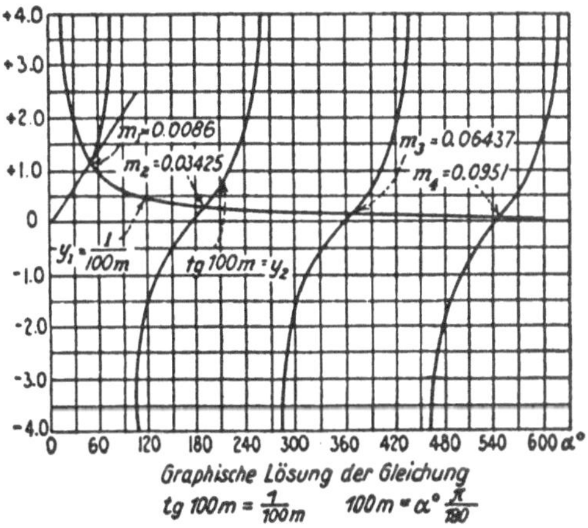

Abb. 36.

Der Vorgang zur Auffindung der Wurzeln besteht darin, daß man die Kurven $y = \operatorname{tg} m l$ und $y = C/C_1 m$ zeichnet. Die Schnittpunkte dieser Kurven geben dann schon die Wurzeln. Diese sind $m_1 = 0{,}0086$, $m_2 = 0{,}0343$, $m_3 = 0{,}0643$ usw. Um den Strom i_2 an der Stelle des Kondensators zu finden, schlagen wir den üblichen Weg ein.

Im vorliegenden Fall des idealen Kabels bekommen wir

$$n^2 = (R + pL)(G + pC) = pCR \text{ oder } -m^2 = pCR, \quad (87)$$

$$p\frac{dZ}{dp} = p\frac{dZ}{dm}\frac{dm}{dp},$$

$$\frac{dZ}{dm} = l \sin ml + \frac{C_1}{C}[ml \cos ml + \sin ml].$$

Aus Gleichung (87) folgt

$$\frac{dm}{dp} = -\frac{CR}{2m}$$

und daher

$$p\frac{dZ}{dp} = \frac{m}{2}\left(l + \frac{C_1}{C}\right) \sin ml + \frac{C_1}{2C} m^2 l \cos ml.$$

$Y(0)/Z(0)$ entspricht dem stationären Fall. Da am Ende der Leitung ein Kondensator liegt, wird schließlich der Strom den Wert 0 annehmen, so daß $Y(0)/Z(0) = 0$ ist. Das folgt auch direkt aus vorstehender Gleichung, wenn wir $p = 0$ setzen.

Es lautet also die Lösung für den Strom auf der Empfangsseite:

$$i = \sum_{m_1 m_2 m_3} \frac{\frac{C_1}{CR} m^2 \varepsilon^{-\frac{m^2}{CR} t}}{\frac{m}{2}\left(l + \frac{C_1}{C}\right) \sin ml + \frac{C_1}{2C} m^2 l \cos ml} E$$

$$= \frac{2E}{Rl} \sum_{\alpha} \frac{\alpha \cos \alpha}{\alpha + \sin \alpha \cos \alpha} \varepsilon^{-\frac{\alpha^2}{RCl^2} t},$$

wobei $\alpha = ml$ ist. Den Wert α erhalten wir aus der Gleichung $\alpha = C/C_1 m = Cl/C_1 \alpha$. Abb. 37 gibt den Stromverlauf am Leitungsende für $E = 1$ an.

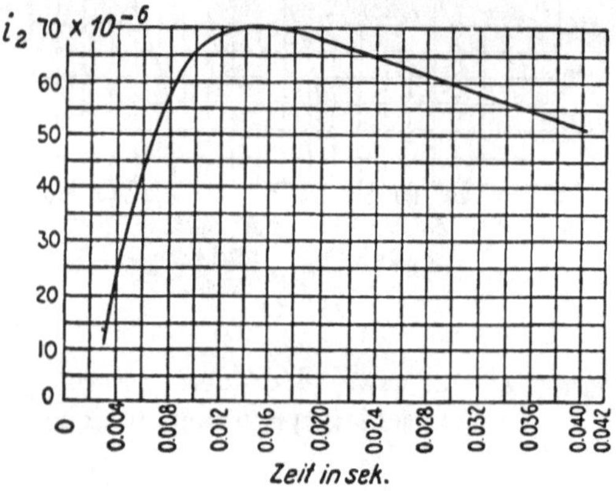

Abb. 37.

Die Heavisidesche Operatorenrechnung kommt in erster Linie für die Berechnung von Ausgleichsvorgängen in Betracht, jedoch lassen sich mit ihr auch die stationären Zustände auf bequeme Art ermitteln.

Um dies zu zeigen, nehmen wir eine Übertragungsleitung an, welche einen Generator mit einem Stromverbraucher verbindet. Weiter nehmen wir an, daß der Strom und die Spannung am Stromverbraucher gegeben sind, was ja meistens der Fall ist. Die Aufgabe ist nun, Strom und Spannung für den Generator oder für irgendeine andere Stelle der Leitung zu bestimmen. Aus Gleichung (80) folgt:

$$e = K_1 \cosh nx + K_2 \sinh nx,$$

$$i = \frac{Y}{n} [K_1 \sinh nx + K_2 \cosh nx].$$

Für $x = 0$ gilt $e = e_2$ und $i = i_2$, das sind die bekannten Strom- und Spannungswerte an den Verbraucherklemmen. Wir erhalten somit für die Konstanten

$$K_1 = e_2 \text{ und } K_2 = \frac{n i_2}{Y},$$

und

$$\left. \begin{aligned} e &= e_2 \cosh nx + \frac{n i_2}{Y} \sinh nx \\ i &= \frac{Y}{n} e_2 \sinh nx + i_2 \cosh nx \end{aligned} \right\} \quad \ldots\ldots \quad (87\text{a})$$

Wenn die Leitungslänge gering ist, z. B. weniger als 5% der Wellenlänge des Wechselstromes, so erhält man schon bei Berücksichtigung weniger Glieder der Reihe für sinh nx und cosh nx eine gute Annäherung an die wahren Verhältnisse. Das heißt also, daß bei 60 Perioden und bei einer Übertragungslänge von weniger als 250 km die folgende Annäherung zufriedenstellend ist. Es können jedoch auf diese Art auch noch Leitungen bis zu 300 km Länge berechnet werden.

$$\cosh nx = 1 + \frac{n^2 x^2}{2!},$$
$$\sinh nx = nx,$$

$$e = e_2\left[1 + \frac{n^2 x^2}{2!}\right] + \frac{n\, i_2}{Y}\, nx = e_2\left[1 + \frac{n^2 x^2}{2!}\right] + i_2 Z x$$

und

$$i = e_2 \frac{Y}{n}\, nx + i_2\left[1 + \frac{n^2 x^2}{2!}\right] = e_2 Y x + i_2\left[1 + \frac{n^2 x^2}{2!}\right]$$

oder in vektorieller Schreibweise:

$$\bar{n}^2 = \bar{Y}\bar{Z} = (G + j\omega C)(R + j\omega L).$$

Für $x = l$, also für den Generator, erhalten wir:

$$\left.\begin{aligned} \bar{E}_g &= e_2\left[1 + \frac{\bar{Y}\bar{Z} l^2}{2!}\right] + \bar{J}_2 \bar{Z} l \\ \bar{J}_g &= e_2 \bar{Y} l + \bar{J}_2\left[1 + \frac{\bar{Y}\bar{Z} l^2}{2!}\right] \end{aligned}\right\}\ \text{dabei ist } \bar{E}_2 = e_2 + j0.$$

Wenn jedoch die Übertragungsleitung eine große Länge aufweist, genügt diese Annäherung nicht mehr, und man muß die Gleichungen (87a) verwenden, die allerdings ziemlich einfach sind.

Zahlenbeispiel für Gleichung (87a): Es sei eine 320 km lange Übertragungsleitung gegeben. Die drei Leiter derselben haben einen Abstand von 3 m voneinander. Die Phasenspannung des Systems beträgt 72000 V, entsprechend einer verketteten Spannung von 125000 V. Der Wert des Belastungsstromes sei gegeben durch $\bar{J}_2 = 100 - 50j$. Gesucht sind Strom und Spannung beim Generator.

Die Frequenz der Übertragung sei 60 Per./s, und es wird ferner angenommen, daß die Ableitung $0{,}119 \times 10^{-6}$ mho/km beträgt. Dieser Wert entspricht ungefähr einem Koronaverlust von 0,6 kW/km. Aus elementaren Betrachtungen folgt:

R = Widerstand pro km = 0,22 Ω,
L = Induktivität pro km = 0,001325 Henry,
C = Kapazität pro km = $0{,}0087 \times 10^{-6}$ Farad,
$G = 0{,}119 \times 10^{-6}$ mho.

Es ist daher

$$\overline{Z} = R + jX = 0{,}22 + j\,0{,}50,$$

$$\overline{Y} = G + jB = \frac{0{,}119}{10^6} + j\,\frac{3{,}28}{10^6}$$

$$\overline{n} = \sqrt{\overline{Y}\overline{Z}} = \frac{2\cdot 8}{10^4} + j\,\frac{13}{10^4}.$$

Aus dem 28. Kapitel folgt:

$$\cosh \overline{n}l = 0{,}917 + j\,0{,}0367,$$
$$\sinh \overline{n}l = 0{,}0823 + j\,0{,}41,$$
$$\overline{J}_2 = 100 - j\,50.$$

Wenn wir diese Werte in Gleichung (87a) einsetzen, so erhalten wir die Momentanwerte für $x = l$

$$\overline{E}_g = 81{,}850 \cos(\omega t + 10^0 49'),$$
$$\overline{J}_g = 100{,}5 \cos(\omega t + 18^0 28').$$

Der Generator hat pro Phase eine Leistung von 8,140 kW zu liefern, und die abgegebene Leistung beträgt 7220 kW/Phase. Im vorliegenden Fall ist die Leitungslänge von 300 km schon zu groß, um die angenäherte Gleichung verwenden zu können. Diese würde für Strom und Spannung die Werte geben:

$$\overline{E}_g = 81{,}800 \cos(\omega t + 11^0),$$
$$\overline{J}_g = 102{,}3 \cos(\omega t + 20^0).$$

Es soll später noch ein weiteres Beispiel für den stationären Stromzustand behandelt werden, welches neue und wichtige Gesichtspunkte bringt.

Eine Betrachtung der Gleichungen (83) und (84) zeigt, daß für $z_2 = z_0$, d. h. wenn die Impedanz der Belastung gleich der Wellenimpedanz ist, der Strom an irgendeiner Stelle der Leitung gegeben ist durch $i = e/z_0$. Die Leitung verhält sich also so, als ob sie unendlich lang wäre.

Aufgabe. — Gesucht sei der Wert z_0 der Belastungsimpedanz für das Ende eines idealen Kabels.

Es ist

$$z_0 = \frac{z}{n} = \frac{R}{\sqrt{pCR}}$$

oder in vektorieller Form

$$\overline{z}_0 = \frac{R}{\sqrt{j\omega CR}} = \sqrt{\frac{R}{2\omega C}} - j\sqrt{\frac{R}{2\omega C}}$$
$$= R_2 + jX_2.$$

Wir sehen also, daß die Belastungsimpedanz aus einer Ohmschen Komponente $R_2 = \sqrt{\frac{R}{2\omega C}}$ und einer kapazitiven Reaktanz x_2, welche ebenfalls gleich $\sqrt{\frac{R}{2\omega C}}$ ist, besteht.

Wir kehren nun wieder zu den Gleichungen (83) und (84) zurück, die von besonderer Bedeutung sind, da sie den Fall einer am Ende mit einer Impedanz belasteten Übertragungsleitung behandeln.

Bei ihrer Auflösung besteht ein Teil der Rechnung, und zwar der mühsamste, in der Ermittlung der Wurzeln der Gleichung $Z(p) = 0$.

Wir haben gesehen, daß diese Gleichung Wurzeln von der Form $\operatorname{tgh} n l = -\frac{z_2}{z_0}$ besitzt.

Nachdem viele Leser mit trigonometrischen Funktionen besser als mit hyperbolischen vertraut sind, so wollen wir auf die analogen trigonometrischen Ausdrücke übergehen.

Da $n^2 = -m^2$ ist, so ist $n = \pm jm$.

Wenn wir zunächst das obere Vorzeichen verwenden, so erhalten wir

$$\operatorname{tgh}(jml) = \frac{\sinh(jml)}{\cosh(jml)} = +j \operatorname{tg} ml,$$

$$j \operatorname{tg} ml = -\frac{z_2}{z_0} = -\frac{z_2}{z} n = -\frac{z_2}{z} jm,$$

$$\operatorname{tg} ml = -\frac{z_2}{z} m.$$

Bei Verwendung des negativen Zeichens erhalten wir die gleiche Beziehung:

$$\operatorname{tgh}(-jml) = \frac{\sinh(-jml)}{\cosh(-jml)} = -j \operatorname{tg} ml -$$

$$-j \operatorname{tg} ml = -\frac{z_2}{z_0} = -\frac{z_2}{z} n = -\frac{z_2}{z} (-fm)$$

oder

$$\operatorname{tg} ml = -\frac{z_2}{z} m.$$

Im Falle eines idealen Kabels, bei welchem $z = R$ und $-m^2 = pCR$ ist, wird $z_2 = R_2$, wenn die Belastung ein induktionsfreier Widerstand R_2 ist, und wir erhalten die Gleichung $\operatorname{tg} \alpha = -\frac{R_2}{Rl} \alpha$, wobei $\alpha = ml$ ist.

Wenn die Last rein induktiv ist, d. h. aus der Induktivität L_2 besteht, dann bekommen wir

$$\operatorname{tg} \alpha = \frac{L_2 \alpha^3}{CR^2 l^3}.$$

Ist die Belastung ein Kondensator, so ergibt sich:

$$\operatorname{tg} \alpha = \frac{C l}{C_2 \alpha}.$$

Wenn die Belastungsimpedanz $z_2 = R_2 + p L_2$ ist, dann wird

$$\operatorname{tg} \alpha = -\frac{R_2}{R l} \alpha + \frac{L_2 \alpha^3}{C R^2 l^3}.$$

Besteht schließlich die Last aus der Reihenschaltung eines Widerstandes und eines Kondensators, dann gilt:

$$\operatorname{tg} \alpha = -\frac{R_2}{R l} \alpha + \frac{C l}{C_2 \alpha}.$$

Die numerischen Werte von α, welche diese Gleichungen befriedigen, können durch Zeichnen von Kurven nach Art der Abb. 36 erhalten werden. Leider sind jedoch die Aufgaben meist nicht so einfach, wie die gezeigte. Häufig treten komplexe Wurzeln auf, wodurch die Rechenarbeit wesentlich vermehrt wird.

Im 29. Kapitel wird in allen Einzelheiten das Auffinden der Wurzeln behandelt.

20. Kapitel.

Mehrere Übertragungsleitungen verschiedener Konstanten mit Impedanzen an der Verbindungsstelle.

Wir betrachten zuerst den in Abb. 38 dargestellten Fall, bei welchem eine Impedanz an der Verbindungsstelle der beiden Leitungen parallel geschaltet ist. Der Einfachheit halber nehmen wir an, daß die Leitung am Ende kurzgeschlossen ist.

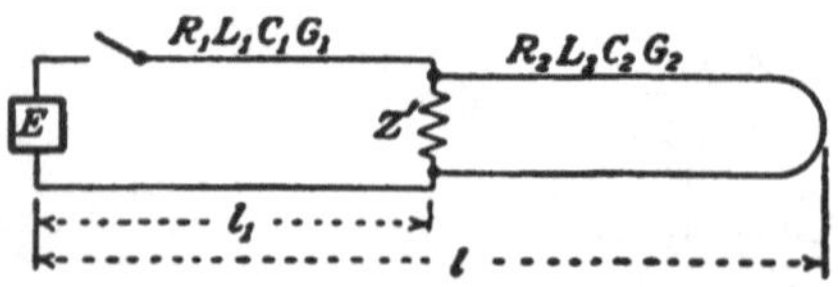

Abb. 38.

Die Impedanz Z' befindet sich in einer Entfernung l_1 vom Generator. Die Konstanten, welche zur rechten bzw. linken Leitung gehören, sollen mit den Indizes 1 bzw. 2 bezeichnet werden. Gesucht ist der Strom an irgendeiner Stelle beider Leitungen.

Wir betrachten zunächst die rechte Leitung. Wir haben es hier mit einer kurzgeschlossenen Leitung zu tun, wie sie im 16. Kapitel behandelt wurde. Es ist also

$$e = \frac{E' \sinh n_2 x}{\sinh n_2 (l - l_1)} 1,$$

und

$$i = \frac{Y_2}{n_2} E' \frac{\cosh n_2 x}{\sinh n_2 (l - l_1)} 1,$$

dabei bedeutet $l - l_1$ die Länge der rechten Leitung. Es ist also

$$\frac{e}{i} = \frac{n_2}{Y_2} \cdot \frac{\sinh n_2 x}{\cosh n_2 x}.$$

An der Stelle der Impedanz also für $x = l - l_1$ erhalten wir

$$z = \frac{e}{i} = \frac{n_2}{Y_2} \cdot \frac{\sinh n_2 (l - l_1)}{\cosh n_2 (l - l_1)} \quad \ldots \ldots \ldots \quad (88)$$

Wir können also die rechte kurzgeschlossene Leitung durch eine Impedanz z an der Verbindungsstelle ersetzen. Diese Impedanz liegt parallel zu Z', so daß die gesamte Impedanz, die wir mit Z_2 bezeichnen wollen, gegeben ist durch:

$$Z_2 = \frac{z Z'}{z + Z'}.$$

Der Strom und die Spannung für irgendeine Stelle der linken Leitung mit der Länge l_1 kann also mit Hilfe der schon abgeleiteten Gleichungen (19. Kapitel, Gleichung (83) und (84)) gefunden werden, wobei x von der Verbindungsstelle der beiden Leitungen zu zählen ist.

Für das Ende der linken Leitung, welches in unserer Aufgabe die Verbindungsstelle der beiden Leitungen ist, bekommen wir aus Gleichung (85) (19. Kapitel) für die Spannung E^1

$$E^1 = \frac{1}{\cosh n_1 l_1 + \frac{z_1}{n_1 Z_2} \sinh n_1 l_1} E\, 1.$$

Es sind daher für die rechte Leitung Strom und Spannung durch nachstehende Gleichungen gegeben:

$$e = \frac{1}{\cosh n_1 l_1 + \frac{z_1}{n_1 Z_2} \sinh n_1 l_1} \cdot \frac{\sinh n_2 x}{\sinh n_2 (l - l_1)} E\, 1 \quad . \; . \quad (89)$$

und

$$i = \frac{1}{\cosh n_1 l_1 + \frac{z_1}{n_1 Z_2} \sinh n_1 l_1} \cdot \frac{Y_2}{n_2} \cdot \frac{\cosh n_2 x}{\sinh n_2 (l - l_1)} E\, 1 \quad . \quad (90)$$

Wir wollen nun den Fall betrachten, daß zwei Leitungen mit verschiedenen Konstanten (Indices 1 und 2) über eine Impedanz Z' (siehe Abb. 39) miteinander verbunden sind, wobei wieder der Einfachheit halber angenommen wird, daß die zweite Leitung kurzgeschlossen ist.

Es ist klar, daß bis zur Stelle a die Impedanz z wieder durch Glei-

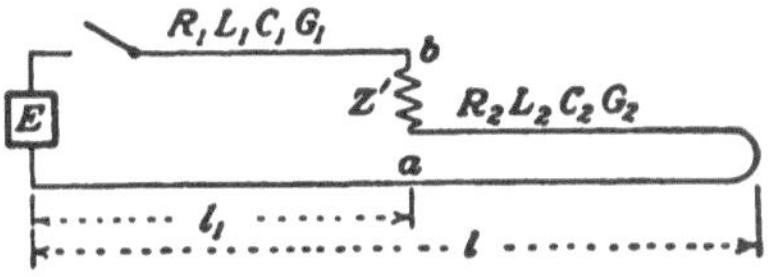

Abb. 39.

chung (88) gegeben ist. Wir erhalten daher für die Impedanz Z_2 an der Stelle b $Z_2 = Z' + z$.

Es können nun wieder die Werte für Strom und Spannung der linken Seite aus den Gleichungen (83) und (84) des 19. Kapitels erhalten werden.

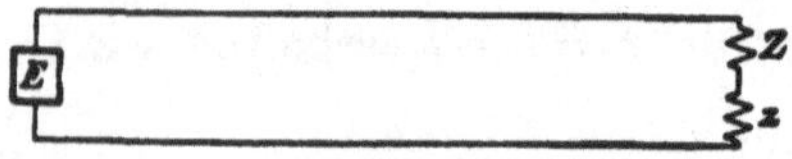

Abb. 40.

Für das Ende dieser fiktiven Leitung, die in Abb. 40 dargestellt ist, können Strom und Spannung aus Gleichung (85) und (86) (19. Kapitel) berechnet werden.

Wir setzen $Z' + z = Z_2$ und erhalten:

$$e_2 = \frac{1}{\cosh n_1 l_1 + \frac{z_1}{n_1 Z_2} \sinh n_1 l_1} E\,1,$$

$$i_2 = \frac{1}{Z_2 \cosh n_1 l_1 + \frac{z_1}{n_1} \sinh n_1 l_1} E\,1.$$

Die Spannung, die an der zweiten Leitung (rechte Leitung in Abb. 39) auftritt, ist $e_3 = i_2 z$.

Es ergibt sich somit für die rechte Seite, wenn wir berücksichtigen, daß wir es mit einer kurzgeschlossenen Leitung von der Länge $l - l_1$ zu tun haben:

$$e = \frac{z}{\cosh n_1 l_1 + \frac{z_1}{n_1 Z_2} \sinh n_1 l_1} \cdot \frac{\sinh n_2 x}{\sinh n_2 (l - l_1)} E\,1$$

und

$$i = \frac{z}{\cosh n_1 l_1 + \frac{z_1}{n_1 Z_2} \sinh n_1 l_1} \cdot \frac{Y_2}{n_2} \frac{\cosh n_2 x}{\sinh n_2 (l - l_1)} E\,1.$$

Wir nehmen nun an, daß drei Leitungen mit verschiedenen Konstanten untereinander verbunden sind. Abb. 41 zeigt einen solchen einfachen Fall, der absichtlich zur Erläuterung des anzuwendenden Verfahrens gewählt wurde.

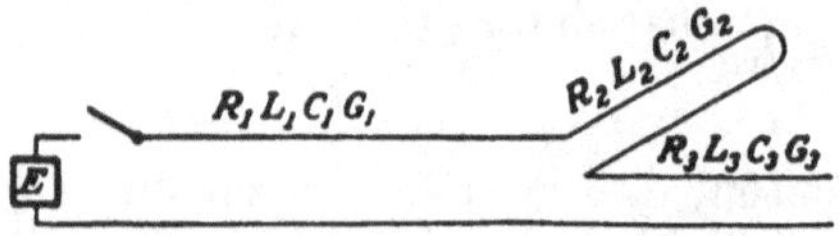

Abb. 41.

Die Leitung 2 sei kurzgeschlossen, während 3 offen ist. Gesucht sind Strom und Spannung für irgendeinen Punkt des Systems.

Jede der beiden Zweigleitungen kann durch Impedanzen an der Verbindungsstelle ersetzt werden, die ihrerseits wieder durch eine einzige Impedanz am Ende der Hauptleitnng dargestellt werden können.

Mit Hilfe der im 19. Kapitel gegebenen Gleichungen können dann wieder Strom und Spannung für die Hauptleitung berechnet werden. Von besonderem Interesse ist die Spannung an der Verzweigungsstelle. Ist diese Spannung bekannt, dann können die Ströme in den Zweigleitungen leicht berechnet werden.

Die äquivalente Impedanz für die offene Leitung beträgt

$$z_3 = \frac{e}{i} = \frac{n_3 \cosh n_3 l_3}{Y_3 \sinh n_3 l_3} \text{ (siehe 16. Kap.)}$$

und die äquivalente Impedanz der kurzgeschlossenen Leitung

$$z_2 = \frac{n_2}{Y_2} \frac{\sinh n_2 l_2}{\cosh n_2 l_2}.$$

Diese beiden Impedanzen geben die resultierende Impedanz

$$z = \frac{z_2 z_3}{z_2 + z_3}.$$

Es ist dies die Impedanz am Ende der Hauptleitung, d. h. jene Impedanz, die in den Gleichungen (83), (84), (85) und (86) des 19. Kapitels mit z_2 bezeichnet wurde. Die Ergebnisse folgen aus den vorgenannten Gleichungen, wobei x vom Verzweigungspunkt nach links positiv zu zählen ist.

Von besonderem Interesse ist die Spannung e am Ende der fiktiven Leitung. Es ist

$$e = \frac{1}{\cosh n_1 l_1 + \frac{z_1}{z_2 n_1} \sinh n_1 l_1} E\, 1.$$

Wir bekommen daher für Strom und Spannung in der offenen Leitung

$$e = \frac{1}{\cosh n_1 l_1 + \frac{z_1}{z_2 n_1} \sinh n_1 l_1} \cdot \frac{\cosh n_3 x}{\cosh n_3 l_3} E\, 1,$$

$$i = \frac{1}{\cosh n_1 l_1 + \frac{z_1}{z_2 n_1} \sinh n_1 l_1} \cdot \frac{Y_3}{n_3} \frac{\sinh n_3 x}{\cosh n_3 l_3} E\, 1.$$

Für die kurzgeschlossene Leitung erhalten wir

$$e = \frac{1}{\cosh n_1 l_1 + \frac{z_1}{z_2 n_1} \sinh n_1 l_1} \cdot \frac{\sinh n_2 x}{\sinh n_2 l_2} E\, 1,$$

$$i = \frac{1}{\cosh n_1 l_1 + \frac{z_1}{z_2 n_1} \sinh n_1 l_1} \cdot \frac{Y_2}{n_2} \frac{\cosh n_2 x}{\sinh n_2 l_2} E\, 1.$$

21. Kapitel.

Anlegen einer Batterie in einem beliebigen Punkt eines Kabels.

In Abb. 42 ist ein Kabel mit geerdetem Mantel dargestellt. Das linke Ende desselben ist geerdet, das rechte offen. Gesucht ist die Spannungsverteilung zwischen dem Kabel und dessen Mantel, nachdem eine Batterie mit der Spannung E eingeschaltet wurde.

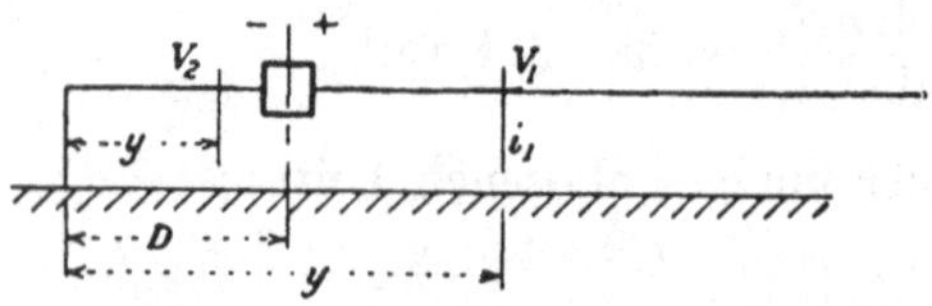

Abb. 42.

Wir gehen von den allgemeinen Gleichungen des 16. Kapitels aus, wobei wir beachten müssen, daß x immer vom Ende der Leitung aus zu zählen ist. Für die rechte Seite der Leitung erhalten wir dann

$$V_1 = K_1 \cosh n(l-y) + K_2 \sinh n(l-y)$$

$$i_1 = \frac{Y}{n}[K_1 \sinh (l-y) + K_2 \cosh n(l-y)].$$

Für $y = l$ ist $i_1 = 0$; daher $K_2 = 0$, und somit wird

$$V_1 = K_1 \cosh n(l-y).$$

Für die linke Seite ergibt sich

$$V_2 = K_3 \cosh ny + K_4 \sinh ny.$$

Für $y = 0$ ist $V_2 = 0$ und daher $K_3 = 0$. Es ist also:

$$V_2 = K_4 \sinh ny.$$

An der Stelle $y = D$ muß der Spannungsunterschied zwischen V_1 und V_2 gleich der Batteriespannung sein. Es ist mithin

$$K_1 \cosh n(l-D) - K_4 \sinh nD = E.$$

Da

$$\cosh \alpha \cosh \beta + \sinh \alpha \sinh \beta = \cosh(\alpha + \beta)$$

ist, so sieht man bei bloßer Betrachtung, daß $V_1 - V_2 = E1$ ist, wenn

$$K_1 = \frac{\cosh nD}{\cosh nl} E \text{ und } K_4 = -\frac{\sinh n(l-D)}{\cosh nl} E$$ [1])

---

[1]) Diese Konstanten können auch wie folgt erhalten werden:

$$V_1 = K_1 \cosh n(l-y), \quad i_1 = \frac{Y}{n} K_1 \sinh n(l-y)$$

$$V_2 = K_4 \sinh ny, \quad i_2 = \frac{Y}{n} K_4 \cosh ny.$$

Für $y = D$; $V_1 - V_2 = E1$ und $i_1 + i_2 = 0$.
Aus diesen Beziehungen kann K_1 und K_4 bestimmt werden.

ist. Somit ergibt sich:

$$\left.\begin{aligned} V_1 &= \frac{\cosh nD}{\cosh nl} \cosh n(l-y) E1 \\ V_2 &= -\frac{\sinh n(l-D)}{\cosh nl} \sinh ny E1 \end{aligned}\right\} \quad \ldots\ldots \quad (91)$$

Heaviside bringt diese Lösung auf S. 140 (Bd. II) der »Electromagnetic Theory« in einer etwas anderen Form. Er verwendet die Größe m an Stelle von n und trigonometrische Funktionen an Stelle der Hyperbelfunktionen. Da

$$m^2 = -n^2, \text{ so ist } n = jm$$

und da ferner

$$\left.\begin{aligned} \sinh jm\alpha &= j \sin m\alpha \\ \cosh jm\alpha &= j \cos m\alpha \end{aligned}\right\} \quad \ldots\ldots\ldots \quad (92)$$

ist, so ergibt sich

$$\left.\begin{aligned} V_1 &= \frac{\cos mD \cos m(l-y)}{\cos ml} E1 \\ V_2 &= \frac{\sin m(l-D)}{\cos ml} \sin my E1 \end{aligned}\right\} \quad \ldots\ldots \quad (93)$$

22. Kapitel.

Ausbreitung von Ladungen auf Übertragungsleitungen.

Abb. 43 zeigt eine punktförmige Ladung Q, welche einer Übertragungsleitung zugeführt wird. Es ist die Potentialdifferenz zwischen Draht und Erde, nachdem die Ladung aufgebracht wurde, zu bestimmen.

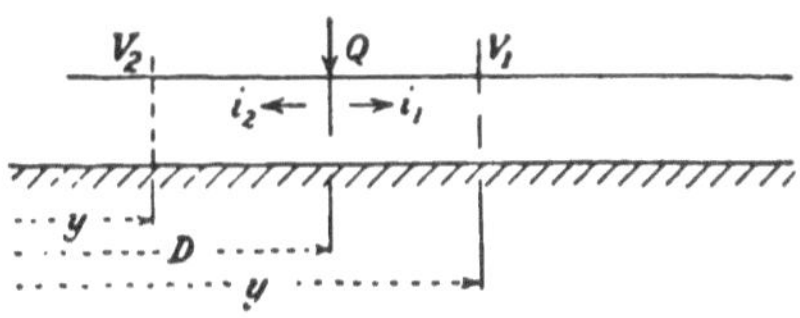

Abb. 43.

Da es sich hier wieder um gleichmäßig verteilte Konstanten handelt, so können die allgemeinen Gleichungen des 16. Kapitels angewendet werden. Wir erhalten für die rechte Seite der Leitung:

$$V_1 = K_1 \cosh n(l-y) + K_2 \sinh n(l-y)$$

$$i_1 = \frac{Y}{n} [K_1 \sinh n(l-y) + K_2 \cosh n(l-y)].$$

Da für $y = l$, $i_1 = 0$ ist, wird $K_2 = 0$ und

$$V_1 = K_1 \cosh n(l-y)$$

$$i_1 = \frac{Y}{n} K_1 \sinh n(l-y).$$

Für die linke Seite der Leitung bekommen wir:

$$V_2 = K_3 \cosh ny + K_4 \sinh ny$$

$$i_2 = \frac{Y}{n}[K_3 \sinh ny + K_4 \cosh ny].$$

Für $\quad y = 0$; ist $i_2 = 0$ und daher $K_4 = 0$.

Es ist somit $\quad V_2 = K_3 \cosh ny$

und $\quad i_2 = \frac{Y}{n} K_3 \sinh ny.$

Wir müssen nun den Zusammenhang zwischen dem Strom und der zugeführten Ladung herstellen.

Die Ladung wird plötzlich an der Stelle $y = D$ zur Zeit $t = 0$ aufgebracht. Die Größe dQ/dt, die einen Strom darstellt, ist ein Maß für das Übertreten der Ladung in die Leitung.

Der Strom ist in diesem Fall, wie aus den folgenden Erörterungen hervorgehen wird, gleich $d/dt\,(Q\,1)$ oder $Q\,p\,1$, wobei Q den numerischen Wert der Ladung bedeutet, die aufgebracht wird.

Wenn der Strom in der Form $Qp\,1$ geschrieben wird, dann ist die Ladung, welche ein Leitungselement während eines kurzen Zeitintervalls in der Nähe des Zeitpunktes $t = 0$ erhält, gegeben durch

$$\int_{t-\varepsilon}^{t+\varepsilon} Q\,p\,1\,dt = Q\int_{t-\varepsilon}^{t+\varepsilon} \frac{d}{dt}\,1\,dt = Q\,[1]_{t-\varepsilon}^{t+\varepsilon}.$$

Für $t \neq 0$ wird dieser Ausdruck

$$Q\,[1 - 1] = 0.$$

Für $t = 0$ bekommen wir

$$Q\,[1 - 0] = Q.$$

Die Gleichung $i = i_1 + i_2 = Qp\,1$ genügt der auferlegten Bedingung, daß nämlich das Leitungselement zur Zeit $t = 0$ die volle Ladung erhält und keine Ladung zu irgendeiner späteren Zeit. Da

$$i_1 + i_2 = pQ\,1$$

ist, so gilt $\quad \frac{Y}{n}[K_1 \sinh n\,(l - D) + K_3 \sinh nD] = pQ\,1.$

Diese Gleichung wird erfüllt, wenn

$$K_1 = \frac{\cosh nD}{\sinh nl}\,pQ\,\frac{n}{Y}\,1$$

und

$$K_3 = \frac{\cosh n(l-D)}{\sinh nl} pQ \frac{n}{Y} 1$$

ist. Hieraus folgt:

$$V_1 = \frac{\cosh nD}{\sinh nl} \cosh n(l-y) \frac{npQ}{Y} 1 \quad . \; . \; . \; . \; . \; (94)$$

$$V_2 = \frac{\cosh n(l-D)}{\sinh nl} \cosh ny \frac{npQ}{Y} 1 \quad . \; . \; . \; . \; . \; (95)$$

Für den Fall eines Kabels ohne Ableitung und Selbstinduktion wird $Y = pC$, und die Gleichungen gehen über in

$$V_1 = \frac{\cosh nD}{\sinh nl} \cosh n(l-y) \frac{nQ}{C} 1 \; . \; . \; . \; . \; . \; . \; (96)$$

$$V_2 = \frac{\cosh n(l-D)}{\sinh nl} \cosh ny \frac{nQ}{C} 1 \; . \; . \; . \; . \; . \; . \; (97)$$

Heaviside bringt eine große Anzahl ähnlicher Aufgaben, die so wie die eben behandelte gelöst werden können.

Es wird vielleicht gut sein, eine dieser Gleichungen weiterzuverfolgen. Gesucht sei etwa die Spannung V_1 der rechten Seite für den Fall eines idealen Kabels.

Gleichung (96) lautet nach Einführung trigonometrischer Funktionen

$$V_1 = \frac{\cos mD \cos m(l-y)}{j \sin ml} \cdot \frac{jmQ}{C} 1$$

oder

$$V_1 = \frac{m \cos mD \cos m(l-y)}{C \sin ml} Q 1.$$

$Z(p) = 0$ liefert die Wurzeln

$$ml = \pm s\pi \quad \text{oder} \quad m = \pm \frac{s\pi}{l};$$

nun ist

$$-m^2 = pCR,$$

daher

$$\frac{pdZ}{dp} = -\frac{s^2\pi^2}{CRl^2} l^2 \frac{CR}{2s\pi} \cos ml = (-1)^s \frac{s\pi}{2},$$

$$Y(p) = (-1)^s \cos mD \cos my \frac{s\pi}{l}, \quad \frac{Y(0)}{Z(0)} = \frac{Q}{Cl},$$

und somit

$$V_1 = \frac{Q}{Cl}\left[1 + 2\sum_{s=1}^{s=\infty} \cos my \cos mD\, \varepsilon^{-\frac{s^2\pi^2}{CRl^2}t}\right].$$

Wie aus den Gleichungen (96) und (97) folgt, ist der Ausdruck für V_2 ähnlich dem für V_1. Man erhält den einen aus dem anderen, wenn man y und D vertauscht. Die Werte von V_1 und V_2 unterscheiden sich jedoch numerisch, da im ersten Fall y immer größer als D ist, im zweiten Fall hingegen immer kleiner.

Es ergibt sich:

$$V = \frac{Q}{Cl}\left[1 + 2\sum_{s=1}^{s=\infty} \cos\frac{s\pi y}{l} \cos\frac{s\pi D}{l} \varepsilon^{-\frac{s^2\pi^2}{CRl^2}t}\right] \quad \ldots (98)$$

Diese Gleichung gilt für beide Seiten.

Wir wollen nun noch zwei weitere Fälle untersuchen, bei denen eine Ladung plötzlich an irgendeiner Stelle einer Leitung aufgebracht wird.

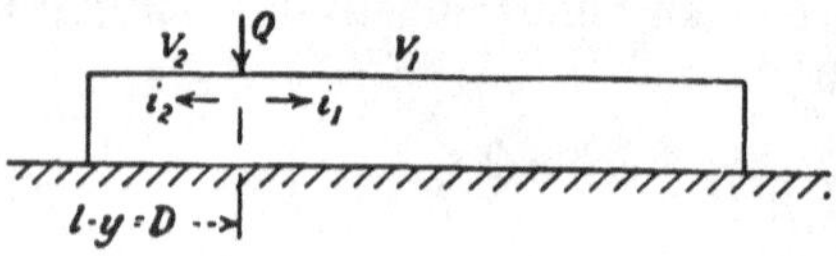

Abb. 44.

Zu diesem Zwecke betrachten wir eine Leitung, welche an beiden Enden geerdet ist (siehe Abb. 44). Der Rechnungsvorgang ist ähnlich wie vorstehend beschrieben, und wir bekommen ohne weiteres die folgenden Operatorengleichungen:

$$V_1 = \frac{\sinh nD \sinh n(l - y)}{\sinh nl} \frac{npQ}{Y} 1 \quad \ldots (99)$$

$$V_2 = \frac{\sinh n(l - D) \sinh ny}{\sinh nl} \frac{npQ}{Y} 1 \quad \ldots (100)$$

Wenn wir nun diese Gleichungen mit dem Entwicklungssatz lösen, so erhalten wir:

$$V_1 = \frac{2Q}{Cl} \sum_{s=1}^{s=\infty} \sin\frac{s\pi y}{l} \sin\frac{s\pi D}{l} \varepsilon^{-\frac{s^2\pi^2}{CRl^2}t} \quad \ldots (101)$$

Der Ausdruck für V_2 ist identisch mit dem für V_1. Es sind jedoch, wie ohne weiteres klar ist, die Werte von y im ersten Fall größer und im zweiten Fall kleiner als D. Wir bekommen also

$$V = \frac{2Q}{Cl} \sum_{s=1}^{s=\infty} \sin\frac{s\pi y}{l} \sin\frac{s\pi D}{l} \varepsilon^{-\frac{s^2\pi^2}{CRl^2}t} \quad \ldots (102)$$

Diese Beziehung gilt für die ganze Leitung.

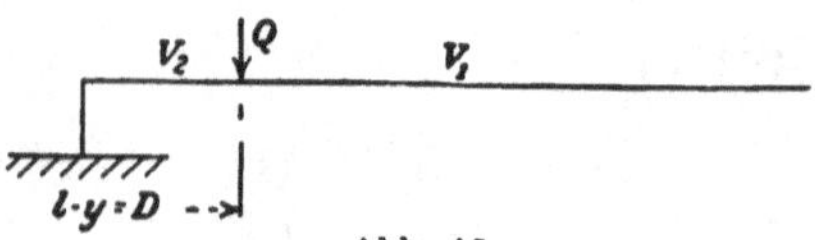

Abb. 45.

Einen dritten ähnlichen Fall zeigt Abb. 45. Hier ist die rechte Seite offen und die linke an Erde gelegt. Die Operatorengleichung hat die Form

$$V_1 = \frac{\sinh nD \cosh n(l - y)}{\cosh nl} \frac{pnQ}{Y} 1,$$

$$V_2 = \frac{\sinh ny \cosh n(l - D)}{\cosh nl} \frac{pnQ}{Y} 1.$$

Durch Vertauschen von y mit D gehen die beiden Ausdrücke ineinander über.

Wir erhalten wieder eine Lösung, die für beide Seiten der Leitung gilt. Das Potential für irgendeinen Punkt der Leitung ist

$$V = \frac{2Q}{Cl}\sum_{s=1}^{s=\infty} \sin\left(\frac{2s-1}{2}\,\frac{\pi}{l}\,D\right)\sin\left(\frac{2s-1}{2}\,\frac{\pi}{l}\,y\right)\varepsilon^{-\frac{(2s-1)^2}{4}\cdot\frac{\pi^2}{CRl^2}t} \quad (103)$$

In allen drei betrachteten Fällen ist zur Zeit $t = 0$ keine Spannung auf der Leitung, mit Ausnahme der Stelle $y = D$, wo eine unendlich große Spannung auftritt. Es wird hier nämlich eine endliche Ladung auf ein Leitungselement mit unendlich kleiner Kapazität aufgebracht.

Abb. 46.

Abb. 46 gibt eine graphische Darstellung der physikalischen Bedeutung vorstehender Gleichungen[1]). Diese sind sehr nützlich, wenn man es mit räumlich verteilten Ladungen zu tun hat und sind bei seitlicher Verteilung dem Duhamelschen Integral ähnlich. Die Gleichungen stellen daher Impulsfunktionen, ähnlich $p\,\mathit{1}$ dar, jedoch mit dem Unterschiede, daß y an Stelle von t die Veränderliche ist.

Wenn wir $p\,\mathit{1}$ integrieren, so kommen wir zurück auf die Einheitsfunktion. Es ist nämlich $\frac{1}{p}\,p\,\mathit{1} = \mathit{1}$. Analog erhalten war hier die räumliche Summe $\frac{Q}{C}\,\mathit{1}$.

Die drei Gleichungen (98), (102) und (103) stellen für $Q/C = 1$ spezielle Typen der Greenschen Funktionen dar. Diese sind außerordentlich nützlich, wenn es sich darum handelt, willkürliche Funktionen durch trigonometrische Reihen auszudrücken[2]). Wir wollen sie mit G bezeichnen. Es ist also

$$G = \frac{1}{l}\left[1 + 2\sum_{s=1}^{s=\infty}\cos\frac{s\pi}{l}\,y\,\cos\frac{s\pi}{l}\,D\right]$$

oder

$$= \frac{2}{l}\sum_{s=1}^{s=\infty}\sin\frac{s\pi y}{l}\,\sin\frac{s\pi D}{l}$$

oder

$$= \frac{2}{l}\sum_{s=1}^{s=\infty}\sin\frac{2s-1}{2}\,\frac{\pi}{l}\,y\,\sin\frac{2s-1}{2}\,\frac{\pi}{l}\,D.$$

---

[1]) Obgleich wir die Funktion in Fig. 46 als gerade Linie dargestellt haben, die überall mit Ausnahme der Stelle $y = D$ den Wert 0 hat, so haben wir es in Wirklichkeit mit andauernden Schwingungen über den ganzen Bereich zu tun, die für $y = D$ den Wert unendlich erreichen.

[2]) Eine sehr interessante Diskussion über diesen Gegenstand bringt Heaviside im 2. Band seines Werkes »Electromagnetic Theory«, S. 99. Ein Vergleich zwischen reiner Mathematik und Operatorenrechnung mit Hilfe der Theorie der H-Funktionen stammt von Dr. J. J. Smith und erschien im Journal of the Franklin Institute, November 1925.

Jede Fouriersche Reihenentwicklung enthält eine dieser Formen und eine beliebig große Zahl von ihnen kann durch Annahme verschiedener Randbedingungen ermittelt werden.

Jede Greensche Funktion ist eine Impulsfunktion. Wenn wir eine stetige Funktion von D, z. B. $f(D)$ mit einer Greenschen Funktion multiplizieren, die nur an der Stelle $y = D$ existiert, so ist das Produkt überall gleich Null mit Ausnahme jener besonderen Stelle, wo es unendlich wird. Wenn wir aber die räumliche Summe des Produktes $G \cdot f(D)$ bilden, so erhalten wir als Ergebnis $f(y)$, denn G existiert nur an der Stelle $D = y$ und seine Summe ist 1.

Es ist also $\int G f(D) dD = f(y)$, wenn die Stelle $D = y$ innerhalb der Grenzen des Integrals liegt. Ist das nicht der Fall, so gibt das Integral den Wert 0.

23. Kapitel.

Abschaltung und Entladung eines Kabels.

Abschalten des Kabels.

Im vorliegenden Beispiel (Abb. 47) nehmen wir an, daß vor dem Öffnen des Schalters der Strom seinen stationären Zustand erreicht hat, so daß er also in allen Teilen des Kabels den Wert $J = \frac{E}{Rl}$ besitzt.

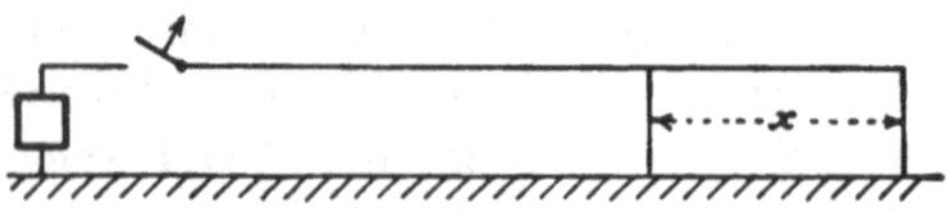

Abb. 47.

Nach dem Ausschalten ist der Strom, der durch den Schalter fließt, gleich Null.

Wenn wir daher jene EMK ermitteln, die die Eigenschaft hat, daß bei Anlegen derselben beim Generator für alle Zeiten nach dem Öffnen des Schalters ein Strom $-J$ hervorgerufen wird, dann gibt offenbar die Summe aus dem ursprünglichen Strom und dem Strom zufolge dieser EMK die Stromverteilung in irgendeinem Teil des Kabels.

Wie gezeigt wurde, gilt für ein Kabel mit geerdetem Ende

$$e = e_g \frac{\sinh n x}{\sinh n l}$$

und

$$i = \frac{Y}{n} e_g \frac{\cosh n x}{\sinh n l}.$$

ferner

$$i_g = e_g \frac{Y}{n} \frac{\cosh n l}{\sinh n l}$$

Die besondere EMK, die $i_g = -J\,1$ hervorruft, ist

$$e_g = -\frac{n}{Y}\,\frac{\sinh nl}{\cosh nl}\,J\,1$$

und der Strom, der in irgendeinem Punkt des Kabels durch diese EMK erzeugt wird, ist:

$$i_1 = -\frac{Y}{n}\,\frac{\cosh nx}{\sinh nl}\,\frac{n}{Y}\,\frac{\sinh nl}{\cosh nl}\,J\,1 = -\frac{\cosh nx}{\cosh nl}\,J\,1\,. \quad (104)$$

Der Summenstrom ist dann

$$i = i_1 + J = J\left[1 - \frac{\cosh nx}{\cosh nl}\,1\right]$$

$$= \frac{E}{Rl}\left[1 - \frac{\cosh nx}{\cosh nl}\,1\right].$$

Für das Ende der Leitung ($x = 0$) erhalten wir

$$i_r = \frac{E}{Rl}\left[1 - \frac{1}{\cosh nl}\,1\right],$$

$$i_1 = -\frac{J}{\cosh nl}\,1 = -\frac{Y(p)\cdot J}{Z(p)}\,1.$$

Aufgabe: — Es ist der Strom am geerdeten Ende eines idealen Kabels zu suchen.

Aus Gleichung (104) folgt für $x = 0$

$$i_1 = -\frac{J}{\cosh nl}\,1.$$

Es ist somit $Y(p) = 1$ und $Z(p) = \cosh nl = \cos ml$, wobei

$$-m^2 = n^2 = pCR \text{ ist.}$$

$$p\frac{dZ}{dp} = p\frac{dZ}{dm}\,\frac{dm}{dp} = -\frac{ml}{2}\sin ml,$$

$$\frac{Y(0)}{Z(0)} = \frac{1}{\cos 0} = 1,$$

und somit

$$i_1 = -\left[J + \sum \frac{2J\varepsilon^{pt}}{-ml\sin ml}\right].$$

$Z(p) = 0$ gibt $\cos ml = 0$, daraus folgt

$$ml = \frac{\pi}{2},\ \frac{3\pi}{2} \dots \pm \frac{k\pi}{2} \quad (k \text{ ungerade})$$

oder

$$ml = \pm\frac{2s+1}{2}\pi \text{ und } p = -\left(\frac{2s+1}{2}\right)^2 \frac{\pi^2}{CRl^2}.$$

Wir erhalten daher weiter

$$i_1 = -\left[J - \sum_{s=0}^{s=\infty} \frac{2 J \varepsilon^{pt}}{\frac{2s+1}{2}\pi \sin \frac{2s+1}{2}\pi}\right]$$

und

$$i = J + i_1 = \frac{4E}{Rl\pi} \sum_{s=0}^{s=\infty} \frac{\cos s\pi}{2s+1} \varepsilon^{-\alpha t}, \quad \ldots \ldots (105)$$

wobei

$$\alpha = \left(\frac{2s+1}{2}\right)^2 \frac{\pi^2}{CRl^2} \text{ ist.}$$

Für $t = 0$ ist der Strom E/Rl. Gleichung (105) liefert den Wert

$$i = \frac{4E}{Rl\pi}\left[1 - \frac{1}{3} + \frac{1}{5} - \frac{1}{7} \ldots\right].$$

Es muß also $\frac{4}{\pi}\left[1 - \frac{1}{3} + \frac{1}{5} \ldots\right]$ gleich 1 sein; dies ist eine bekannte Beziehung.

Entladung des Kabels.

Wir betrachten nun die Abb. 48. Der Schalter a sei von $t = 0$ bis $t = t_1$ geschlossen, in welchem Zeitpunkt auch der Schalter b geschlossen wird. Gesucht ist der Strom im Kabel. Das Kurzschließen der Batterie hat zur Folge, daß zur Zeit $t = t_1$ die aufgedrückte Spannung Null ist. Dies kann aber auch dadurch erreicht werden, daß man die ursprüngliche Batterie eingeschaltet läßt und zur Zeit $t = t_1$ eine zweite Batterie mit der Spannung $-E\,1$ zuschaltet. Der Summenstrom ist dann die Summe der von den zwei Spannungen herrührenden Ströme.

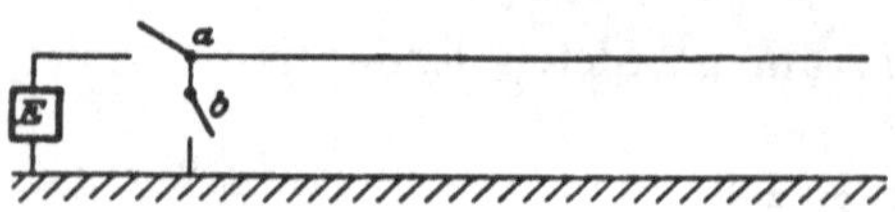

Abb. 48.

Der Strom, den die Spannung $E\,1$ hervorruft, ist

$$i_1 = \frac{Y}{n} E \frac{\sinh nx}{\cosh nl} 1 = E \frac{Y(p)}{Z(p)} 1$$

(siehe Gleichung (56)).

Dieser Ausdruck kann ohne weiteres mittels der Entwicklungsformel berechnet werden und liefert die Gleichung:

$$i_1 = \frac{2E}{Rl} \sum_0^\infty (-1)^s \sin\left(\frac{2s+1}{2}\pi \frac{x}{l}\right) \varepsilon^{\beta t}.$$

Wenn zur Zeit $t = t_1$ die EMK $-E\,1$ aufgedrückt wird, so erzeugt sie einen Strom:

$$i_2 = -\frac{2E}{Rl} \sum_0^\infty (-1)^s \sin\left(\frac{2s+1}{2}\pi \frac{x}{l}\right) \varepsilon^{\beta(t-t_1)},$$

und wir erhalten somit für den Summenstrom:

$$i = \frac{2E}{Rl}\left[\sum_0^\infty (-1)^s \sin\left(\frac{2s+1}{2}\pi\frac{x}{l}\right)\varepsilon^{\beta t} - \right.$$

$$\left. - \sum_0^\infty (-1)^s \sin\left(\frac{2s+1}{2}\pi\frac{x}{l}\right)\varepsilon^{\beta(t-t_1)}\right],$$

wobei
$$\beta = \left(\frac{2s+1}{2}\right)^2 \frac{\pi^2}{RCl^2}$$

ist. Die entsprechende Lösung für den Fall, daß das Kabelende geerdet ist, kann leicht gefunden werden. Sie lautet

$$i = \frac{2E}{Rl}\left[\sum_1^\infty (-1)^s \cos\left(s\pi\frac{x}{l}\right)\varepsilon^{\alpha t} - \sum_1^\infty (-1)^s \cos\left(s\pi\frac{x}{l}\right)\varepsilon^{\alpha(t-t_1)}\right],$$

wobei
$$\alpha = \frac{s^2\pi^2}{CRl^2}$$

ist. Eine ähnliche Aufgabe wurde am Ende des 16. Kapitels behandelt.

24. Kapitel.

Gebrochene Differentiation und Integration.

Der zweite Band des Heavisideschen Werkes »Electromagnetic Theory« enthält eine Fülle von Anregungen für die Deutung von divergenten Reihen und gebrochenen Ableitungen. Vieles davon ist nur schwer zu verstehen und so manche Ergebnisse sind mit der Bemerkung versehen »Dies ist nicht so einfach, als es aussieht«.

Heaviside bringt, um die Anwendung der Operatorenrechnung zu erläutern, viele Beispiele, die immer richtig gelöst sind, so weit der Verfasser sie kontrolliert hat. Die Überlegungen sind jedoch nicht immer klar, manchmal sogar unverständlich.

Die Schwierigkeiten treten im Zusammenhang mit der asymptotischen Lösung auf, wenn die Operatorengleichung gebrochene Potenzen von p enthält.

Bei manchen Aufgaben ergeben die durch Division erhaltenen Reihen mit steigenden Potenzen von p die vollständige Lösung; bei anderen hingegen müssen noch gewisse Ausdrücke dazu addiert werden. Dieser Gegenstand wird im 26. Kapitel besprochen werden.

Heaviside gelangt von zwei verschiedenen Gesichtspunkten aus zu folgender Beziehung:

$$p^{\frac{1}{2}} 1 = \frac{1}{\sqrt{\pi t}} 1 \quad \ldots \ldots \ldots \quad (106)$$

Und zwar:

1. Von der Behandlung gewisser Wärmeaufgaben, die von Fourier zuerst bearbeitet wurden und auf die wir noch zurückkommen.
2. Bei der Verallgemeinerung der Formel für die Ableitungen irgendeiner Potenz von t.

Es ist $$\frac{d}{dt}\left(\frac{t^n}{n!}\right) = \frac{t^{n-1}}{(n-1)!} = p^1 \frac{t^n}{n!} = \frac{t^{n-1}}{(n-1)!}$$

oder allgemein $$p^m \frac{t^n}{n!} 1 = \frac{t^{n-m}}{(n-m)!} 1 \quad \ldots \ldots \ldots \quad (107)$$

Es tritt hier keine Schwierigkeit auf, solange n und m positiv sind und die Beziehung $n \geq m$ gilt. Wenn $m > n$ wird, so erhalten wir die Faktorielle einer negativen ganzen Zahl, welche minus Unendlich ist, und das Resultat ist 0.

Heaviside vermutete, daß die Gleichung (107) in seinem System auch dann noch Geltung besitze, wenn m und n Brüche sind, und er ging dazu über, diese Fälle zu studieren.

Die Einheitsfunktion würde dann dem Ausdruck $t^0/0!$ entsprechen, oder wir könnten schreiben $\frac{t^0}{0!} 1$. Dies ist in gewisser Hinsicht sonderbar; $t^n/n!$ stellt eine besondere Fläche dar, und zwar für alle positiven und negativen Werte von t eine zylindrische Fläche, die für $t = 0$ auf einen Punkt zusammenschrumpft. Es würde also der positive reelle Teil wie die Einheitsfunktion aussehen.

Wir kehren nun wieder zurück zu dem Ausdruck $p^{\frac{1}{2}} 1 = \frac{1}{\sqrt{\pi t}}$, wie ihn Heaviside schreibt, oder $p^{\frac{1}{2}} 1 = \frac{1}{\sqrt{\pi t}} 1$, wie wir ihn schreiben wollen.

Wenn wir die Kurve für $1/\sqrt{\pi t}$ für verschiedene Werte von t zeichnen, so finden wir, daß sie im Unendlichen beginnt und auf den Wert Null abnimmt. Diese Kurve wird nicht geändert, wenn man sie mit der Einheitsfunktion multipliziert. Wir erhalten daher $p^n \left(\frac{1}{\sqrt{\pi t}} 1\right)$ durch Differentiation von $1/\sqrt{\pi t}$ und darauffolgender Multiplikation des Ergebnisses mit der Einheitsfunktion.

Es bleibt jedoch noch die Frage offen, ob die Gleichung (106) richtig ist. Sie kann auf verschiedene Weise bewiesen werden. Wir können beispielsweise nachsehen, ob die folgende Beziehung gilt:

$$p^{\frac{1}{2}}\left(p^{\frac{1}{2}} 1\right) = p\, 1 \quad \ldots \ldots \ldots \quad (108)$$

oder

$$p^{-\frac{1}{2}}\left(p^{\frac{1}{2}} 1\right) = 1 \quad \ldots \ldots \ldots \quad (109)$$

oder

$$p^{\frac{1}{2}}\left(p^{\frac{1}{2}} \sin \omega t\, 1\right) = \omega \cos \omega t\, 1 \quad \text{usw.} \quad . \quad . \quad . \quad (110)$$

Betrachten wir Gleichung (106) unter Berücksichtigung von Gleichung (107). Wenn $m = ½$ und $n = 0$ ist, so bekommen wir $p^{\frac{1}{2}} \frac{t^0}{0!} = \frac{t^{-\frac{1}{2}}}{(-½)!}$. Nun ist aber, wie später gezeigt werden wird, $(-½)! = \sqrt{\pi}$. Daher $p^{\frac{1}{2}} \frac{t^0}{0!} = \frac{1}{\sqrt{\pi t}}$. Diese Beziehung ist der Gleichung (106) ähnlich, und wir würden erwarten, daß die Beziehung gilt

$$p^{\frac{1}{2}}\left(\frac{t^0}{0!}\, 1\right) = \frac{1}{\sqrt{\pi t}}\, 1 \; . \; . \; . \; . \; . \; . \; . \; . \; . \; . \quad (111)$$

Wir versuchen nun unter Heranziehung der Gleichungen (107) und (111) die Gleichung (108) zu bestätigen. Die linke Seite gibt

$$p^{\frac{1}{2}}\, p^{\frac{1}{2}}\left(\frac{t^0}{0!}\, 1\right) = p\left(\frac{t^0}{0!}\, 1\right).$$

Die rechte Seite gibt

$$p^{\frac{1}{2}}\left(\frac{t^{-\frac{1}{2}}}{(-^1/_2)!}\, 1\right) = \frac{t^{-1}}{(-1)!}\, 1.$$

Es sollte also die Einheitsfunktion in der vollständigsten Form geschrieben werden $\frac{t^0}{0!}\, 1$ und ferner ist $p\, 1 = \frac{t^{-1}}{(-1)!}\, 1$.

Wir wollen nun Gleichung (109) betrachten

$$p^{-\frac{1}{2}}\, p^{\frac{1}{2}}\left(\frac{t^0}{0!}\, 1\right) = p^{-\frac{1}{2}}\, \frac{t^{-\frac{1}{2}}}{(-^1/_2)!}\, 1.$$

Die linke Seite gibt $\frac{t^0}{0!}\, 1$. Ebenso die rechte Seite, wenn wir wieder die Einheitsfunktion als Multiplikationsfaktor betrachten.

Schließlich betrachten wir noch die Gleichung (110)

$$p^{\frac{1}{2}} \sin \omega t\, 1 = p^{\frac{1}{2}}\left(\omega t - \frac{\omega^3 t^3}{3!} + \ldots\right) 1 = \left(\omega \frac{t^{\frac{1}{2}}}{^1/_2!} - \frac{\omega^3 t^{^5/_2}}{^5/_2!} + \ldots\right) 1.$$

Es läßt sich nachweisen, daß dies eine konvergente Reihe ist, die, wie im 26. Kapitel gezeigt werden wird, in der folgenden bequemen Form geschrieben werden kann:

$$p^{\frac{1}{2}}\left(p^{\frac{1}{2}} \sin \omega t\, 1\right) = \left(\frac{\omega t^0}{0!} - \frac{\omega^3 t^2}{2!} + \ldots\right) 1 = \omega \cos \omega t\, 1.$$

Wir sehen also, daß die gebrochene Differentiation und Integration auf Faktorielle von Brüchen führt.

Die sogenannte π-Funktion ist die verallgemeinerte Faktorielle. Ihr Wert kann aus der Gammafunktion oder direkt durch Reihenentwicklung gefunden werden:

$$\pi(x) = \Gamma(x+1) = \lim_{n=\infty} \frac{1 \cdot 2 \cdot 3 \ldots (n-1)\, n}{(x+1)(x+2)\ldots(x+n)} n^x. \quad (112)$$

Im folgenden sind die für unsere Zwecke wichtigsten Werte dieser Funktion zusammengestellt.

x	0	$\frac{1}{2}$	$\frac{3}{2}$	$\frac{5}{2}$
$\pi(x) = x!$	1	$\frac{\sqrt{\pi}\,1}{2}$	$\frac{\sqrt{\pi}\,1\cdot 3}{2\cdot 2}$	$\frac{\sqrt{\pi}\,1\cdot 3\cdot 5}{2\cdot 2\cdot 2}$

x	0	$-\frac{1}{2}$	$-\frac{3}{2}$	$-\frac{5}{2}$	$-\frac{7}{2}$
$\pi(x) = x!$	1	$+\sqrt{\pi}$	$\frac{-2\sqrt{\pi}}{1}$	$\frac{+2\cdot 2\sqrt{\pi}}{1\cdot 3}$	$\frac{-2\cdot 2\cdot 2\sqrt{\pi}}{1\cdot 3\cdot 5}$

Da eine ganze Reihe von Aufgaben auf gebrochene Ableitungen der Einheitsfunktion führt, so wird sich die folgende Zusammenstellung als recht zweckmäßig erweisen

$$\left.\begin{aligned}
p^{\frac{1}{2}} 1 &= \frac{t^{-\frac{1}{2}}}{\sqrt{\pi}} 1 & p^{-\frac{1}{2}} 1 &= \frac{2\,t^{\frac{1}{2}}}{\sqrt{\pi}} 1 \\
p^{\frac{3}{2}} 1 &= \frac{-t^{-\frac{3}{2}}}{2\sqrt{\pi}} 1 & p^{-\frac{3}{2}} 1 &= \frac{2\cdot 2\,t^{\frac{3}{2}}}{1\cdot 3\sqrt{\pi}} 1 \\
p^{\frac{5}{2}} 1 &= \frac{1\cdot 3\,t^{-\frac{5}{2}}}{2\cdot 2\sqrt{\pi}} 1 & p^{-\frac{5}{2}} 1 &= \frac{2\cdot 2\cdot 2\,t^{\frac{5}{2}}}{1\cdot 3\cdot 5\sqrt{\pi}} 1 \\
p^{\frac{7}{2}} 1 &= \frac{-1\cdot 3\cdot 5\,t^{-\frac{7}{2}}}{2\cdot 2\cdot 2\sqrt{\pi}} 1 & p^{-\frac{7}{2}} 1 &= \frac{2\cdot 2\cdot 2\cdot 2\,t^{\frac{7}{2}}}{1\cdot 3\cdot 5\cdot 7\sqrt{\pi}} 1
\end{aligned}\right\}. \quad (112\,\mathrm{a})$$

Bevor wir diesen interessanten Gegenstand verlassen, wollen wir unsere Aufmerksamkeit noch einem anderen Punkt zuwenden, der mit den gebrochenen Ableitungen in Zusammenhang steht.

Betrachten wir beispielsweise die aufeinander folgenden Ableitungen von $t/1$!

$$\frac{d}{dt}\frac{t}{1!} = \frac{t^0}{0!}$$

$$\frac{d^2}{dt^2}\frac{t}{1!} = \frac{t^{-1}}{(-1)!}$$

$$\frac{d^3}{dt^3}\frac{t}{1!} = \frac{t^{-2}}{(-2)!}$$

$$\frac{d^n}{dt^n}\frac{t}{1!} = \frac{t^{-n}}{(-n)!}.$$

Die letzten drei Ausdrücke werden gewöhnlich gleich Null gesetzt, da die Faktoriellen einer negativen ganzen Zahl gleich unendlich sind. Wenn wir jedoch den Operator $p^{\frac{1}{2}}$ anwenden, dann gehen diese Ausdrücke der Reihe nach über in

$$\frac{t^{-1\frac{1}{2}}}{(-1^1/_2)!},\quad \frac{t^{-2\frac{1}{2}}}{(-2^1/_2)!} \quad \text{und} \quad \frac{t^{-n-\frac{1}{2}}}{(-n^{-1/2})!}.$$

Alle drei sind endlich und voneinander verschieden.

25. Kapitel.

Die unendlich lange Übertragungsleitung.

Wir betrachten nun eine Übertragungsleitung, die unendlich lang ist oder auf alle Fälle so lang, daß kein Potentialunterschied an dem anderen Ende auftritt, ob nun das selbe offen oder kurzgeschlossen ist. Diese Verhältnisse liegen mit großer Annäherung bei einer sehr langen Telegraphenleitung vor.

Abb. 49.

Im Gegensatz zum 16. Kapitel sollen nun die Abstände x vom Generatorende und nicht vom Empfängerende aus gezählt werden.

Unter Berücksichtigung von Abb. 49 erhalten wir dann

$$\frac{\partial e}{\partial x} = -i\,(R + pL)$$

$$\frac{\partial i}{\partial x} = -e\,(G + pC)$$

und somit
$$\frac{\partial^2 e}{\partial x^2} = YZe = n^2 e$$

und
$$e = A\varepsilon^{nx} + B\varepsilon^{-nx}$$

Für $x = \infty$ ist $e = 0$; daher ist $A = 0$ und $e = B\varepsilon^{-nx}$. Für $x = 0$ ist $e = E$; daher $B = E$ und

$$e = E\varepsilon^{-nx}\,1 \quad \text{(113)}$$

$$i = \frac{Y}{n}\,\varepsilon^{-nx}\,1. \quad \text{(114)}$$

Der Widerstandsoperator e/i ist demnach für irgendeinen Punkt der Leitung n/Y.

Für den Fall eines »idealen« Kabels erhalten wir $Y = pC$, $Z = R$ und

$$\frac{n}{Y} = \frac{\sqrt{pCR}}{pC} = \left(\frac{R}{pC}\right)^{\frac{1}{2}} \quad \text{(115)}$$

Der Batteriestrom ist

$$i_0 = \left(\frac{pC}{R}\right)^{\frac{1}{2}} E\,1,$$

$$\frac{i}{i_0} = \frac{\frac{Y}{n}E\varepsilon^{-nx}}{\frac{Y}{n}E} = \varepsilon^{-nx}.$$

Daher ist
$$i = E\,\varepsilon^{-nx}\left(\frac{pC}{R}\right)^{\frac{1}{2}} 1. \quad \text{(116)}$$

Eine ähnliche Aufgabe, nämlich die Berechnung der Wärmeleitung in einem unendlichen Stab, wurde viele Jahre vorher unter Benutzung Fourierscher Reihen gelöst. Die Differentialgleichung für den Temperaturverlauf lautet in diesem Fall:

$$\frac{d\Theta}{dt} = h^2\frac{d^2\Theta}{dx^2}, \quad \text{(117)}$$

wobei h^2 nach Kelvin als Diffusionskoeffizient und nach Maxwell als thermometrische Leitfähigkeit bezeichnet wird.

Die Wärmemenge, die in der Zeiteinheit durch eine Einheitsfläche fließt, ist

$$W = -K\frac{d\Theta}{dx}, \quad \text{(118)}$$

worin K die Wärmeleitfähigkeit des Stabes bedeutet.

Wenn diese Gleichung unter der Voraussetzung, daß am Anfang des Stabes, also für $x = 0$, die konstante Temperatur Θ_0 vorhanden ist, gelöst wird, so ergibt sich der Wärmestrom für den Anfang des Stabes

$$W_0 = \frac{K\Theta_0}{h\sqrt{\pi t}} \quad \text{(119)}$$

Heaviside vergleicht diese Aufgabe mit dem Fall eines unendlich langen »idealen« Kabels, für welches gilt:

$$\frac{\partial e}{\partial x} = -iR \quad \ldots\ldots\ldots\ldots \quad (120)$$

und

$$\frac{\partial i}{\partial x} = -Cpe = -C\frac{de}{dt}.$$

Durch Zusammenfassung dieser beiden Gleichungen erhält man:

$$\frac{\partial^2 e}{\partial x^2} = RC\frac{de}{dt} \quad \text{oder} \quad \frac{de}{dt} = \frac{1}{RC}\frac{d^2 e}{dx^2} \quad \ldots\ldots \quad (121)$$

Wenn wir nun die Gleichungen (117) und (121) vergleichen, so sehen wir, daß $h^2 = 1/RC$ ist. Ein Vergleich der Gleichungen (118) und (120) liefert $K = 1/R$, $W = i$ und $\Theta_0 = E\mathit{1}$, ferner

$$\frac{K}{h} = \sqrt{\frac{C}{R}} = \left(\frac{C}{R}\right)^{\frac{1}{2}}.$$

Die Operatorenlösung für den Strom ist, wie früher gezeigt wurde,

$$i = \left(\frac{pC}{R}\right)^{\frac{1}{2}} \varepsilon^{-nx} E\mathit{1} = \left(\frac{C}{R}\right)^{\frac{1}{2}} Ep^{\frac{1}{2}} \varepsilon^{-nx} \mathit{1}$$

oder für den Ursprung

$$i_0 = \left(\frac{C}{R}\right)^{\frac{1}{2}} Ep^{\frac{1}{2}} \mathit{1} \text{ für } x = 0.$$

Führt man die Konstanten der Wärmeleitungsaufgabe ein, so erhält man:

$$W_0 = \frac{K}{h}\Theta_0 p^{\frac{1}{2}} \mathit{1}.$$

Nun ergibt aber Gleichung (119)

$$W_0 = \frac{K}{h}\frac{\Theta_0}{\sqrt{\pi t}}.$$

Heaviside schließt daraus, daß

$$p^{\frac{1}{2}} \mathit{1} = \frac{1}{\sqrt{\pi t}} = (\pi t)^{-\frac{1}{2}}$$

ist. Es wird somit der Strom an der Batterie

$$i_0 = \sqrt{\frac{C}{R\pi t}} E.$$

Im 26. Kapitel ist die Lösung für den Fall gegeben, daß eine Wechselstromquelle an die Leitung angeschlossen ist.

Wir gehen nun zur Lösung der Gleichung (116) über.

$$i = E\sqrt{\frac{C}{R}}\, p^{\frac{1}{2}} \left[1 - n x + \frac{n^2 x^2}{2!} - \dots\right] 1.$$

Wenn wir nun für $n = \sqrt{pCR}$ einsetzen, erhalten wir

$$i = E\left[p^{\frac{1}{2}}\sqrt{\frac{C}{R}} - pCx + \frac{p^{\frac{3}{2}} C^{\frac{3}{2}} R^{\frac{1}{2}} x^2}{2!} - \right.$$

$$\left. - \frac{p^2 C^2 R x^3}{3!} + \frac{p^{\frac{5}{2}} C^{\frac{5}{2}} R^{\frac{3}{2}} x^4}{4!} - \dots\right] 1.$$

Die Glieder mit ganzen Potenzen von p verschwinden, da $p\,1$, $p^2\,1$ usw. Null sind; wir erhalten daher

$$i = E\sqrt{\frac{C}{\pi R t}} \left[1 - \frac{C R x^2}{2 \cdot 2!} + \frac{1 \cdot 3\, C^2 R^2 x^4}{2 \cdot 2 \cdot 4!\, t^2} - \frac{1 \cdot 3 \cdot 5\, C^3 R^3 x^6}{2 \cdot 2 \cdot 2 \cdot 6!\, t^4} + \dots\right].$$

Setzen wir
$$y = \frac{C R x^2}{4t},$$
dann ist

$$i = E\sqrt{\frac{C}{\pi R t}} \left[1 - y + \frac{y^2}{2!} - \frac{y^3}{3!} + \dots\right] = E\sqrt{\frac{C}{\pi R t}}\, \varepsilon^{-\frac{C R x^2}{4t}}.$$

Diese Aufgabe ist deshalb interessant, da ihre Lösung eine konvergente Reihe ist, obwohl t im Nenner auftritt. Der Grund liegt darin, daß durch die Entwicklung von ε^{-nx} Faktorielle eingeführt werden.

26. Kapitel.

Probleme, die auf konvergente Reihen und asymptotische Entwicklungen führen.

Im zweiten Band des Werkes »Electromagnetic Theory« behandelt Heaviside auf S. 42 den Fall eines unendlich langen idealen Kabels, das über eine Induktivität an eine Batterie angeschlossen wird. Eine ähnliche Aufgabe behandelt er auf S. 40, wobei jedoch an Stelle der Induktivität eine Kapazität tritt. In beiden Fällen gelangt er zu Operatorengleichungen, die gebrochene Potenzen von p enthalten. Er geht dann dazu über, dieselben sowohl nach Potenzen von $1/p$, als auch von p zu entwickeln. Die Entwicklung nach $1/p$ führt dabei auf konvergente Reihen, die für kleine Werte von t besonders gut zu verwenden sind. Die asymptotische Lösung ist für große Werte von t zweckmäßig. Sie ist jedoch gewissen Fehlern unterworfen, deren Größe bestimmt werden kann.

Bei der zweiten Aufgabe ist die asymptotische Lösung auch gleichzeitig die vollständige Lösung, hingegen tritt bei der ersten Aufgabe noch ein additives Glied hinzu. Weder in dem dreibändigen Werk »Electromagnetic Theorie« noch in den zwei Bänden »Electrical Papers« ist ein zufriedenstellender Grund hierfür angegeben.

Beim Studium der Operatorenrechnung am Union College hat der Verfasser gemeinsam mit Dr. J. J. Smith, S. J. Haefner und E. W. Hamlin verschiedene Verfahren gefunden, die auf Probleme mit nur einer Veränderlichen t anwendbar sind, also auch auf das Problem der unendlich langen Leitung, wenn nach dem Zustand am Anfang derselben ($x = 0$) gefragt ist. Zweifellos wurden schon mehrfach Untersuchungen in dieser Richtung unternommen. Der Verfasser kennt jedoch nur die Arbeiten von W. O. Pennell über diesen Gegenstand, welche zu den gleichen Ergebnissen führen.

Es handelt sich um die Untersuchung von Operatoren, die die Form

$$y = \frac{Y(p)}{Z(p)} E\,1$$

haben, wobei $Z(p)$ rational gemacht werden kann und dann nur ganze Potenzen von p enthält und $Y(p)$ entweder ganze oder gebrochene Potenzen von p oder beides enthält.

Die Operatorengleichung für eine unendliche lange Leitung, wenn nach dem Zustand am Leitungsanfang gefragt wird, lautet:

$$y = \frac{Y(p)}{1 + (ap)^{\frac{n}{2}}} E\,1, \quad \ldots\ldots\ldots \quad (122)$$

wobei n irgendeine ungerade ganze Zahl ist.

Dieser Ausdruck wird nun rational gemacht, und wir erhalten

$$y = \frac{\left[1 - (ap)^{\frac{n}{2}}\right] Y(p)}{1 - (ap)^n} E\,1 \quad \ldots\ldots\ldots \quad (123)$$

Konvergente Lösung. — Wir entwickeln die Gleichung (122) durch Division und erhalten eine unendliche Reihe von Gliedern mit p^s im Nenner eines jeden Gliedes. Einige dieser Glieder enthalten gerade, andere gebrochene Potenzen von p. Nun setzen wir die verschiedenen Werte für $\frac{1}{p^s}\,1$ ein.

Nach einem anderen Verfahren, das manchmal vorteilhafter ist, hat man die Gleichung (123) in zwei Ausdrücke zu spalten, von denen der eine nur ganze, der andere nur gebrochene Potenzen von p enthält. Der erste Teil kann mittels der Entwicklungsformel ausgewertet werden, während der zweite mittels Division weiter behandelt wird.

Die vollständige Lösung ist dann die Summe der beiden Teillösungen. Die auf diese Weise erhaltene Lösung enthält nicht die gleichen Glieder, wie die vorhin erwähnte, führt aber zum gleichen Ergebnis. Die zweite Methode verursacht meist einen weitaus geringeren Aufwand an Rechenarbeit.

Ein Umstand, auf den man achten muß, ist die richtige Auswahl der Wurzeln der Gleichung $Z(p) = 0$. So sind z. B. für $n = 3$ die Wurzeln

$$\frac{1}{a}, \quad \frac{1}{a}\varepsilon^{+i\,120^\circ}; \quad \frac{1}{a}\varepsilon^{-i\,120^\circ}$$

und nicht

$$\frac{1}{a} \quad \frac{1}{a}\varepsilon^{+i\,120^\circ}, \quad \frac{1}{a}\varepsilon^{+i\,240^\circ}$$

zu wählen.

Für $n = 5$ lauten die Wurzeln

$$\frac{1}{a}, \quad \frac{1}{a}\varepsilon^{\pm i\,72^\circ}, \quad \frac{1}{a}\varepsilon^{\pm i\,144^\circ}.$$

Asymptotische Lösung. Regel. — Nachdem man die Gleichung (123) erhalten hat, löst man nicht nur den Teil mit den geraden Potenzen, sondern auch jenen mit den gebrochenen Potenzen mittels der Entwicklungsformel auf, wobei man das Glied $Y(0)$ wegläßt, welches schon in der asymptotischen Entwicklung enthalten ist. Der so erhaltene Ausdruck wird oft als additives Glied bezeichnet und nimmt in vielen Fällen den Wert Null an. Wenn er sowohl reelle, als auch imaginäre Glieder enthält, so werden die letzteren vernachlässigt.

Die asymptotische Reihe erhält man aus Gleichung (122) durch Division, wobei so vorzugehen ist, daß man bei den verschiedenen Gliedern p im Zähler erhält. Manche Glieder enthalten gerade Potenzen von p; alle diese Glieder verschwinden.

Von den verschiedenen Verfahren, die bei der Lösung zur Anwendung gelangen können, scheint das oben angeführte das einfachste zu sein.

Wir wollen nun zur Lösung einiger charakteristischer Aufgaben übergehen.

Aufgabe. — Eine Wechselstromquelle mit der Spannung $e = E \sin \omega t$ wird auf eine unendlich lange Leitung geschaltet. Gesucht ist die Gleichung des vom Generator zu liefernden Stromes.

Im 25. Kapitel wurde für den Fall, daß der Einheitsstoß der Spannung angelegt wird, die Operatorenlösung gefunden. Sie lautet

$$i = E\sqrt{\frac{C}{R}}\, p^{\frac{1}{2}}\, 1.$$

Wenn wir in diese Gleichung den Ausdruck sin $\omega t\, 1$ in Operatorenform einführen, so bekommen wir (siehe S. 26)

(siehe S. 26)

$$i = E\sqrt{\frac{C}{R}}\,\omega\,\frac{p^{\frac{3}{2}}}{p^2+\omega^2}\,1.$$

Lösung mittels konvergenter Reihen: Da

$$\frac{1}{p^2+\omega^2} = \frac{1}{p^2} - \frac{\omega^2}{p^4} + \frac{\omega^4}{p^6} - \dots$$

ist, so ist $\quad i = E\,\omega\sqrt{\frac{C}{R}}\left[p^{-\frac{1}{2}} - \omega^2 p^{-\frac{5}{2}} + \omega^4 p^{-\frac{9}{2}} - \dots\right] 1$

$$= 2\,E\,\omega\sqrt{\frac{C\,t}{R\,\pi}}\left[1 - \frac{(2\,\omega\,t)^2}{1\cdot 3\cdot 5} + \frac{(2\,\omega\,t)^4}{1\cdot 3\cdot 5\cdot 7\cdot 9} - \dots\right],$$

wie aus Gleichung (112a) ersehen werden kann. Wir hätten die Lösung auch durch Anwendung der Heavisideschen »Verschiebung« erhalten können. Es ist

$$i = E\sqrt{\frac{C}{R}}\,p^{\frac{1}{2}}\,\frac{\varepsilon^{j\omega t} - \varepsilon^{-j\omega t}}{2\,j}\,1.$$

Wenn wir nun beachten, daß

$$p^{\frac{1}{2}}\,\varepsilon^{j\omega t}\,1 = \varepsilon^{-j\omega t}\,(p + j\,\omega)^{\frac{1}{2}}\,1 = \varepsilon^{j\omega t}\left[p^{\frac{1}{2}} + \frac{1}{2}\,p^{-\frac{1}{2}}\,j\,\omega + \dots\right] 1$$

ist und ferner

$$p^{\frac{1}{2}}\,\varepsilon^{-j\omega t}\,1 = \varepsilon^{-j\omega t}\,(p - j\,\omega)^{\frac{1}{2}}\,1 = \varepsilon^{-j\omega t}\left[p^{\frac{1}{2}} - \frac{1}{2}\,p^{-\frac{1}{2}}\,j\,\omega + \dots\right] 1,$$

so erhalten wir das Ergebnis

$$i = E\sqrt{\frac{C}{R}}\,[A\,\sin\omega t + B\,\cos\omega t],$$

wobei

$$A = \frac{1}{\sqrt{\pi}}\left[t^{-\frac{1}{2}} + \frac{t^{\frac{3}{2}}\,\omega^2}{3\cdot 2!} - \frac{t^{\frac{7}{2}}\,\omega^4}{7\cdot 4!} + \dots\right]$$

und

$$B = \frac{1}{\sqrt{\pi}}\left[\frac{\omega\,t}{1!} - \frac{\omega^3\,t^{\frac{5}{2}}}{5\cdot 3!} + \frac{\omega^5\,t^{\frac{9}{2}}}{9\cdot 5!} + \dots\right]$$

ist. Es ist zu beachten, daß die Ausdrücke für A und B ziemlich rasch konvergieren. Mit zunehmendem t nähern sich die Ausdrücke A und B gegenseitig mehr und mehr und werden schließlich im Grenzfall für $t = \infty$ einander gleich. $A = B = \sqrt{\frac{\omega}{2}}$.

Der schließlich im stationären Endzustand fließende Strom ist:

$$i_s = E\sqrt{\frac{C\,\omega}{2\,R}}\,(\sin\omega t + \cos\omega t).$$

Es ist interessant, daß es verschiedene Wege gibt, die zur konvergenten Lösung führen. Wir hätten für sin ωt auch schreiben können

$$\sin \omega t = \omega t - \frac{\omega^3 t^3}{3!} + \dots.$$

Wenn wir auf die Glieder dieser Reihe den Operator $p^{\frac{1}{2}}$ anwenden, so erhalten wir

$$i = E\sqrt{\frac{C\omega}{\pi R}}\left[2\sqrt{\omega t} - \frac{2\cdot 2\cdot 2}{1\cdot 3\cdot 5}(\omega t)^{\frac{5}{2}} + \frac{2^5(\omega t)^{\frac{9}{2}}}{1\cdot 3\cdot 5\cdot 7\cdot 9} - \dots\right].$$

Greifen wir schließlich auf die Bemerkungen über die Anwendung des Duhamelschen Integrals und auf die Zusammenstellung der zugehörigen Formeln zurück, so können wir schreiben

$$i = \omega\sqrt{\frac{C}{\pi R}}\int\limits_{u=0}^{u=t}\frac{\cos \omega u}{\sqrt{t-u}}\,du.$$

Wir haben nun auf vier verschiedene Arten das gleiche Ergebnis hergeleitet, welches für kleine Werte für t sehr geeignet ist. Dabei haben wir gesehen, daß der Ausdruck $p^{\frac{1}{2}}$ sin $\omega t\, 1$ einen Ausgleichsvorgang darstellt, und schließlich in $\sqrt{\omega}$ sin $(\omega t + 45^0)$ übergeht, da im stationären Fall $p = j\omega$ wird.

A s y m p t o t i s c h e E n t w i c k l u n g: Es ist

$$i = E\sqrt{\frac{C}{R}}\frac{p^{\frac{3}{2}}\omega}{p^2+\omega^2}1 =$$

$$= E\sqrt{\frac{C}{R}}\,p^{\frac{3}{2}}\omega\left[\frac{1}{\omega^2} - \frac{p^2}{\omega^4} + \frac{p^4}{\omega^6} - \dots\right]1 =$$

$$= E\sqrt{\frac{C}{R}}\,\omega\left[\frac{p^{\frac{3}{2}}}{\omega^2} - \frac{p^{\frac{7}{2}}}{\omega^4} + \frac{p^{\frac{11}{2}}}{\omega^6} - \dots\right]1 =$$

$$= -E\sqrt{\frac{C}{R\pi t}}\left(\frac{1}{2\omega t} - \frac{1\cdot 3\cdot 5}{(2\omega t)^3} + \frac{1\cdot 3\cdot 5\cdot 7\cdot 9}{(2\omega t)^5}\dots\right)1 \quad . \quad (124)$$

Gleichung (124) stellt nicht die vollständige Lösung dar. Es tritt in diesem Fall noch ein additives Glied hinzu, nämlich

$$y = \frac{p^{\frac{3}{2}}}{p^2+\omega^2}.$$

Dieser Ausdruck hat ein Paar imaginärer Wurzeln, nämlich $p_1 = +j\omega$ und $p_2 = -j\omega$, die in üblicher Weise durch Nullsetzen von $Z(p)$ erhalten werden. Es ist ferner

$$p\frac{dZ}{dp} = 2p^2,$$

$$\frac{Y(p)}{p\dfrac{dZ}{dp}} = \frac{p^{\frac{3}{2}}}{2p^2} = \frac{1}{2p^{\frac{1}{2}}}$$

$$\left[\frac{Y(p)}{p\dfrac{dZ}{dp}}\right]_{p=p_1} = \frac{1}{2\sqrt{\omega}}(\cos 45^0 - j\sin 45^0)$$

$$= \frac{1}{2\sqrt{2\omega}}(1-j)$$

Ähnlich ist

$$\left[\frac{Y(p)}{p\dfrac{dZ}{dp}}\right]_{p=p_2} = \frac{1}{2\sqrt{2\omega}}(1+j)$$

und

$$y = \frac{1}{2\sqrt{2\omega}}\left[(1-j)\,\varepsilon^{j\omega t} + (1+j)\,\varepsilon^{-j\omega t}\right]$$

$$= \frac{1}{\sqrt{2\omega}}(\cos\omega t + \sin\omega t).$$

Die vollständige asymptotische Lösung lautet daher:

$$i = E\sqrt{\frac{C\omega}{2R}}(\cos\omega t + \sin\omega t) - E\sqrt{\frac{C}{R\pi t}}\left(\frac{1}{2\omega t} - \frac{1\cdot 3\cdot 5}{(2\omega t)^2} + \dots\right).$$

Aufgabe. Ein Kondensator ist zwischen einer Batterie und einem unendlich langen idealen Kabel eingeschaltet (siehe Abb. 50). Es wurde gezeigt, daß $(R/pC)^{1/2}$ der Impedanzoperator ist, durch welchen das Kabel ersetzt werden kann. Es ist also die gesamte Impedanz, welche an die Batterie angeschlossen ist:

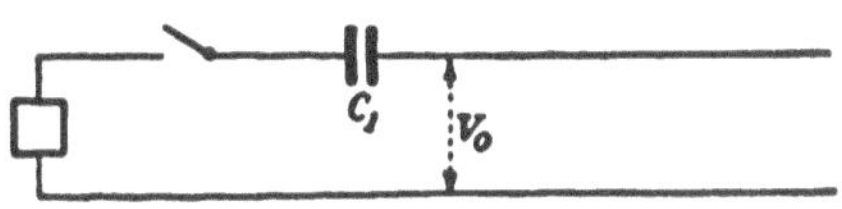

Abb. 50.

$$\left(\frac{R}{pC}\right)^{\frac{1}{2}} + \frac{1}{pC_1}.$$

Daher ist der Batteriestrom

$$i = \frac{E}{\left(\dfrac{R}{pC}\right)^{\frac{1}{2}} + \dfrac{1}{pC_1}}\, 1.$$

Die Spannung, die an den Kondensatorklemmen auftritt, ist i/pC_1.

Es ist somit

$$V_0 = E\,1 - \frac{E}{\left(\frac{R}{pC}\right)^{\frac{1}{2}} + \frac{1}{pC_1}}\,\frac{1}{pC_1}\,1.$$

Dieser Ausdruck kann auf folgende Form gebracht werden:

$$V_0 = E\,\frac{h^{\frac{1}{2}}\,p^{\frac{1}{2}}}{h^{\frac{1}{2}}\,p^{\frac{1}{2}} + 1}\,1, \text{ wobei } h = \frac{R\,C_1^2}{C} \text{ ist.}$$

Konvergente Lösung:

$$V_0 = E\,h^{\frac{1}{2}}\,p^{\frac{1}{2}}\left[\frac{1}{h^{\frac{1}{2}}\,p^{\frac{1}{2}}} - \frac{1}{hp} + \frac{1}{h^{\frac{3}{2}}\,p^{\frac{3}{2}}} - \ldots\right]1$$

$$= E\left[1 - \frac{1}{h^{\frac{1}{2}}\,p^{\frac{1}{2}}} + \frac{1}{hp} - \frac{1}{h^{\frac{3}{2}}\,p^{\frac{3}{2}}} + \ldots\right]1.$$

Wir haben hier eine Reihe mit ganzen Potenzen von $1/p$ vor uns, deren Summe $E \cdot \varepsilon^{\frac{1}{h}t}$ ist. Außerdem liegt noch eine Reihe mit gebrochenen Potenzen von $1/p$ vor, die geschrieben werden kann:

$$-2E\left(\frac{t}{h\pi}\right)^{\frac{1}{2}}\left[1 + \frac{2t}{1\cdot 3\,h} + \frac{1}{1\cdot 3\cdot 5}\left(\frac{2t}{h}\right)^2 + \ldots\right].$$

Die konvergente Lösung ist somit:

$$V_0 = E\left\{\varepsilon^{\frac{t}{h}} - 2\left(\frac{t}{h\pi}\right)^{\frac{1}{2}}\left[1 + \frac{2t}{h}\cdot\frac{1}{1\cdot 3} + \left(\frac{2t}{h}\right)^2\frac{1}{1\cdot 3\cdot 5} + \ldots\right]\right\}.$$

Asymptotische Lösung:

$$V_0 = E\,h^{\frac{1}{2}}\,p^{\frac{1}{2}}\left[1 - h^{\frac{1}{2}}\,p^{\frac{1}{2}} + hp - h^{\frac{3}{2}}\,p^{\frac{3}{2}} + h^2p^2 - \ldots\right]1$$

$$= E\left[h^{\frac{1}{2}}\,p^{\frac{1}{2}} - hp + h^{\frac{3}{2}}\,p^{\frac{3}{2}} - h^2p^2 + \ldots\right]1.$$

Die geraden Potenzen von p tragen nichts zum Werte von V_0 bei. Es ist daher

$$V_0 = E\left[h^{\frac{1}{2}}\,p^{\frac{1}{2}} + h^{\frac{3}{2}}\,p^{\frac{3}{2}} + \ldots\right]1 =$$

$$= E\left(\frac{h}{t\pi}\right)^{\frac{1}{2}}\left[1 - \frac{1\cdot h}{2t} + 1\cdot 3\left(\frac{h}{2t}\right)^2 - 1\cdot 3\cdot 5\left(\frac{h}{2t}\right)^3 + \ldots\right].$$

Es fragt sich nun, ob dieser Ausdruck schon die vollständige Lösung darstellt.

Wir haben es hier bereits mit der vollständigen Lösung zu tun, denn wir erhalten, wenn wir den Nenner rational machen,

$$V_0 = E\,\frac{h^{\frac{1}{2}}\,p^{\frac{1}{2}}}{h^{\frac{1}{2}}\,p^{\frac{1}{2}} + 1} = E\,\frac{h^{\frac{1}{2}}\,p^{\frac{1}{2}}\left(h^{\frac{1}{2}}\,p^{\frac{1}{2}} - 1\right)}{hp - 1}.$$

$Z(p) = 0$ gibt $p = 1/h$, also einen reellen Wert. Setzen wir diesen Wert ein, so wird der Zähler Null, daher: $V_0' = 0$.

Aufgabe: Wir betrachten nun ein ähnliches Beispiel. Es sei wieder ein unendlich langes ideales Kabel gegeben, jedoch soll an Stelle des Kondensators in der vorhergehenden Aufgabe nun die Induktivität L_1 treten (s. Abb. 51). Wir finden dann ohne weiteres für V_0

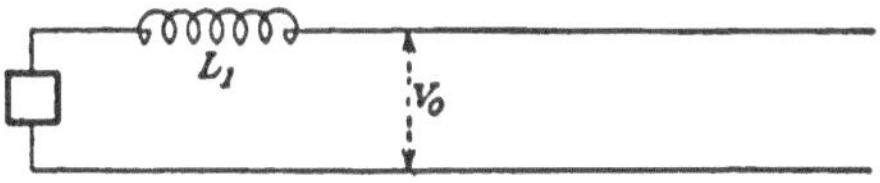

Abb. 51.

$$V_0 = \frac{E}{1 + g^{\frac{3}{2}} p^{\frac{3}{2}}} 1, \text{ wobei } g^{\frac{3}{2}} = \frac{C^{\frac{1}{2}} L_1}{R^{\frac{1}{2}}} \text{ ist.}$$

Konvergente Lösung:

$$V_0 = E\left[\frac{1}{g^{\frac{3}{2}} p^{\frac{3}{2}}} - \frac{1}{g^3 p^3} + \frac{1}{g^{\frac{9}{2}} p^{\frac{9}{2}}} - \ldots\right] 1 -$$

$$= E\frac{4\pi}{3}\left(\frac{t}{g\pi}\right)^{\frac{3}{2}}\left[1 + \left(\frac{2t}{g}\right)^3 \frac{1}{5\cdot 7\cdot 9} + \left(\frac{2t}{g}\right)^6 \frac{1}{5\cdot 7\cdot 9\cdot 11\cdot 13\cdot 15} \cdots\right] -$$

$$- E\left[\left(\frac{t}{g}\right)^3 \frac{1}{3!} + \left(\frac{t}{g}\right)^6 \frac{1}{6!} + \ldots\right].$$

Diese Lösung ist vollständig, aber man kann nicht ohne weiteres ersehen, daß eine Schwingung vorliegt. Um dies zu zeigen, schreiben wir die Operatorengleichung mit rational gemachten Nennern an. Es ist

$$V_0 = \frac{E}{1 + g^{\frac{3}{2}} p^{\frac{3}{2}}} 1 = \frac{E\left(1 - g^{\frac{3}{2}} p^{\frac{3}{2}}\right)}{1 - g^3 p^3} 1 = E\,(A + B),$$

wobei $A = \dfrac{1}{1 - g^3 p^3}$ und $B = -\dfrac{g^{\frac{3}{2}} p^{\frac{3}{2}}}{1 - g^3 p^3}$.

A kann mit dem Entwicklungssatz gelöst werden. $Z(p) = 0$ gibt drei Wurzeln

$$\frac{1}{g} \text{ und } \frac{1}{g}\,\varepsilon^{\pm i\,120^\circ}.$$

Das Ergebnis ist

$$A = \left[1 - \frac{1}{3}\varepsilon^{\frac{t}{g}} - \frac{2}{3}\varepsilon^{-\frac{t}{2g}} \cos\frac{\sqrt{3}}{2g}\,t\right].$$

Wenn wir B nach Potenzen von $1/p$ entwickeln, so erhalten wir dasselbe Resultat wie bei der obigen Reihenentwicklung von V_0. Es ist

$$B = \frac{4\pi}{3}\left(\frac{t}{g\pi}\right)^{\frac{3}{2}}\left[1 + \left(\frac{2t}{g}\right)^3 \frac{1}{5\cdot 7\cdot 9} + \ldots\right].$$

Wir sehen also, daß die folgende Beziehung gilt:

$$\left(\frac{t}{g}\right)^3 \frac{1}{3!} + \left(\frac{t}{g}\right)^6 \frac{1}{6!} + \ldots = -\left(1 - \frac{1}{3}\varepsilon^{\frac{t}{g}} - \frac{2}{3}\varepsilon^{-\frac{t}{2g}} \cos\frac{\sqrt{3}}{2g}t\right).$$

Asymptotische Entwicklung:

$$V_0 = E\left[1 - g^{\frac{3}{2}} p^{\frac{3}{2}} + g^2 p^2 - g^{\frac{9}{2}} p^{\frac{9}{2}} + \ldots\right] 1.$$

Die geraden Potenzen liefern keinen Beitrag. Daher ist

$$V_0 = E\left\{1 + \frac{\pi}{2}\left(\frac{g}{\pi t}\right)^{\frac{3}{2}}\left[1 - 1\cdot3\cdot5\cdot7\left(\frac{g}{2t}\right)^3 + \right.\right.$$
$$\left.\left. + 1\cdot3\cdot5\cdot7\cdot9\cdot11\cdot13\left(\frac{g}{2t}\right)^6 + \ldots\right]\right\}.$$

Um das »additive Glied« zu finden, gehen wir wieder von der Gleichung

$$V_0' = E\frac{\left(1 - g^{\frac{3}{2}} p^{\frac{3}{2}}\right)}{1 - g^3 p^3}$$

aus.

$$p\frac{dZ}{dp} = -3g^3p^3; \text{ für } p^3 = \frac{1}{g^3} \text{ ist } p\frac{dZ}{dp} = -3.$$

$$1 - g^{\frac{3}{2}} p^{\frac{3}{2}}\left(\text{für } p = \frac{1}{g}\right) = 0$$

$$1 - g^{\frac{3}{2}} p^{\frac{3}{2}}\left(\text{für } p = \frac{1}{g}\varepsilon^{+i120^\circ}\right) = 1 - \varepsilon^{+i180^\circ}$$

$$1 - g^{\frac{3}{2}} p^{\frac{3}{2}}\left(\text{für } p = \frac{1}{g}\varepsilon^{-i120^\circ}\right) = 1 - \varepsilon^{-i180^\circ}.$$

Es ist daher

$$V_0' = E\left(\frac{1+1}{-3}\varepsilon^{(-\alpha+j\beta)t} + \frac{1+1}{-3}\varepsilon^{(-\alpha-j\beta)t}\right)$$
$$= -E\frac{4}{3}\varepsilon^{-\alpha t}\cos\beta t, \text{ wobei } \alpha = \frac{1}{2g} \text{ und } \beta = \frac{\sqrt{3}}{2g}.$$

Die vollständige asymptotische Lösung ist dann gegeben durch $V_0 + V_0'$.

Aufgabe. — Eine Sammlerbatterie mit der Spannung E wird auf eine unendlich lange Leitung mit den Konstanten R, L und C geschaltet. Gesucht ist der Strom der Batterie.

Es wurde gezeigt, daß der Strom i für irgendeine unendlich lange Leitung durch folgenden Operatorenausdruck gegeben ist:

$$i = \frac{Y}{n}E\,1 = \frac{pC}{\sqrt{pC(R+pL)}}E\,1 = \left(\frac{pC}{R+pL}\right)^{\frac{1}{2}}E\,1.$$

Setzen wir nun

$$\frac{R}{2L} = \alpha, \text{ dann ist } i = \frac{C^{\frac{1}{2}}}{L^{\frac{1}{2}}} \frac{p^{\frac{1}{2}}}{(p+2\alpha)^{\frac{1}{2}}} E\,1.$$

Konvergente Lösung:

$$i = \frac{C^{\frac{1}{2}} E}{L^{\frac{1}{2}}\left(1+\frac{2\alpha}{p}\right)^{\frac{1}{2}}} 1 = E\frac{C^{\frac{1}{2}}}{L^{\frac{1}{2}}}\left[1-\frac{2\alpha}{2p}+\frac{1\cdot 3}{2\cdot 4}\left(\frac{2\alpha}{p}\right)^2+\ldots\right]1$$

$$= E\frac{C^{\frac{1}{2}}}{L^{\frac{1}{2}}}\left[1-\frac{\alpha}{p}+\frac{1\cdot 3}{2!}\left(\frac{\alpha}{p}\right)^2-\frac{1\cdot 3\cdot 5}{3!}\left(\frac{\alpha}{p}\right)^3+\ldots\right]1$$

$$= E\frac{C^{\frac{1}{2}}}{L^{\frac{1}{2}}}\left[1-\alpha t+\frac{1\cdot 3}{(2!)^2}(\alpha t)^2-\frac{1\cdot 3\cdot 5}{(3!)^2}(\alpha t)^3+\ldots\right]1.$$

Das ist eine konvergente Reihe, die für kleine Werte von αt geeignet ist.

Asymptotische Entwicklung:

$$i = E\frac{C^{\frac{1}{2}}}{L^{\frac{1}{2}}(2\alpha)^{\frac{1}{2}}}\left[p^{\frac{1}{2}}-\frac{1}{2}\frac{p^{\frac{3}{2}}}{2\alpha}+\frac{1\cdot 3}{2\cdot 4}\cdot\frac{p^{\frac{5}{2}}}{(2\alpha)^2}-\ldots\right]1$$

$$= E\frac{C^{\frac{1}{2}}}{L^{\frac{1}{2}}}\frac{1}{\sqrt{2\alpha\pi t}}\left[1+\frac{1^2}{8\alpha t}+\frac{1^2\cdot 3^2}{2!\,(8\alpha t)^2}+\frac{1^2\cdot 3^2\cdot 5^2}{3!\,(8\alpha t)^3}+\ldots\right].$$

Es ist dies die vollständige Lösung. Das additive Glied ist, wie leicht gezeigt werden kann, gleich Null.

Kennzeichen asymptotischer Reihen. — Um das Wesen der asymptotischen Reihen zu zeigen, wollen wir einige Glieder einer solchen numerisch berechnen. Wir legen also der unabhängig Veränderlichen t oder besser noch dem Ausdruck $8\alpha t$ einen bestimmten Wert bei, z. B. $8\alpha t = 8$.

Dann wird die Reihe für i in vorstehender Gleichung:

$$1+\frac{1}{8}+\frac{9}{2\cdot 64}+\frac{225}{6\cdot 512}+\ldots$$

$$= 1+0{,}125+0{,}0351+0{,}0735+\ldots.$$

Wir sehen, daß die auf einanderfolgenden Glieder bis zum dritten Glied immer kleiner werden, dann aber wieder zunehmen.

Nach Heaviside hat man das kleinste auftretende Glied zu bestimmen. Wenn dann die Summe der Reihe bloß bis zu diesem Glied bestimmt wird, so ist der auftretende Fehler kleiner als dieses Glied.

Im vorliegenden Fall erhalten wir zur Summe 1,1601 mit einem Fehler, der kleiner als 0,0351 ist.

Je größer die Werte von $8\alpha t$ sind, um so kleiner wird der prozentuelle Fehler.

27. Kapitel.

Schwierigkeiten bei der Deutung von Potenzreihenentwicklungen.

Es ist nicht immer möglich, die physikalische Bedeutung einer Reihenentwicklung zu erkennen. Sie kann eine ungleich vollständigere Antwort auf ein Problem geben, als man bei einer ersten oberflächlichen Betrachtung vermuten würde.

Wir wollen als Beispiel den Fall betrachten, daß eine Wechselspannung $E \sin \omega t$ an einen induktiven Stromkreis angelegt wird.

Wie im 6. Kapitel gezeigt wurde, lautet dann die Operatorenlösung:

$$i = \frac{p\,\omega}{(p^2 + \omega^2)(r + p\,L)} E\,1.$$

Wir entwickeln den Ausdruck in eine Reihe und erhalten:

$$i = \frac{\omega E}{L}\left[\frac{1}{p^2} - \frac{\alpha}{p^3} + \frac{\alpha^2 - \omega^2}{p^4} - \frac{\alpha(\alpha^2 - \omega^2)}{p^5} + \frac{\omega^4 - \alpha^2\omega^2 + \alpha^2}{p^6} \cdots\right] 1$$

$$= \frac{E\omega}{L}\left[\frac{t^2}{2!} - \frac{t^3\alpha}{3!} + \frac{t^4}{4!}(\alpha^2 - \omega^2) - \frac{t^5}{5!}\alpha(\alpha^2 - \omega^2) + \right.$$

$$\left. + \frac{t^6}{6!}(\omega^4 - \alpha^2\omega^2 + \alpha^2) \ldots\right] \quad \ldots \ldots \quad (125)$$

Es ist nun nicht allgemein bekannt, und man kann auch nicht ohne weiteres ersehen, daß obige Reihe den Ausdruck

$$i = \frac{E}{Z}[\sin(\omega t - \beta) + \varepsilon^{-\alpha t} \sin \beta] \quad \ldots \ldots \quad (126)$$

darstellt, der die vollständige Lösung sowohl für den stationären als auch für den Ausgleichvorgang bildet.

In unserem Fall ist

$$\alpha = \frac{r}{L} \text{ und } \operatorname{tg}\beta = \frac{\omega L}{r} = \frac{\omega}{\alpha}.$$

Um das zu zeigen, müssen wir die Gleichung (126) in eine Reihe entwickeln.

28. Kapitel.

Lineare Wärmeströmung.

Die Differentialgleichungen für eindimensionale Wärmeleitungsprobleme sind, wenn man die durch Konvektion und Strahlung hervorgerufenen Wärmeverluste vernachlässigt, mit jenen für das ideale Kabel identisch.

Abb. 52 zeigt den Schnitt durch eine Wand, die zum Teil aus Metall und zum Teil aus Kork besteht. Wir nehmen an, daß jeder Flächeneinheit in der Zeiteinheit eine bestimmte Wärmemenge zufließt. Es ist die Temperatur für irgendeinen Punkt zu bestimmen.

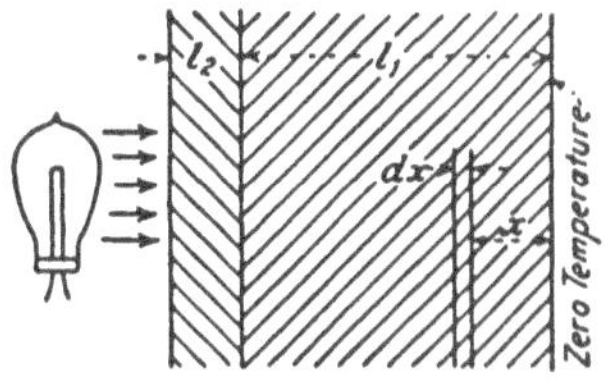

Abb. 52.

Wir bezeichnen mit V die Temperatur über Null Grad an irgend einer Stelle des Materials, ferner mit i die Wärmemenge, die der Flächeneinheit in der Zeiteinheit zuströmt (Wärmestrom).

R sei der Wärmeleitungswiderstand, das ist das Temperaturgefälle pro Längeneinheit beim Hindurchfließen der Einheitswärmemenge, nachdem der stationäre Zustand erreicht ist. Es ist also Ri das Temperaturgefälle für die Längeneinheit.

C sei die Wärmekapazität des Einheitsvolumens, das ist die Anzahl der Wärmeeinheiten, welche erforderlich sind, um die Temperatur dieses Volumens um 1° zu erhöhen. Die Temperatur nimmt mit zunehmendem x (also nach links) zu. Die Geschwindigkeit der Zunahme ist $\frac{\partial V}{\partial x}$; daher ist der Temperaturunterschied über einen Abstand dx gleich $\frac{\partial V}{\partial x} dx$, welcher Ausdruck, wie gezeigt wurde, gleich $iRdx$ ist. Es ist also

$$i = \frac{1}{R} \frac{\partial V}{\partial x} \quad \ldots \ldots \ldots \ldots \quad (127)$$

Der Unterschied der Wärmeströme auf beiden Seiten des Elementes ist die Wärmemenge, die vom Element aufgespeichert wird.

Diese Differenz ist gegeben durch $\frac{\partial i}{\partial x} dx$. Nun ist aber die definitionsgemäße Wärmekapazität

$$C = \frac{\text{Gesamte absorbierte Wärme}}{\text{Temperaturzunahme}}$$
$$= \frac{\text{pro Zeiteinheit absorbierte Wärme} \times \text{Zeit}}{\text{Temperaturänderung}}.$$

Wir bekommen somit

$$C dx = \frac{\frac{\partial i}{\partial x} dx\, dt}{dV} \quad \text{oder} \quad \frac{\partial i}{\partial x} = C \cdot \frac{dV}{dt} \quad \ldots \ldots \quad (128)$$

Aus Gleichung (127) folgt:

$$\frac{\partial i}{\partial x} = \frac{1}{R} \frac{\partial^2 V}{\partial x^2},$$

$$\frac{\partial^2 V}{\partial x^2} = CR \frac{dV}{dt}, \quad \ldots \ldots \ldots \quad (129)$$

$$\frac{d^2 V}{dx^2} = pCRV = n^2 V \quad \ldots \ldots \quad (130)$$

Die Lösung dieser Gleichung wurde schon im 16. Kapitel gegeben. Es ist

$$V = K_1 \cosh nx + K_2 \sinh nx,$$

$$i = \frac{Y}{n}[K_1 \sinh nx + K_2 \cosh nx],$$

wobei $Y = pC$ und $n^2 = pCR$ ist.

Da für $x = 0$, $V = 0$ sein soll, so muß $K_1 = 0$ sein, daher ist

$$V = K_2 \sinh nx$$

und

$$i = \frac{Y}{n} K_2 \cosh nx.$$

Vom elektrischen Standpunkt aus betrachtet haben wir es mit zwei idealen Kabeln mit verschiedenen Konstanten n_1 und n_2 zu tun. Diese zwei Kabel sind in Reihe geschaltet und das entfernte Ende ist kurzgeschlossen (für $x = 0$, $V = 0$). Beim Generator wird der Strom $J1$ aufgedrückt, und es liegt die Aufgabe vor, die Spannung an irgendeiner Stelle des Systems zu finden.

Nach dem im 20. Kapitel entwickelten Verfahren führen wir für das rechte Kabel eine Impedanz z_2' ein, welche wir uns am Ende des linken Kabels angebracht denken. Diese Impedanz ist

$$z_2' = \frac{V}{i} = \frac{n_1}{Y_1} \frac{\sinh n_1 l_1}{\cosh n_1 l_1} \quad \ldots \ldots \quad (131)$$

Es liegt dann ein einfaches Kabel von der Länge l_2 vor, mit einer Impedanz z_2' am Ende. Die allgemeine Gleichung für eine solche Leitung ist

$$V = K_1 \cosh n_2 x + K_2 \sinh n_2 x,$$

$$i = \frac{Y_2}{n_2}[K_1 \sinh n_2 x + K_2 \cosh n_2 x],$$

worin x von der rechten Begrenzungsfläche nach links zu als positiv zu zählen ist. Für

$$x = 0, \ V = i_2 z_2', \qquad i_2 z_2' = (K_1 + 0) = K_1,$$

und daher

$$V = i_2 z_2' \cosh n_2 x + K_2 \sinh n_2 x,$$

$$i = \frac{Y_2}{n_2}[i_2 z_2' \sinh n_2 x + K_2 \cosh n_2 x].$$

Für

$$x = 0 \text{ ist } i = i_2,$$

somit

$$i_2 = \frac{Y_2}{n_2} K_2 \quad \text{oder} \quad K_2 = \frac{n_2 i_2}{Y_2}.$$

Für

$$x = l_2 \text{ ist } i = J\,1,$$

$$J\,1 = \frac{Y_2}{n_2}\left[i_2 z_2' \sinh n_2 l_2 + \frac{n_2 i_2}{Y_2} \cosh n_2 l_2\right],$$

$$i_2 = \frac{J n_2}{Y_2\left[z_2' \sinh n_2 l_2 + \frac{n_2}{Y_2} \cosh n_2 l_2\right]} 1.$$

Es ist also die Spannung an der Verbindungsstelle

$$i_2 z_2' - \frac{J z_2' n_2}{Y_2\left[z_2' \sinh n_2 l_2 + \frac{n_2}{Y_2} \cosh n_2 l_2\right]} 1$$

und die Spannung an irgendeiner Stelle im Abstande x vom kurzgeschlossenen Kabelende ist nach dem 16. Kapitel, Gleichung (57)

$$V = \frac{J n_2 z_2}{Y_2\left[z_2' \sinh n_2 l_2 + \frac{n_2}{Y_2} \cosh n_2 l_2\right]} \cdot \frac{\sinh n_1 x}{\sinh n_1 l_1} 1.$$

Wenn wir nun für z_2', z_1 und z_2 die entsprechenden Werte einführen, erhalten wir

$$V = \frac{J \cdot R_1 R_2 \sin m_1 x}{R_2 m_1 \cos m_1 l_1 \cos m_2 l_2 - R_1 m_2 \sin m_1 l_1 \sin m_2 l_2} 1,$$

$$Z(p) = 0 \text{ gibt } \operatorname{tg} m_1 l_1 \operatorname{tg} m_2 l_2 = \sqrt{\frac{C_1 R_2}{C_2 R_1}}.$$

Die weitere Rechnung ist langwierig und soll nicht durchgeführt werden.

Um die Anwendung der gebrochenen Differation zu zeigen, wollen wir ein weiteres einfaches Beispiel betrachten. Wir nehmen an, daß die Wand in Abb. 52 keine Metallverkleidung besitzt, so daß wir es nur mit der Wärmeleitung in einer einzigen Substanz zu tun haben.

Aus der allgemeinen Gleichung für das kurzgeschlossene »ideale Kabel« für endliche Länge erhalten wir dann

$$e = e_g \frac{\sinh n x}{\sinh n l}$$

$$i = e_g \frac{Y}{n} \frac{\cosh n x}{\sinh n l}.$$

Wir nehmen wieder die Wärmeströmung, die bei $x = l$ aufgedrückt wird, zu $J1$ an. Dann ist

$$e_g = \frac{n}{Y} \frac{\sinh nl}{\cosh nl} J1 \text{ oder da } \frac{Z}{n} = \frac{n}{Y}$$

$$e = \frac{R}{m} \frac{\sin ml}{\cos ml} \frac{\sin mx}{\sin ml} J1 = \frac{R}{m} \frac{\sin mx}{\cos ml} J1 \quad . . . (132)$$

Es tritt nun wieder die Frage auf, ob in diesem Fall die Entwicklungsformel angewendet werden kann. Ist $p = 0$ eine Wurzel? Ist dies der Fall, so muß e nach Gleichung (132) gegen unendlich gehen, wenn p gegen Null geht. Dies trifft jedoch nicht zu. Bei kleiner werdenden p nimmt die rechte Seite von Gleichung (132) den Wert JRx an. Es kann deshalb die Heavisidesche Entwicklungsformel angewendet werden.

$$Z(p) = 0 \text{ gibt } \cos ml = 0 \text{ oder } ml = \frac{2s-1}{2}\pi.$$

$p\frac{dZ}{dp}$ nimmt, nachdem die Wurzeln von p eingesetzt wurden und nach einigen Umformungen, den Wert $\frac{m^2 l}{2}(-1)^s$ an. Da $\cos ml = 0$ und $\sin ml = (-1)^s$ ist, so ergibt sich

$$\frac{Y(0)}{Z(0)} = JRx$$

$$e = JR\left[x + \sum_{s=1}^{s=\infty}(-1)^s \frac{8}{\pi^2} l \frac{\sin mx}{(2s-1)^2} \varepsilon^{-\frac{m^2}{CR}t}\right] \quad . . . (133)$$

An der Wärmequelle also für $x = l$ ist

$$e = JRl\left[1 - \frac{8}{\pi^2}\sum_{s=1}^{s=\infty}\frac{\varepsilon^{-\frac{m^2}{CR}t}}{(2s-1)^2}\right],$$

wobei

$$m = \frac{2s-1}{2}\frac{\pi}{l}$$

ist. Wir wollen nun die gleiche Rechnung für eine unendlich dicke Mauer oder ein unendlich langes Kabel anstellen.

Nach dem 26. Kapitel erhalten wir, wenn wir y von der geheizten Seite aus rechnen,

$$e = A\varepsilon^{-ny} \qquad i = \frac{Y}{n} A\varepsilon^{-ny}$$

Für

$$y = 0 \qquad i = J1 \qquad A = \frac{n}{Y} J1$$

und

$$e = \frac{n}{Y}\varepsilon^{-ny} J\,1 = \frac{R}{n}\varepsilon^{-ny} J\,1 =$$

$$= \frac{RJ}{n}\left(1 - ny + \frac{n^2 y^2}{2!} - \dots\right) 1$$

oder, da $n = \sqrt{pCR}$ ist:

$$e = RJ\left[\frac{p^{-\frac{1}{2}}}{\sqrt{CR}} - y + \frac{\sqrt{CR}\,y^2}{2!}p^{\frac{1}{2}} - \frac{CR\,y^3}{3!}p + \dots\right] 1,$$

$$e = J\sqrt{\frac{R}{\pi C}}\left[2t^{\frac{1}{2}} - y\sqrt{\pi CR} + \frac{CR\,y^2}{2!}t^{-\frac{1}{2}} - \frac{C^2R^2y^4}{2\cdot 4!}t^{-\frac{3}{2}}\dots\right].$$

Für die geheizte Fläche ($y = 0$) bekommen wir

$$e_0 = J\sqrt{\frac{4Rt}{\pi C}}.$$

Tafel der Wärmeleitungskonstanten nach Ingersoll und Zobel »Theorie der Wärmeleitung«.

K Wärmeleitfähigkeit,
S spezifische Wärme,
ϱ Dichte,
$C = \varrho S$, $R = \frac{1}{K}$, $\frac{1}{CR}$ wird gewöhnlich mit h^2 bezeichnet. Sämtliche Zahlenangaben beziehen sich auf das Zentimeter-Gramm-Sekunden-System.

	Kupfer	Eisen	Glas	Kork
K	0,918	0,1436	0,0024	0,00012
S	0,0914	0,1055	0,161	0,48
ϱ	8,68	7,85	2,6	0,15
R	1,089	6,96	417	8340
C	0,811	0,829	0,419	0,072
$\frac{1}{CR}$	1,133	0,173	0,0057	0,0017

29. Kapitel.

Die numerische Auflösung von algebraischen und transzendenten Gleichungen.

Im Jahre 1826 wurde in den Berichten der Brüsseler Akademie der Wissenschaften ein bemerkenswerter Aufsatz von Germinal Dandelin veröffentlicht, worin ein meisterhaftes Verfahren zur Bestimmung der Wurzeln einer Gleichung beschrieben ist. Leider hatte diese Arbeit

Dandelins das Mißgeschick, in den umfangreichen Bänden der Akademie vergraben zu sein.

Später wurde von der Akademie der Wissenschaften in Berlin ein Preis für die Entdeckung eines praktischen Verfahrens zur Berechnung von imaginären Wurzeln ausgeschrieben. Dieser Preis wurde Karl Heinrich Graeffe im Jahre 1837 zuerkannt. Seine Methode, die unter dem Namen Graeffesches Verfahren bekannt ist, macht von denselben Prinzipien wie jene Dandelins Gebrauch. Sie ist besonders nützlich für Gleichungen mit komplexen Wurzeln. Bei algebraischen Gleichungen können mit ihrer Hilfe alle Wurzeln sofort gefunden werden.

Das Prinzip besteht in der Bildung einer neuen Gleichung, deren Wurzeln höhere Potenzen (z. B. die 256te) der Wurzeln der gegebenen sind. Das Gesetz, nach dem die neue Gleichung aus der ursprünglichen gefunden werden kann, ist überaus einfach. Sind z. B. $x_1, x_2, x_3 \ldots$ Wurzeln der gegebenen Gleichung, dann sind $x_1^{256}, x_2^{256}, x_3^{256} \ldots$ die Wurzeln der zu konstruierenden Gleichung. Die letzteren Wurzeln werden voneinander sehr verschieden sein, denn wenn z. B. x_1 2mal x_2 ist, so wird x_1^{256} 2^{256}mal x_2^{256} sein. Nun kann aber eine Gleichung, deren Wurzeln voneinander sehr verschieden sind, ohne weiteres numerisch aufgelöst werden.

Es sei etwa die folgende Gleichung zu lösen:

$$x^n + a_1 x^{n-1} + a_2 x^{n-2} + a_3 x^{n-3} + \ldots + a_n = 0 \quad . \quad . \quad (134)$$

Wir nehmen vorläufig an, daß die Wurzeln reell und voneinander verschieden sind, und zwar sollen sie sein: $-a, -b, -c, -d, \ldots$ Weiters sollen sie nach fallender numerischer Größe geordnet sein, so daß $|a| > |b| > |c| > |d| > \ldots$

Die Werte $a, b, c, d \ldots$, welche die Wurzeln der Gleichung jedoch mit entgegengesetztem Vorzeichen sind, wollen wir als »Encke-Wurzeln« bezeichnen.

Wir wollen ferner mit $[a] = a + b + c + d + \ldots$ die Summe der Enckewurzeln bezeichnen und mit $[ab] = ab + ac + ad + bc + \ldots$ die Summe der Produkte von je zwei Enckewurzeln usw. Weiters soll sein:

$$[a^m] = a^m + b^m + c^m + d^m + \ldots$$
$$[a^m b^m] = a^m b^m + a^m c^m + b^m c^m + \ldots$$

Wir können dann Gleichung (134) in der folgenden Form schreiben:

$$x^n + [a]\, x^{n-1} + [a\,b]\, x^{n-2} + [a\,b\,c]\, x^{n-3} + \ldots [a\,b\,c\,d \ldots] = 0 \quad (135)$$

und die Gleichung, deren Encke-Wurzeln die $m$ten Potenzen der Encke-Wurzeln der gegebenen Gleichung sind, wird die Form haben

$$x^n + [a^m]\, x^{n-1} + [a^m b^m]\, x^{n-2} + [a^m b^m c^m]\, x^{n-3} + \ldots = 0 \quad (136)$$

Wir müssen nun für ein bestimmtes m aus der gegebenen Gleichung (135) die Gleichung (136) bilden.

In der Gleichung (136), die man schließlich erhält, wird man zweckmäßigerweise einen recht großen Wert von m anstreben; man erhält die Gleichung (136) aber nicht unmittelbar, sondern man muß die Werte m allmählich vergrößern. Wir wählen daher zunächst $m = 2$, d. h. wir bilden eine neue Gleichung, deren Enckewurzeln die Quadrate der Enckewurzeln der ursprünglichen sind. Nachdem das geschehen ist, wiederholen wir den Vorgang, in dem wir wieder eine Gleichung bilden, deren Enckewurzeln die Quadrate der Enckewurzeln der zuletzt erhaltenen Gleichung, d. h. also die 4ten Potenzen der Enckewurzeln der gegebenen Gleichung sind usw.

Die Aufgabe, die also zunächst vorliegt, ist die für $m = 2$ aus Gleichung (135) die Gleichung (136) zu bilden. Dies kann wie folgt geschehen: Wir ordnen die Gleichung (134) um, so zwar, daß die geraden Potenzen von x auf der einen, die ungeraden Potenzen auf der anderen Seite des Gleichheitszeichens zu stehen kommen. Wir erhalten also, wenn wir n als gerade Zahl annehmen:

$$(x^n + a_2 x^{n-2} + a_4 x^{n-4} + \ldots) = (- a_1 x^{n-1} - a_3 x^{n-3} - a_5 x^{n-5} - \ldots),$$

und beide Seiten zum Quadrat erheben

$$(x^n + a_2 x^{n-2} + a_4 x^{n-4} + \ldots)^2 = (a_1 x^{n-1} + a_3 x^{n-3} + a_5 x^{n-5} + \ldots)^2.$$

Wir bekommen weiter durch Ausquadrieren

$$\begin{aligned} x^{2n} + a_2 x^{2n-2} + a_4 x^{2n-4} + a_2 x^{2n-2} + a_2^2 x^{2n-4} + a_2 a_4 x^{2n-6} + \\ + a_4 x^{2n-4} + a_2 a_4 x^{2n-6} + a_4^2 x^{2n-8} + \ldots = \\ = a_1^2 x^{2n-2} + a_1 a_3 x^{2n-4} + a_1 a_5 x^{2n-6} + a_1 a_3 x^{2n-4} + a_3^2 x^{2n-6} + \\ + a_3 a_5 x^{2n-8} + \ldots \end{aligned}$$

Setzt man $x^2 = - y$, so erhält man:

$$\begin{aligned} (-y)^n + a_2 (-y)^{n-1} + a_4 (-y)^{n-2} + a_2 (-y)^{n-1} + a_2^2 (-y)^{n-2} + \\ a_2 a_4 (-y)^{n-3} + a_4 (-y)^{n-2} + a_2 a_4 (-y)^{n-3} \ldots \\ = a_1^2 (-y)^{n-1} + a_1 a_3 (-y)^{n-2} + a_1 a_5 (-y)^{n-3} + a_1 a_3 (-y)^{n-2} + \\ + a_3^2 (-y)^{n-3} + a_5 a_3 (-y)^{n-4} + \ldots \end{aligned}$$

da n gerade ist, geht dieser Ausdruck über in:

$$\begin{aligned} y^n - a_2 y^{n-1} + a_4 y^{n-2} - a_2 y^{n-1} + a_2^2 y^{n-2} - a_2 a_4 y^{n-3} + a_4 y^{n-2} - \\ - a_2 a_4 y^{n-3} + \ldots \\ = - a_1^2 y^{n-1} + a_1 a_3 y^{n-2} - a_1 a_5 y^{n-3} + a_1 a_3 y^{n-2} - a_3^2 y^{n-3} + \\ + a_5 a_3 y^{n-4} + \ldots \end{aligned}$$

Durch Zusammenfassen der Glieder bekommen wir:

$$y^n + (a_1^2 - 2 a_2) y^{n-1} + (a_2^2 - 2 a_1 a_3 + 2 a_4) y^{n-2} + \ldots = 0 \quad (137)$$

Nun sind aber die Wurzeln von Gleichung (134) $-a$, $-b$, $-c$, ... und die Wurzeln von Gleichung (137) $-a^2$, $-b^2$, $-c^2$ ...

Wenn wir daher an Stelle von y wieder x in die Gleichung einführen, so lautet die Gleichung, deren Enckewurzeln die Quadrate der Enckewurzeln von Gleichung (134) sind:

$$x^n + \left.\begin{matrix} a_1^2 \\ -2a_2 \end{matrix}\right\} x^{n-1} \left.\begin{matrix} +a_2^2 \\ -2a_1a_3 \\ +2a_4 \end{matrix}\right\} x^{n-2} \left.\begin{matrix} +a_3^2 \\ -2a_2a_4 \\ +2a_1a_5 \\ -2a_6 \end{matrix}\right\} x^{n-3} \left.\begin{matrix} +a_4^2 \\ -2a_3a_5 \\ +2a_2a_6 \\ -2a_1a_7 \\ +2a_8 \end{matrix}\right\} x^{n-4} + \ldots = 0 \qquad \ldots . (138)$$

Gleichung (138) gibt uns schon das Bildungsgesetz an. Wie wir sehen, erhalten wir den Koëffizienten irgendeiner Potenz von x durch Addition der Quadrate der entsprechenden Koeffizienten der ursprünglichen Gleichung und der doppelten Produkte jedes Paares der Koeffizienten, die gleich weit von den beiden Enden entfernt sind, wobei diese Produkte abwechselnd mit positiven und negativen Zeichen zu nehmen sind.

Wir wenden nun den gleichen Vorgang auf die Gleichung (138) an und erhalten eine Gleichung, deren Enckewurzeln die 4ten Potenzen von Gleichung (134) sind. Der nächste Schritt hat eine Gleichung mit den 8ten Potenzen der Enckewurzeln von Gleichung (134) zur Folge usw.

Nehmen wir nun m gleich 64, 128 oder 256 an; da $a > b$, so ist a^m ungleich größer als b^m oder c^m oder d^m und somit werden im Vergleich zu a^m die restlichen Glieder nur wenig zu dem Summenausdruck $[a^m]$ beitragen. In ähnlicher Weise gilt $[a^m b^m] = a^m b^m$, oder genauer, da $a > b > c > d$,

$$[a^m]/a^m = (1 + \varepsilon), \text{ wobei } [a^m] = a^m + b^m + c^m \ \ldots$$

und ε eine sehr kleine Größe ist.

Ferner gilt

$$\log [a^m] = m \log |a| + \log (1 + \varepsilon)$$

oder

$$\log |a| = \frac{1}{m} \log [a^m] - \frac{1}{m} \log (1 + \varepsilon).$$

Wir haben $[a^m]$ berechnet und können $\frac{1}{m} \log (1 + \varepsilon)$ vernachlässigen, wenn m hinreichend groß gewählt wird. Wir haben somit $|a|$ bestimmt. Weiters ist

$$[a^m b^m] = a^m b^m (1 + \gamma),$$

$$\log a^m b^m + \log (1 + \gamma) = \log [a^m b^m],$$

$$\log ab = \frac{1}{m} \log [a^m b^m] - \frac{1}{m} \log (1 + \gamma),$$

$$\log |b| = \frac{1}{m} \log [a^m b^m] - \frac{1}{m} \log [a^m],$$

und wir bekommen somit $|b|$ usw. Um das richtige Vorzeichen zu finden, können wir die Wurzeln in die ursprüngliche Gleichung einsetzen.

Eine überaus wichtige Frage ist die, wann man mit der Verdoppelung von m aufzuhören hat. Es wird das dann der Fall sein, wenn eine weitere Verdoppelung keine Änderung an den gewünschten Stellen hervorruft, d. h. also, wenn die Koeffizienten $[a^{2m}]$, $[a^{2m} b^{2m}]$ der neuen Gleichung praktisch gleich sind den Quadraten der entsprechenden Koeffizienten $[a^m]$, $[a^m b^m]$ der vorhergehenden Gleichung. Ein Beispiel wird diesen Punkt etwas näher erläutern.

Wir betrachten der Einfachheit halber die quadratische Gleichung $(x+2)(x+1)=0$. Die Lösungen derselben sind -2 und -1 und die Enckewurzeln 2 und 1.

Es ist dabei zweckmäßig, von der nachstehenden Tabelle Gebrauch zu machen:

$$x^2 + 3x + 2 = 0$$

	x^2	x	x^0
p	1	3	2
Quadrat des Koeffizienten	1	9	4
doppelte Produkte		-4	
p^2	1	5	4
	1	25	16
		-8	
p^4	1	17	16
	1	289	256
		-32	
p^8	1	257	256
	1	$6{,}6 \cdot 10^4$	$6{,}55 \cdot 10^4$
		$-0{,}05 \cdot 10^4$	
p^{16}	1	$6{,}55 \cdot 10^4$	$6{,}55 \cdot 10^4$

p bezeichnet die ursprüngliche Gleichung.

p^2 die Gleichung, deren Enckewurzeln die Quadrate der Enckewurzeln der ursprünglichen Gleichung sind.

p^4 die Gleichung, deren Enckewurzeln die Quadrate der Enckewurzeln der Gleichung (p^2) sind.

p^{32} hat Koeffizienten, die bei der zu berücksichtigenden Stellenzahl praktisch gleich den Quadraten der Koeffizienten von p^{16} sind. Diese Koeffizienten lauten nämlich:

p^{32}	1	$42{,}80 \cdot 10^8$	$42{,}8 \cdot 10^8$
	oder	$(6{,}55 \cdot 10^4)^2$.	

Wir werden daher bei $m = 16$ aufhören.

Die Gleichung, deren Enckewurzeln die 16ten Potenzen der Enckewurzeln der ursprünglichen Gleichung sind, lautet demnach:

$$x^2 + 6{,}55 \cdot 10^4 x + 6{,}55 \cdot 10^4 = 0$$

und es ist

$$a^{16} = [a^{16}] = 6{,}55 \cdot 10^4$$

$$\log |a| = \frac{1}{16} \log 6{,}55 \cdot 10^4 = \frac{1}{16} [\log 10^4 + \log 6{,}55]$$

$$= \frac{1}{16} [4 + 0{,}8162] = 0{,}3010$$

$$a = \pm 2$$

$$[a^{16} b^{16}] = 6{,}55 \cdot 10^4 = (a \cdot b)^{16}$$

$$\log |ab| = \frac{1}{16} \log 6{,}55 \cdot 10^4$$

$$\log b = \frac{1}{16} [4{,}8162] - 0{,}301 = 0$$

$$b = \pm 1.$$

Die Wurzeln sind also —2 und —1.

Komplexe Wurzeln. Angenommen, die Gleichung

$$x^n + a_1 x^{n-1} + a_2 x^{n-2} + \ldots a_n = 0 \quad \ldots\ldots \quad (139)$$

sei vom 5ten Grade und habe die reellen Enckewurzeln a, b, c und die komplexen

$$r \varepsilon^{i\varphi} \quad \text{und} \quad r \varepsilon^{-i\varphi}.$$

Setzen wir voraus, daß $|a| > r > |b| > |c|$ ist, dann kann die Gleichung (139) in folgender Form geschrieben werden:

$$(x + a)(x + r\varepsilon^{i\varphi})(x + r\varepsilon^{-i\varphi})(x + b)(x + c) = 0 \quad . \; . \quad (140)$$

und eine Gleichung, deren Wurzeln die $m$ten Potenzen der Wurzeln der ursprünglichen Gleichung sind, kann auf die Form gebracht werden:

$$(x + a^m)(x + r^m \varepsilon^{im\varphi})(x + r^m \varepsilon^{-im\varphi})(x + b^m)(x + c^m) = 0 \quad (141)$$

Wenn wir die Faktoren ausmultiplizieren, erhalten wir

$$[x^3 + (a^m + b^m + c^m) x^2 + (a^m b^m + a^m c^m + b^m c^m) x + a^m b^m c^m].$$
$$[x^2 + r^m (\varepsilon^{im\varphi} + \varepsilon^{-im\varphi}) x + r^{2m}] = 0 \quad \ldots\ldots \quad (142)$$

Beachten wir, daß

$$r^m (\varepsilon^{im\varphi} + \varepsilon^{-im\varphi}) = 2 r^m \cos m\varphi$$

ist, und setzen wir die Multiplikation fort, so bekommen wir:

$$\left.\begin{aligned} & x^5 + [(a^m + b^m + c^m) + 2\,r^m \cos m\varphi]\, x^4 \\ & + \{[(ab)^m + (ac)^m + (bc)^m] + (a^m + b^m + c^m)\, 2\,r^m \cos m\varphi + r^{2m}\}\, x^3 \\ & + \{(abc)^m + [(ab)^m + (ac)^m + (bc)^m]\, 2\,r^m \cos m\varphi + \\ & \qquad + r^{2m}\,(a^m + b^m + c^m)\}\, x^2 \\ & + \{(abc)^m\, 2\,r^m \cos m\varphi + r^{2m}\,[(ab)^m + (ac)^m + (bc)^m]\}\, x + \\ & \qquad + r^{2m}\,(abc)^m = 0 \end{aligned}\right\} \quad (143)$$

Da nun $|a| > r > |b| > |c|$ ist, so geht bei Berücksichtigung der allein ausschlaggebenden Glieder diese Gleichung über in

$$x^5 + a^m x^4 + a^m 2\,r^m \cos m\Theta \cdot x^2 + a^m r^{2m} x^2 + a^m b^m r^{2m} x + (abc)^m r^{2m} = 0 \quad (144)$$

Unter der Annahme, daß $r > |a| > |b| > |c|$ ist, würden wir die Gleichung:

$$x^5 + 2\,r^m \cos m\,\varepsilon \cdot x^4 + r^{2m} x^3 + r^{2m} a^m x^2 + a^m b^m r^{2m} x + (abc)^m r^{2m} = 0$$

erhalten.

Wir sehen also, daß durch ein komplexes Wurzelpaar ein cos-Faktor eingeführt wird, der sich dadurch bemerkbar macht, daß der Koeffizient, der den cos-Faktor enthält, beim Wurzelquadrierungsprozeß sein Vorzeichen ändert. Wenn in unserer Gleichung der Koeffizient von x^{n-1} sein Vorzeichen ändert, dann ist eine komplexe Wurzel vorhanden, für deren absoluten Wert die Gleichung $r > |a| > |b| > |c|$ gilt. Die Größe r tritt, wenn sie nicht mit $\cos\varphi$ multipliziert erscheint, immer in der $2m$ten Potenz auf. Wir sind nun imstande, die algebraische Gleichung aufzustellen, deren Enckewurzeln irgendeine höhere Potenz m der Enckewurzeln der gegebenen Gleichung sind, auch für den Fall, daß die letztere ein Paar komplexer Wurzeln enthält.

Für den Fall, daß die gegebene Gleichung zwei Paare komplexer Wurzeln enthält, tritt keine weitere Schwierigkeit hinzu. Nehmen wir beispielsweise an, eine Gleichung sechsten Grades hätte zwei Paare komplexer Wurzeln, so zwar, daß die Beziehung gilt $|a| > r > r_1 > |b|$. Wenn wir beachten, daß r und r_1 in der $2m$ten Potenz auftreten müssen, dann können wir sofort die Gleichung anschreiben:

$$\begin{aligned} & x^6 + a^m x^5 + 2\,a^m r^m \cos m\varepsilon \cdot x^4 + a^m r^{2m} x^3 + 2\,a^m r^{2m} r_1^{\,m} \cos m\varepsilon \cdot x^2 + \\ & \qquad + a^m r^{2m} r_1^{\,2m} x + a^m r^{2m} r_1^{\,2m} b^m = 0 \quad . \; . \; . \; . \; . \quad (145) \end{aligned}$$

Nehmen wir an, daß

$$|a| > r > |b| > r_1$$

sei, dann lautet die Gleichung:

$$\begin{aligned} & x^6 + a^m x^5 + 2\,r^m a^m \cos m\varepsilon \cdot x^4 + a^m r^{2m} x^3 + a^m r^{2m} b^m x^2 + \\ & \qquad + 2\,a^m r^{2m} b^m r_1^{\,m} \cos m\varepsilon \cdot x + a^m b^m r^{2m} r_1^{\,2m} = 0 \quad . \; . \; . \quad (146) \end{aligned}$$

Wir sind nun in der Lage, die reellen Wurzeln und die absoluten Werte der komplexen Wurzeln zu finden. Wir haben nun noch den reellen und imaginären Teil der komplexen Wurzeln zu bestimmen.

Wir nehmen an, daß die oben angeführte Gleichung fünften Grades die drei reellen Lösungen a_0, b_0, c_0 und das Paar komplexer Wurzeln $(u + iv)$ und $(u - iv)$ habe. (Keine Enckewurzeln, sondern tatsächliche Wurzeln.)

Wenn die ursprüngliche Gleichung die Form

$$x^5 + a_1 x^4 + a_2 x^3 + a_3 x^2 + a_4 x + a_5 = 0 \quad . \quad . \quad . \quad . \quad (147)$$

hat, dann wird durch die Summe der Wurzeln die Beziehung

$$2u + a_0 + b_0 + c_0 = -a_1 \quad . \quad . \quad . \quad . \quad . \quad . \quad . \quad . \quad . \quad (148)$$

befriedigt, und es kann somit u gefunden werden. Wenn ferner r gefunden wurde, so kann v ermittelt werden. Es ist nämlich

$$v = \sqrt{r^2 - u^2}\,.$$

Wir haben somit die beiden komplexen Wurzeln ermittelt, wobei a_0, b_0, c_0 mit Hilfe des vorhin für reelle Wurzeln entwickelten Verfahrens bestimmt wurden.

Kubische Gleichung mit einem Paar komplexer Wurzeln.

Gegeben: $$x^3 - 15\,x - 126 = 0 \quad . \quad . \quad . \quad . \quad . \quad . \quad . \quad . \quad . \quad (149)$$

Anmerkung: In nachfolgender Tabelle soll $1{,}26^2$ bedeuten $1{,}26 \cdot 10^2$ und $2{,}25^2 = 2{,}25 \cdot 10^2$.

	x^3	$a_1 x^2$	$a_2 x$	a_3
p	1	0	-15	$-1{,}26^{2}$
	1	0	$2{,}25^{2}$	$1{,}588^{4}$
		30	0	
p^2	1	30	$2{,}25^{2}$	$1{,}588^{4}$
	1	$9{,}00^{2}$	$5{,}063^{4}$	$2{,}528^{8}$
		$-4{,}50^{2}$	$-95{,}28^{4}$	0
p^4	1	$4{,}50^{2}$	$-90{,}22^{4}$	$2{,}53^{8}$
	1	$2{,}02^{5}$	$8{,}1^{11}$	$6{,}4^{16}$
		$18{,}044^{5}$	$-2{,}28^{11}$	
p^8	1	$20{,}06^{5}$	$5{,}82^{11}$	$6{,}40^{16}$
	1	$4{,}02^{12}$	$3{,}38^{23}$	$4{,}09^{32}$
		$-1{,}164^{12}$	$-2{,}57^{23}$	
p^{16}	1	$2{,}86^{12}$	$0{,}81^{23}$	$4{,}09^{33}$
	1	$8{,}818^{24}$	$6{,}54^{45}$	$1{,}67^{67}$
		$-0{,}162^{24}$	$-23{,}4^{45}$	
p^{32}	1	$8{,}02^{24}$	$-16{,}86^{45}$	$1{,}67^{67}$
		$6{,}41^{49}$	$2{,}84^{92}$	$2{,}79^{134}$
		$0{,}00337^{49}$	Aufhören, sobald die doppelten Produkte vernachlässigbar werden.	
p^{64}	·	$6{,}413^{49}$		

Wir gehen daher bis p^{32}.

Die Ermittlung der Wurzelquadrate kann mittels des Rechenschiebers erfolgen. Die Ergebnisse sind dann auf zwei Stellen genau. Verzichtet man auf die Anwendung des Rechenschiebers, so kann man auf drei Stellen genaue Ergebnisse erhalten.

Dies folgt aus dem Umstand, daß der Wert der Wurzeln hauptsächlich vom Exponenten der Zehnerpotenz abhängt. So ist z. B. der Koeffizient von x^2 $8{,}02 \times 10^{24}$. Wenn wir Logarithmen benützen, so sehen wir, daß der Wert der Wurzel hauptsächlich durch die Zahl 24 bestimmt ist.

Wir bemerken, daß bei der Durchführung des Quadrierungsprozesses das Vorzeichen des Koeffizienten von x sich ändert, was auf ein Paar komplexe Wurzeln schließen läßt. Wir können mithin unsere Gleichung für p^m anschreiben. Ferner wissen wir, daß $|a| > r$ ist, da das cos-Glied dem letzten Glied am nächsten ist. Wir erhalten also

$$x^3 + a^m x^2 + 2\,a^m r^m \cos m\,\Theta \cdot x + a^m r^{2m} = 0 \quad . \quad . \quad . \quad . \quad (150)$$

$$p^{32} = x^3 + 8{,}02 \cdot 10^{24} x^2 - 16{,}86 \cdot 10^{45} x + 1{,}67 \cdot 10^{67} = 0 \quad . \quad (151)$$

Wenn wir nun die Gleichungen (149) und (150) vergleichen und berücksichtigen, daß $m = 32$ ist, so erhalten wir weiter:

$$\begin{aligned} \log a^{32} &= 24{,}9042 \\ \log |a| &= 0{,}7782 \\ a &= 6{,}00. \end{aligned}$$

Um die Wurzeln auf drei Stellen genau zu erhalten, müssen wir vierstellige Logarithmen verwenden.

$$\begin{aligned} \log (a r^2)^{32} &= 67{,}2227 \\ \log a r^2 &= 2{,}1007 \qquad a r^2 = 126{,}1 \end{aligned}$$

$$r^2 = \frac{126{,}1}{6} = 21{,}01$$

$$r = 4{,}59$$

$$\begin{aligned} 2u + a &= -a_1 \quad \text{[aus Gl. (148)]} \\ 2u &= -6 \\ u &= -3 \qquad v = \sqrt{r^2 - u^2} = \sqrt{21{,}01 - 9} = \sqrt{12} = 2\sqrt{3} \end{aligned}$$

Die Wurzeln sind demnach

$$u \pm iv = -3 \pm 2\sqrt{3}\,i, \; a = 6.$$

Gleichung siebenten Grades mit zwei Paaren komplexer Wurzeln.

Wir betrachten eine Gleichung siebenten Grades mit den folgenden Wurzeln:

$$a_0,\; b_0,\; c_0,\; u \pm iv,\; u' \pm iv'.$$

Es soll u und u', ferner v und v' bestimmt werden.

Wir können die Gleichung in der Form

$$(x-a_0)(x-b_0)(x-c_0)(x-u+iv)(x-u-iv)(x-u'+iv')$$
$$(x-u'-iv')=0$$

anschreiben und bekommen weiter:

$$(x-a_0)(x-b_0)(x-c_0)(x^2-2xu+u^2+v^2)(x^2-2u'x+u'^2+v'^2)=0$$
$$(x-a_0)(x-b_0)(x-c_0)(x^2-2xu+r^2)(x^2-2u'x+r'^2)=0$$
$$[x^3-(a_0+b_0+c_0)x^2+(a_0b_0+a_0c_0+b_0c_0)x-a_0b_0c_0]\cdot[x^2-2xu+r^2]\cdot$$
$$\cdot[x^2-2u'x+r'^2]=0.$$

Durch Ausmultiplizieren erhalten wir für den Koeffizienten von x

$$(a_0b_0+a_0c_0+b_0c_0)r^2r'^2+2ua_0b_0c_0r'^2+2u'a_0b_0c_0r^2$$

oder

$$r^2r'^2(a_0b_0+a_0c_0+b_0c_0)+2a_0b_0c_0(ur'^2+u'r^2)=a_6, \quad \ldots (152)$$

worin alles bis auf u und u' bekannt ist.

Außerdem gilt natürlich für die gegebene Gleichung:

$$a_0+b_0+c_0+2u+2u'=-a_1 \quad \ldots\ldots (153)$$

wobei die ursprüngliche Gleichung die Form

$$x^7+a_1x^6+a_2x^5+a_3x^4+a_4x^3+a_5x^2+a_6x+a_7=0 \text{ hat.}$$

Aus den Gleichungen (152) und (153) können wir nun u' und u ermitteln. Die Größen v und v' können nach Vorstehendem leicht gefunden werden.

Gleichung siebenten Grades mit drei Paaren komplexer Wurzeln.

Wir schreiben die Gleichung in der Form:

$$(x-a)(x-u_1-jv_1)(x-u_1+jv_1)(x-u_2-jv_2)(x-u_2+jv_2)\ldots=0$$
$$(x-a)(x^2-2u_1x+r_1^2)(x^2-2u_2x+r_2^2)(x^2-2u_3x+r_3^2)=0.$$

Wir multiplizieren nun aus und bekommen:

$$(x^2-2u_1x+r_1^2)(x^2-2u_2x+r_2^2)=[x^4-2(u_1+u_2)x^3+$$
$$+(r_1^2+r_2^2+4u_1u_2)x^2-2(u_2r_1^2+u_1r_2^2)x+r_1^2r_2^2].$$

Wenn wir diesen Ausdruck mit $(x^2-2u_3x+r_3^2)$ multiplizieren, so erhalten wir weiter:

$$x^6-2(u_1+u_2+u_3)x^5+(r_1^2+r_2^2+r_3^2+4u_1u_2+4u_1u_3+4u_2u_3)x^4$$
$$-2(u_2r_1^2+u_1r_2^2+u_3r_1^2+u_3r_2^2+u_1r_3^2+u_2r_3^2+4u_1u_2u_3)x^3$$
$$+(r_1^2r_2^2+r_1^2r_3^2+r_3^2r_2^2+4u_3u_2r_1^2+4u_3u_1r_2^2+4u_1u_2r_3^2)x^2$$
$$-2(u_3r_1^2r_2^2+r_3^2r_1^2u_2+u_1r_2^2r_3^2)x+r_1^2r_2^2r_3^2=0.$$

Wir multiplizieren nun die Gleichung mit $(x-a)$ und finden den Koeffizienten von x zu

$$r_1^2r_2^2r_3^2+2ar_1^2r_2^2u_3+2ar_1^2r_3^2u_2+2ar_2^2r_3^2u_1)=a_6.$$

Der Koeffizient von x^2 ergibt sich zu

$$-2\,r_1^2\,r_2^2\,u_3 - 2\,r_3^2\,r_1^2\,u_2 - 2\,r_2^2\,r_3^2\,u_1 - a\,(r_1^2\,r_2^2 + r_1^2\,r_3^2 + r_3^2\,r_2^2) - 4\,a\,(r_1^2\,u_2\,u_3 + r_2^2\,u_1\,u_3 + r_3^2\,u_1\,u_2) = -a_5.$$

In ähnlicher Weise ergibt sich für den Koeffizienten von x^5 der folgende etwas einfachere Ausdruck:

$$(r_1^2 + r_2^2 + r_3^2) + 4\,(u_1\,u_2 + u_2\,u_3 + u_1\,u_3) + 2\,a\,(u_1 + u_2 + u_3) = a_2.$$

Zahlenbeispiel für eine Gleichung siebenten Grades mit drei Paaren komplexer Wurzeln.

$$x^7 - 0{,}5\,x^4 + 2\,x^3 - 2{,}5 = 0.$$

$$x^7 + a_1\,x^6 + a_2\,x^5 + a_3\,x^4 + a_4\,x^3 + a_5\,x^2 + a_6\,x + a_7.$$

	x^7	x^6	x^5	x^4	x^3	x^2	x	x^0
p	1	0	0	−0,5	2	0	0	−2,5
	1	0	0	0,25	4	0	0	6,25
			4	0	0	2,5	0	
p^2	1	0	4	0,25	4	2,5	0	6,25
	1	0	16	0,0625	16	6,25	0	$3{,}91^{1}$
		−8	8	−32	−1,25	3,13	−31,25	
p^4	1	−8	24	−31,94	14,75	9,38	−31,25	$3{,}91^{1}$
	1	64	$5{,}76^{2}$	$1{,}02^{3}$	$2{,}19^{2}$	$8{,}80^{1}$	$9{,}80^{2}$	$1{,}53^{2}$
		−48	$-5{,}11^{2}$	$-0{,}709^{3}$	$5{,}99^{2}$	$92{,}3^{1}$	$-7{,}34^{2}$	
			$0{,}295^{2}$	$-0{,}150^{3}$	$-15{,}0^{2}$	-250^{1}		
				$0{,}0625^{3}$	$6{,}25^{2}$			
p^8	1	16	$0{,}945^{2}$	$0{,}223^{3}$	$-0{,}57^{2}$	$-1{,}49^{3}$	$2{,}46^{2}$	$1{,}53^{0}$
	1	$2{,}56^{2}$	$8{,}83^{3}$	$4{,}93^{4}$	$3{,}25^{3}$	$2{,}22^{6}$	$6{,}05^{4}$	$2{,}34^{6}$
		$-1{,}88^{2}$	$-7{,}14^{3}$	$1{,}08^{4}$	665^{3}	$0{,}0276^{6}$	455^{4}	
			$-0{,}114^{3}$	$-4{,}76^{4}$	$46{,}2^{3}$	$0{,}68^{6}$		
				$-0{,}049^{4}$	-49^{3}			
p^{16}	1	$6{,}8^{1}$	$1{,}58^{3}$	$1{,}20^{4}$	$6{,}65^{5}$	$2{,}93^{6}$	$4{,}61^{6}$	$2{,}34^{6}$
	1	$4{,}62^{3}$	$2{,}5^{6}$	$1{,}44^{8}$	$4{,}42^{11}$	$8{,}59^{12}$	$2{,}13^{13}$	$5{,}48^{12}$
		$3{,}16^{3}$	$-1{,}63^{6}$	-21^{8}	$-0{,}704^{11}$	$-6{,}14^{12}$	$-1{,}37^{13}$	
			$1{,}33^{6}$	$3{,}98^{8}$	$-0{,}146^{11}$	$0{,}0562^{12}$		
				$-0{,}0924^{8}$	$-0{,}0032^{11}$			
p^{32}	1	$1{,}46^{3}$	$2{,}20^{6}$	$-1{,}57^{9}$	$3{,}86^{11}$	$2{,}506^{12}$	$7{,}6^{12}$	$5{,}48^{12}$
	1	$2{,}13^{6}$	$4{,}84^{12}$	$2{,}46^{18}$	$1{,}49^{23}$	$6{,}3^{24}$	$5{,}78^{25}$	$3{,}00^{25}$
		$-4{,}40^{6}$	$4{,}59^{12}$	$-1{,}70^{18}$	$0{,}0787^{23}$	$-5{,}87^{24}$	$-2{,}75^{25}$	
			$0{,}772^{12}$	$0{,}007^{18}$	$0{,}0003^{23}$	$-0{,}0172^{24}$		
				$-0{,}00002^{18}$				
p^{64}	1	$-2{,}27^{6}$	$1{,}02^{13}$	$7{,}67^{17}$	$1{,}57^{23}$	$4{,}13^{23}$	$3{,}03^{25}$	$3{,}00^{25}$
	1	$5{,}15^{12}$	$1{,}04^{26}$	$5{,}88^{35}$	$2{,}46^{46}$	$1{,}71^{47}$	$9{,}18^{50}$	$9{,}00^{50}$
		$-20{,}4^{12}$	$0{,}035^{26}$	$-3\cdot 1{,}7^{35}$	$0{,}00006^{46}$	$-95{,}2^{47}$	$-0{,}248^{50}$	
				$-0{,}000019^{35}$	$-0{,}00006^{46}$			
p^{128}	1	$-1{,}53^{13}$	$1{,}075^{26}$	$-2{,}58^{36}$	$2{,}46^{46}$	$-9{,}35^{48}$	$8{,}93^{50}$	$9{,}00^{50}$
	1	$2{,}34^{26}$	$1{,}17^{52}$	$6{,}66^{72}$	$6{,}05^{92}$	$8{,}74^{97}$	$7{,}97^{101}$	$8{,}1^{101}$
		$-2{,}15^{26}$	$-0{,}008^{52}$	$-5{,}3^{72}$	0000	$-4{,}39^{97}$	$0{,}168^{101}$	
p^{256}	1	$1{,}9^{25}$	$1{,}16^{52}$	$1{,}36^{72}$	6.05^{92}	$4{,}35^{97}$	$8{,}14^{101}$	$8{,}1^{101}$
	1	$3{,}61^{50}$	$1{,}35^{104}$	$1{,}85^{144}$	$3{,}66^{185}$	$1{,}89^{195}$	$6{,}63^{203}$	$6{,}56^{203}$
		$-232{,}^{50}$	000	$-14{,}1^{144}$	000	$0{,}985^{195}$	000	

p^{512} Die Koeffizienten sind praktisch gleich den Quadraten der Koeffizienten der Gleichung (p^{256}).

Der besseren Übersicht halber wollen wir die Gleichungen wie folgt zusammenstellen:

	x^7	x^6	x^5	x^4	x^3	x^2	x	x^0
p	1	0	0	$-0{,}500$	$2{,}00$	0	0	$-2{,}50$
p^2	1	0	4	$0{,}250$	$4{,}00$	$2{,}50$	0	$6{,}25$
p^4	1	$-8{,}00$	$24{,}0$	$-31{,}94$	$14{,}75$	$9{,}38$	$-31{,}25$	$3{,}91^{1}$
p^8	1	$16{,}0$	$9{,}45^{1}$	$2{,}23^{2}$	$-5{,}7^{1}$	$-1{,}49^{3}$	$2{,}46^{2}$	$1{,}53^{3}$
p^{16}	1	$6{,}80^{1}$	$1{,}58^{3}$	$1{,}20^{4}$	$6{,}65^{5}$	$2{,}93^{6}$	$4{,}61^{6}$	$2{,}34^{6}$
p^{32}	1	$1{,}46^{3}$	$2{,}20^{6}$	$-1{,}57^{9}$	$3{,}86^{11}$	$2{,}51^{12}$	$7{,}61^{2}$	$5{,}48^{12}$
p^{64}	1	$-2{,}27^{6}$	$1{,}02^{13}$	$7{,}67^{17}$	$1{,}57^{23}$	$4{,}13^{23}$	$3{,}03^{25}$	$3{,}00^{25}$
p^{128}	1	$-1{,}53^{13}$	$1{,}08^{26}$	$-2{,}58^{36}$	$+2{,}46^{46}$	$-9{,}35^{48}$	$8{,}93^{50}$	$9{,}00^{50}$
p^{256}	1	$1{,}90^{25}$	$1{,}16^{52}$	$1{,}36^{72}$	$6{,}05^{92}$	$4{,}35^{97}$	$8{,}14^{101}$	$8{,}10^{101}$

$$\begin{aligned} p^{256} = x^7 &+ 1{,}90^{25}\, x^6 + 1{,}16^{52}\, x^5 + 6{,}05^{92}\, x^3 + 4{,}35^{97}\, x^2 \\ &+ 8{,}14^{101}\, x + 8{,}10^{101} = 0 \quad \ldots\ldots \quad (154) \end{aligned}$$

Wir ersehen aus der obigen Zusammenstellung, daß die Koeffizienten von x^6, x^4 und x^2 das Vorzeichen ändern, was auf drei Paare komplexer Wurzeln, $r_1 \varepsilon^{\pm j\Theta_1}$, $r_2 \varepsilon^{\pm j\Theta_2}$ und $r_3 \varepsilon^{\pm j\Theta_3}$ hindeutet. Die übrigbleibende Wurzel (a) ist reell und numerisch am kleinsten. Wir können nun die Gleichung (p^m) wie folgt hinschreiben:

$$\begin{aligned} x^7 &+ 2\, r_1^{\,m} \cos m\,\Theta_1\, x^6 + r_1^{\,2m}\, x^5 + 2\, r_1^{\,2m}\, r_2^{\,m} \cos m\,\Theta_2\, x^4 \\ &+ r_1^{\,2m}\, r_2^{\,2m}\, x^3 + 2\, r_1^{\,2m}\, r_2^{\,2m}\, r_3^{\,m} \cos m\,\Theta_3\, x^2 \\ &+ r_1^{\,2m}\, r_2^{\,2m}\, r_3^{\,2m}\, x + r_1^{\,2m}\, r_2^{\,2m}\, r_3^{\,2m}\, a^m = 0 \quad \ldots\ldots \quad (155) \end{aligned}$$

Vergleichen wir nun die Gleichungen (154) und (155), so erhalten wir weiter:

$$m = 256$$

$$\begin{array}{lll} \log (r_1^2)^m = 52{,}0645 & \log r_1^2 = 0{,}2034 & r_1^2 = 1{,}597 \\ \log (r_1^2 r_2^2)^m = 92{,}7818 & \log r_1^2 r_2^2 = 0{,}3624 & r_1^2 r_2^2 = 2{,}304 \\ \log (r_1^2 r_2^2 r_3^2)^m = 101{,}9106 & \log r_1^2 r_2^2 r_3^2 = 0{,}3981 & r_1^2 r_2^2 r_3^2 = 2{,}501 \\ \log (r_1^2 r_2^2 r_3^2)^m a^m = 101{,}9085 & \log r_1^2 r_2^2 r_3^2 a = 0{,}3981 & r_1^2 r_2^2 r_3^2 a = 2{,}501 \end{array}$$

$$a = \frac{2{,}501}{2{,}501} = 1{,}00$$

$$\begin{array}{llll} \log r_1 = 0{,}1017 & r_1 = 1{,}264 & r_1 = 1{,}264 & r_1^2 = 1{,}597 \\ \log r_1 r_2 = 0{,}1812 & r_1 r_2 = 1{,}528 & r_2 = 1{,}209 & r_2^2 = 1{,}443 \\ \log r_1 r_2 r_3 = 0{,}1991 & r_1 r_2 r_3 = 1{,}582 & r_3 = 1{,}035 & r_3^2 = 1{,}086. \end{array}$$

Die komplexen Wurzeln sollen die Form $u_1 \pm i v_1$, $u_2 \pm i v_2$, $u_3 \pm i v_3$ haben. Wir haben nun die Größen u_1, u_2, u_3, v_1, v_2, v_3 zu ermitteln.

Die Summe der Wurzeln ist gleich dem Koeffizienten von x^6, d. h. es ist

$$u_1 + u_2 + u_3 = -\frac{a}{2} \quad . \; . \; . \; . \; . \; . \; . \; . \; . \quad (156)$$

Der Koeffizient von x ist

$$r_1^2 r_2^2 r_3^2 + 2\,a\,r_1^2 r_2^2 u_3 + 2\,a\,r_1^2 r_3^2 u_2 + 2\,a\,r_2^2 r_3^2 u_1 = a_6 \quad (157)$$

Der Koeffizient von x^5 ist

$$(r_1^2 + r_2^2 + r_3^2) + 4\,u_1 u_2 + 4\,u_1 u_3 + 4\,u_2 u_3 + 2\,a\,(u_1 + u_2 + u_3) = a_2 \quad (158)$$

Wenn wir nun die Werte für r einsetzen, so lauten die Gleichungen (156) bis (158) wie folgt:

$$u_1 + u_2 + u_3 = -0{,}5 \quad . \; . \; . \; . \; . \; . \; . \; . \; . \quad (156\,\mathrm{a})$$

$$3{,}134\,u_1 + 3{,}469\,u_2 + 4{,}608\,u_3 = -2{,}501 \quad . \; . \; . \; . \quad (157\,\mathrm{a})$$

$$4{,}126 + 4\,(u_1 u_2 + u_1 u_3 + u_2 u_3) - 1 = 0 \quad . \; . \; . \; . \quad (158\,\mathrm{a})$$

Aus der Gleichung (156 a) und (157 a) können u_2 und u_3 durch u_1 ausgedrückt werden, und zwar ist

$$\left.\begin{aligned} u_2 &= 0{,}1729 - 1{,}294\,u_1 \\ u_3 &= -0{,}6729 + 0{,}294\,u_1 \end{aligned}\right\}$$

Setzt man diese Werte in Gleichung (158a) ein, so ergibt sich:

$$\begin{array}{lll} 0{,}7815 & +0{,}1729\,u_1 & -1{,}294\;\;u_1^2 \\ -0{,}1163 & -0{,}6729\,u_1 & +0{,}294\;\;u_1^2 \\ & +0{,}0508\,u_1 & -0{,}3804\,u_1^2 \\ & +0{,}8707\,u_1 & \\ \hline 0{,}6652 & +0{,}4215\,u_1 & -1{,}38\,u_1^2 = 0 \end{array}$$

und weiter durch Auflösung dieser quadratischen Gleichung

$$u_1 = \frac{0{,}4215 \pm \sqrt{0{,}1776 + 4 \cdot 1{,}38 \cdot 0{,}6652}}{2{,}76}$$

$$u_1 = 0{,}864.$$

Der zweite Wert von u_1 aus der quadratischen Gleichung befriedigt nicht die ursprüngliche Gleichung

$$v_1 = \sqrt{1{,}597 - 0{,}7465} = \sqrt{0{,}85} = 0{,}922,$$

$$u_1 \pm j v_1 = 0{,}864 \pm j\,0{,}922 \text{ (auf drei Stellen genau),}$$

$$u_2 = -0{,}946,\; u_3 = -0{,}419,\; v_2 = 0{,}75,\; v_3 = 0{,}954,$$

Es sind somit die Wurzeln auf drei Stellen genau:

$$\begin{aligned} u_1 \pm j v_1 &= 0{,}864 \pm 0{,}922\,j \\ u_2 \pm j v_2 &= -0{,}946 \pm 0{,}750\,j \\ u_3 \pm j v_3 &= -0{,}419 \pm 0{,}954\,j. \end{aligned}$$

Mehrfache Wurzeln.

Wir nehmen an $a, b, b', c, d \ldots$ seien Enckewurzeln, wobei $b = b'$ ist. Ferner sei $|a| > |b| > |c| > |d| > \ldots$. Wir können dann die Gleichung folgendermaßen anschreiben:

$$(x + a)(x + b)(x + b')(x + c)(x + d) \ldots = 0.$$

Die Gleichung, deren Enckewurzeln die $m$ten Potenzen der Enckewurzeln der gegebenen Gleichung sind, lautet:

$$(x + a^m)(x + b^m)(x + b'^m)(x + c^m)(x + d^m) \ldots = 0$$

und kann in folgender Form geschrieben werden:

$$x^n + (a^m + b^m + b'^m + c^m + d^m \ldots) x^{n-1} + [(ab)^m + (ab')^m + (bb')^m + + (b'c)^m + (bc)^m + (b'd)^m + (bd)^m + (ac)^m + (ad)^m + \ldots] x^{n-2} + + [(abc)^m + (abb')^m + (abd)^m + \ldots] x^{n-3} + [(abb'c)^m + \ldots] x^{n-4} + + \ldots (abb'cd \ldots)^m = 0.$$

Wenn wir wieder nur die ausschlaggebenden Glieder berücksichtigen, erhalten wir

$$x^n + a^m x^{n-1} + [2 a^m b^m] x^{n-2} + a^m b^{2m} x^{n-3} + a^m b^{2m} c^m x^{n-4} + \ldots = 0.$$

Wir betrachten nun den Koeffizienten von x^{n-2}. Wird m verdoppelt, so wird nicht wie in den vorhergehenden Fällen der neue Koeffizient annähernd gleich dem Quadrat des entsprechenden Koeffizienten sein, sondern ungefähr gleich dem halben Quadrat dieses Koeffizienten. Der Koeffizient von x^{n-2} ist $(2a^m b^m)$. (Durch Quadrieren erhalten wir $4a^{2m}b^{2m}$; durch Verdoppeln von m $2a^{2m}b^{2m}$.)

Aus diesem Umstand können wir auf das Vorhandensein mehrfacher Wurzeln schließen.

Zahlenbeispiel: $x^3 + 7x^2 + 16x + 12 = 0.$

Die nacheinander aufzustellenden Gleichungen sind:

$$\begin{array}{ll} p^2 & x^3 + 17x^2 + 88x + 144 = 0, \\ p^4 & x^3 + 113x^2 + 2848x + 20736 = 0, \\ p^8 & x^3 + 707x^2 + 3{,}43 \cdot 10^6 x + 4{,}3 \cdot 10^8 = 0, \\ p^{16} & x^3 + 4{,}32 \cdot 10^7 x^2 + 0{,}565 \cdot 10^{13} x + 1{,}85 \cdot 10^{17} = 0, \\ p^{32} & x^3 + 1{,}85 \cdot 10^{15} x^2 + 1{,}65 \cdot 10^{25} x + 3{,}42 \cdot 10^{34} = 0. \end{array}$$

Es ist klar, daß die Koeffizienten von p^{64} die Quadrate der entsprechenden Koeffizienten von p^{32} sind, mit Ausnahme des Koeffizienten von x. Dies deutet darauf hin, daß mehrfache Wurzeln vorhanden sind.

$$x^3 + a^m x^2 + 2a^m b^m x + a^m b^{2m} = 0 \quad |a| > |b|,$$

$$\begin{array}{lll} \log a^{32} = 15{,}2679 & \log |a| = 0{,}4771 & |a| = 3{,}00, \\ \log a^{32} b^{64} = 34{,}5339 & \log |b| = 0{,}3010 & |b| = 2{,}00 = b'. \end{array}$$

Die Wurzeln der Gleichung sind also —3, —2, —2.

Rein imaginäre Wurzeln.

Wir betrachten als spezielles Beispiel eine kubische Gleichung mit der reellen Wurzel a und dem Paar imaginärer Wurzeln $r\varepsilon^{+j\Theta}$, $r\varepsilon^{-j\Theta}$. Die Gleichung, deren Wurzeln gleich jenen der gegebenen sind, jedoch mit entgegengesetztem Vorzeichen, lautet:

$$(x+a)(x+r\varepsilon^{j\Theta})(x+r\varepsilon^{-j\Theta})=0 \quad \ldots\ldots (159)$$

Die Gleichung, deren Enckewurzeln die $m$ten Potenzen der Enckewurzeln der vorstehenden Gleichung sind, ist:

$$(x+a^m)(x+r^m\varepsilon^{jm\Theta})(x+r^m\varepsilon^{-jm\Theta})=0 \quad \ldots (160)$$

Wenn wir die Gleichung ausmultiplizieren und nach Potenzen von x ordnen, erhalten wir:

$$x^3+(a^m+2r^m\cos m\Theta)\,x^2+(2a^m r^m \cos m\Theta+r^{2m})\,x+a^m r^{2m}=0 \quad (161)$$

Wir setzen nun $\Theta=\pi/2$

$$x^3+\left(a^m+2r^m\cos m\frac{\pi}{2}\right)x^2+\left(2a^m r^m\cos m\frac{\pi}{2}+r^{2m}\right)x+a^m r^{2m}=0 \quad (162)$$

Wenn nun $|a|>r$ gilt, so ergibt sich die Gleichung (p^m), wenn wir nur die ausschlaggebenden Glieder berücksichtigen, wie folgt:

$$x^3+a^m x^2+2a^m r^m\cos\frac{m\pi}{2}\,x+a^m r^{2m}=0 \quad \ldots (163)$$

Für $m=2$, d. h. bei der Ermittlung von p^2 erhalten wir $\cos\pi$, was den Wert (-1) ergibt. Es ändert sich also beim Übergang von p auf p^2 das Vorzeichen des Koeffizienten von x, jedoch erhalten wir bei Übergang von $m=2$ auf $m=4$ oder von $m=8$ auf $m=16$ die Koeffizienten $\cos 2\pi$, $\cos 4\pi \ldots$, welche immer positiv sind.

Ferner ist zu beachten, daß die Verdoppelung von m die neuen Koeffizienten $2a^{2m}r^{2m}\cos\pi m=2a^{2m}r^{2m}$ liefert.

Die Quadrate der ursprünglichen Koeffizienten sind jedoch:

$$4a^{2m}r^{2m}\left(\cos\frac{\pi m}{2}\right)^2=4a^{2m}r^{2m}.$$

Setzten wir beispielsweise in Gleichung (162) $m=2$, so bekommen wir:

$$x^3+(a^2+2r^2\cos\pi)\,x^2+(2a^2r^2\cos\pi+r^4)\,x+a^2r^4=0 \quad (164)$$

Wenn nun die reelle Wurzel größer als r ist, so ist sie ungleich größer für $m=32$ oder 64; sie kann auch für $m=2$ schon wesentlich größer sein.

Wenn wir m verdoppeln und nur den ausschlaggebenden Teil betrachten, so erhalten wir den Koeffizienten von x zu $2a^4r^4\cos 2\pi$. Das Quadrat dieses Koeffizienten ist jedoch $4a^4r^4\cos{}^2\pi$, also doppelt so groß, als der Ausdruck, den wir durch Verdoppelung von m erhalten haben. Um also das Vorhandensein von rein imaginären Wurzeln nachweisen zu können, muß folgendes gelten:

1. Es muß bei Übergang von $m = 1$ auf $m = 2$ eine Änderung des Vorzeichens des Koeffizienten einer x-Potenz auftreten, jedoch muß dieses Vorzeichen bei den weiteren Änderungen von m ($m = 4$, 8 usw.) gleichbleiben.

2. Im Verlaufe des Wurzelquadrierungsverfahrens, wenn $|a|$ ungleich größer als $|r|$ geworden ist, ist dieser Koeffizient immer ungefähr gleich dem halben Quadrat des entsprechenden vorhergegenden Koeffizienten.

Anwendung auf einen Stromkreis mit konzentrierten Konstanten.

Dem in Abb. 53 dargestellten Stromkreis wird eine Spannung E zur Zeit $t = 0$ plötzlich aufgedrückt. Gesucht ist der Strom, der nach einer bestimmten Zeit t, vom Schließen des Schalters an gerechnet, in der Induktionsspule L fließt.

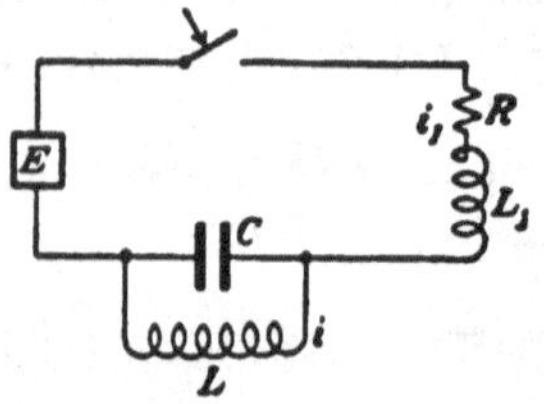

Abb. 53.

Der Operator für die gesamte Impedanz lautet:

$$Z = R + pL_1 + \frac{pL}{p^2CL + 1} =$$

$$= \frac{(R + pL_1)(p^2CL + 1) + pL}{p^2CL + 1}.$$

Der Strom im Widerstand R ergibt sich zu

$$i_1 = \frac{E\,1}{Z} = \frac{E(p^2CL + 1)\,1}{(R + pL_1)(p^2CL + 1) + pL}.$$

Wenn wir nun den Strom in der Induktionsspule mit i bezeichnen, so gilt

$$\frac{i}{i_1} = \frac{1/pL}{\dfrac{1}{pL} + pC},$$

und es ist daher

$$i = \frac{i_1}{1 + p^2CL}$$

$$= \frac{E\,1}{CLL_1p^3 + RCLp^2 + (L + L_1)p + R}.$$

Es sei $E = 100$ V, $L = L_1 = 2$ Henry,
$R = 400$ Ohm,
$C = 1$ Farad.

Dann ist $$i = \frac{100\,1}{4p^3 + 800p^2 + 4p + 400}.$$

Wenn wir diese Operatorengleichung mittels der Entwicklungsformel auflösen, so erhalten wir

$$Y(p) = 100$$

$$Z(p) = 4p^3 + 800p^2 + 4p + 400 = 4(p^3 + 200p^2 + p + 100)$$

$$p\frac{dZ}{dp} = 4(3p^3 + 400p^2 + p)$$

$$\frac{Y(0)}{Z(0)} = \frac{E}{R} = \frac{100}{400} = \frac{1}{4}$$

$$i = \frac{Y(0)}{Z(0)} + \sum_{p_1 p_2 p_3} \frac{Y(p)}{p\frac{dZ}{dp}} \varepsilon^{pt},$$

wobei die Summation über die Wurzeln der Gleichung $Z(p) = 0$ zu erstrecken ist. Wenn wir nun von dem Verfahren des Wurzelquadrierens Gebrauch machen, erhalten wir

	p^3	p^2	p	p^0
x	1	200	1	100
	1	4^4	1	1^4
		-2	-4^4	
x^2	1	$3{,}9998^4$	$-3{,}9999^4$	1^4
	1	$15{,}9984^8$	$15{,}9992^8$	1^8
		$7{,}9998^4$	$7{,}9996^4$	
x^4	1	$15{,}9992^8$	$15{,}9984^8$	1^8
	1	$256{,}9744^{16}$	$255{,}9488^{16}$	1^{16}
x^8	1	$256{,}9744^{16}$	$255{,}9488^{16}$	1^{16}

Wir können bei x^4 aufhören, da beim Übergang von $(x^4)^2$ zu x^8 keine Änderung auftritt. Die Koeffizienten ändern das Vorzeichen, was auf ein Paar komplexer Wurzeln hindeutet. Die Gleichung, deren Enckewurzeln die $m$ten Potenzen der Enckewurzel von $Z(p)$ sind, lautet:

$$p^3 + a^m p^2 + (2a^m r^m \cos m\Theta)\, p + a^m r^{2m} = 0.$$

$$a^m = 15{,}9992 \cdot 10^8$$

$$m \log a = \log 15{,}9992 \cdot 10^8$$

da $m = 4$ ist, so folgt:

$$\log a = \frac{1}{4} \cdot 9{,}204098$$

$$\log a = 2{,}3010245$$

$$a = 199{,}9975$$

$$p_1 = -199{,}9975$$

$$(ar^2)^m = 10^8$$

$$4 \log a r^2 = 8$$

$$\log a r^2 = 2$$

$$a r^2 = 100$$

$$r^2 = \frac{100}{200} = \frac{1}{2}$$

$$r = \sqrt{1/2}.$$

Zu den anderen Wurzeln gelangen wir am einfachsten, wenn wir die ursprüngliche Gleichung durch $(p + 199{,}9975)$ dividieren und die sich ergebende quadratische Gleichung auflösen

$$p^2 + 0{,}0025\, p + 0{,}5 = 0$$

daher

$$p_2 = -0{,}00125 + j\sqrt{1/2}$$

$$p_3 = -0{,}00125 - j\sqrt{1/2}.$$

Nach der Methode des Wurzelquadrierens haben wir wie folgt vorzugehen:

Die Wurzeln sind $\begin{cases} u + iv \\ u - iv \\ a, \end{cases}$

und da die Summe der Wurzel gleich dem negativen Koeffizienten von p^2 ist, so gilt

$$2\,u + a = -200$$

$$u = -0{,}00125$$

$$r = \sqrt{1/2} \qquad v = \sqrt{r^2 - u^2}.$$

Die Wurzeln sind dann

$$p_1 = -199{,}9975, \quad p_2 = -0{,}00125 + 0{,}707\, j,$$

$$p_3 = -0{,}00125 - 0{,}707\, j,$$

$$\left[\frac{Y(p)}{p\,\frac{dZ}{dp}}\right]_{p=p'_1} = -3{,}125 \cdot 10^{-6}\, \varepsilon^{-199{,}9975\,t}.$$

Durch Einsetzen der beiden anderen Wurzeln und Vereinfachung erhält man den Ausdruck:

$$-\frac{\varepsilon^{-0{,}00125\,t}}{4}\left\{\left[\frac{\varepsilon^{0{,}707\,j\,t} - \varepsilon^{-0{,}707\,j\,t}}{2}\right] + \frac{0{,}042}{8}\left[\frac{\varepsilon^{0{,}707\,j\,t} - \varepsilon^{-0{,}707\,j\,t}}{2\,j}\right]\right\}$$

$$= -0{,}25\, \varepsilon^{-0{,}00125\,t} \cos(0{,}707\, t - \Theta), \text{ wobei } \operatorname{tg}\Theta = \frac{0{,}042}{8},$$

$$\Theta = 0^0\, 18' \text{ ist.}$$

Wir erhalten somit für den Strom in der Induktionsspule

$$J_L = 0{,}25 - 3{,}125 \cdot 10^{-6}\, \varepsilon^{-199{,}9975} - 0{,}25\, \varepsilon^{-0{,}00125\,t} \cos(0{,}707\, t - 0^0\, 18').$$

Anwendung auf einen Stromkreis mit konzentrierten und verteilten Konstanten.

Eine Spannung E wird plötzlich über eine konzentrierte Induktivität L_0 einem idealen Kabel von der Länge l aufgedrückt (siehe Abb. 54). Gesucht ist die Spannung V_0 am Anfang des Kabels

$$V_0 = E\,1 - i_0\, p\, L_0; \quad i_0 = \frac{Y\, V_0 \sinh n\,l}{n \cosh n\,l}; \quad V_0 + \frac{V_0\, p\, L_0\, Y \sinh n\,l}{n \cosh n\,l} = E\,1$$

$$V_0 = \frac{E\,1}{1 + \frac{p\,L_0\,Y\,\sinh n\,l}{n\,\cosh n\,l}}$$

$$V_0 = \frac{n\,E\,\cosh n\,l}{n\,\cosh n\,l + p\,L_0\,Y\,\sinh n\,l}\,1$$

$$V_0 = \frac{n\,E\,\cosh n\,l}{n\,\cosh n\,l + p^2\,C\,L_0\,\sinh n\,l}\,1 \quad \dots\dots \quad (165)$$

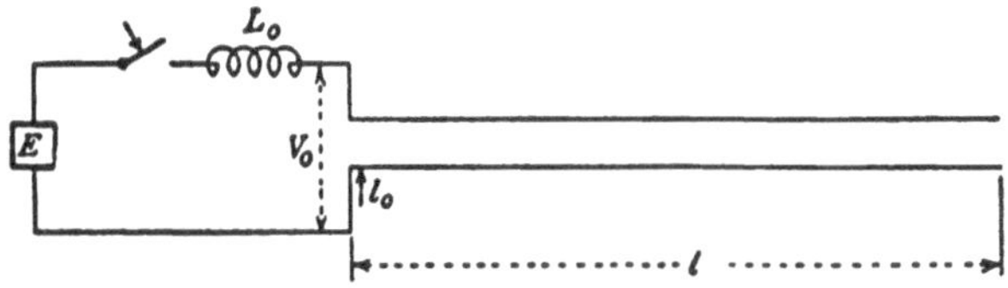

Abb. 54.

Wir wollen nun zu trigonometrischen Funktionen übergehen und erhalten, wenn wir $n^2 = -m^2$ setzen, ferner $n^2 = p\,C\,R$ und $Y = p\,C$

$$V_0 = \frac{\pm\,j\,m\,E\,\cosh(\pm\,j\,m\,l)}{\pm\,j\,m\,\cosh(\pm\,j\,m\,l) + p^2\,C\,L_0\,\sinh(\pm\,j\,m\,l)}\,1 =$$

$$= \frac{E\,m\,\cos m\,l}{m\,\cos m\,l + p^2\,C\,L_0\,\sin m\,l}\,1 \quad \dots\dots\dots\dots \quad (166)$$

$$Y(p) = m\,\cos m\,l$$

$$Z(p) = m\,\cos m\,l + p^2\,C\,L_0\,\sin m\,l \quad \dots\dots \quad (167)$$

$\frac{Y(0)}{Z(0)}$ ist der Grenzwert von $\left[\frac{m\,\cos m\,l}{m\,\cos m\,l + p^2\,C\,L_0\,\sin m\,l}\,E\,1\right]$,

wenn m gegen 0 geht,

$$= \lim_{m \to 0}\left[\frac{\left(\frac{-\,C\,R\,\cos m\,l}{2\,m} + \frac{C\,R\,l\,\sin m\,l}{2}\right)}{\frac{-\,C\,R\,\cos m\,l}{2\,m} + \frac{C\,R\,l\,\sin m\,l}{2} - \frac{p^2\,C^2\,R\,L_0\,l\,\cos m\,l}{2\,m} + 2\,p\,C\,L_0\,\sin m\,l}\,E\,1\right] =$$

$$= \lim_{\substack{m \to 0 \\ p \to 0}}\left[\frac{(-\,C\,R\,\cos m\,l + m\,C\,R\,l\,\sin m\,l)\,E\,1}{-\,C\,R\cos m\,l + C\,R\,m\,l\sin m\,l + p^2\,C\,R\,l\,L_0\cos m\,l + 4\,m\,p\,C\,L_0\sin m\,l}\,E\,1\right],$$

$$\frac{d\,Z}{d\,p} = (\cos m\,l - m\,l\,\sin m\,l + p^2\,C\,L_0\,l\,\cos m\,l)\,\frac{d\,m}{d\,p} + 2\,p\,C\,L_0\,\sin m\,l,$$

$$n^2 = p\,C\,R = -\,m^2 \qquad -\,2\,m\,\frac{d\,m}{d\,p} = C\,R \qquad \frac{d\,m}{d\,p} = -\,\frac{C\,R}{2\,m},$$

$$\frac{d\,Z}{d\,p} = \frac{-\,C\,R\,\cos m\,l}{2\,m} + \frac{C\,R\,l\,\sin m\,l}{2} - \frac{L_0\,p^2\,C^2\,R\,l\,\cos m\,l}{2\,m} +$$

$$+\,2\,p\,C\,L_0\,\sin m\,l,$$

$$p\frac{dZ}{dp}=\frac{-pCR\cos ml}{2m}+\frac{pCRl\sin ml}{2}-\frac{p^3C^2RL_0l\cos ml}{2m}+$$
$$+2p^2CL_0\sin ml$$
$$=\frac{m\cos ml}{2}-\frac{m^2l}{2}\sin ml+\frac{p^2CL_0lm}{2}\cos ml+2p^2CL_0\sin ml.$$

Wenn wir $Z(p)=0$ setzen, bekommen wir:

$$m\cos ml=-p^2CL_0\sin ml. \quad \ldots \ldots \quad (168)$$

$$\operatorname{tg}\alpha=\frac{-m}{p^2CL_0}=\frac{-\alpha}{p^2CL_0l}=\frac{-CR^2l^3}{L_0\alpha^3}.$$

$$\frac{Y(p)}{p\dfrac{dZ}{dp}}=\frac{1}{\dfrac{1}{2}-\dfrac{ml\operatorname{tg}ml}{2}+\dfrac{p^2CL_0lm}{2m}+\dfrac{2p^2CL_0}{m}\operatorname{tg}ml}.$$

Der Nenner ist $=\frac{1}{2}-\frac{\alpha\operatorname{tg}\alpha}{2}-2-\frac{\alpha}{2\operatorname{tg}\alpha}$

$$=-\frac{3}{2}-\alpha\frac{\operatorname{tg}\alpha}{2}-\frac{\alpha}{2\operatorname{tg}\alpha},$$

$$\frac{Y(p)}{p\dfrac{dZ}{dp}}=\frac{2}{-3-\alpha\operatorname{tg}\alpha-\dfrac{\alpha}{\operatorname{tg}\alpha}}$$

$$=\frac{2\sin\alpha\cos\alpha}{-3\cos\alpha\sin\alpha+2\alpha(-\cos^2\alpha-\sin^2\alpha)}=-\frac{2\sin2\alpha}{2\alpha+3\sin2\alpha} \quad (169)$$

und $$V_0=E-\sum_{\alpha_0,\alpha_1,\alpha_2\ldots}\frac{2\sin2\alpha}{2\alpha+3\sin2\alpha}\varepsilon^{-\frac{\alpha^2t}{CRl^2}}, \quad \ldots \quad (170)$$

wobei $$\operatorname{tg}\alpha=-\frac{CR^2l^3}{L_0\alpha^3}$$

ist. Wenn wir nun die nachstehenden Zahlenwerte einsetzen:

$C=0{,}25\cdot10^{-6}$ F pro km Leitungslänge
$R=1{,}25\,\Omega$ » » »
$L_0=0{,}64$ Henry » » »
$l=300$ km

so nimmt die Gleichung (168) die Form

$$\operatorname{tg}\alpha=-\frac{12\,8}{\alpha^3} \quad \ldots \ldots \ldots \ldots \quad (171)$$

an.

Um die Methode des Wurzelquadrierens auf obige transzendente Gleichung anwenden zu können, müssen wir tg a durch eine passende, stark konvergierende Reihe ausdrücken. Z. B.

$$\operatorname{tg}\alpha = \alpha + 3\,\alpha^3 + \frac{2}{15}\,\alpha^5 + \frac{17}{315}\,\alpha^7 + \frac{62}{2835}\,\alpha^9 + \ldots, \qquad (172)$$

worin $\alpha^2 < \frac{\pi^2}{4}$. Wenn wir aber Gleichung (171) in der Form $\operatorname{cotg}\alpha = \frac{-\alpha^3}{12{,}8}$ anschreiben, dann kann die folgende unendliche Reihe benützt werden, die $\operatorname{cotg}\alpha$ für größere Werte von α darstellt. Es ist

$$\operatorname{cotg}\alpha = -\frac{\alpha^3}{12{,}8} = \frac{1}{\alpha} - \frac{\alpha}{3} - \frac{\alpha^3}{45} - \frac{2\,\alpha^5}{945} - \frac{\alpha^7}{4725} - \ldots, \qquad (173)$$

worin $\alpha^2 < \pi^2$. Bei Benützung dieser Reihe haben wir die Gleichung

$$0 = 1 - \frac{\alpha^2}{3} + \frac{32{,}2}{576}\,\alpha^4 - \frac{2\,\alpha^6}{945} - \frac{\alpha^8}{4725} \quad . \; . \; . \; . \qquad (174)$$

aufzulösen. Wenn wir $\alpha^2 = x$ setzen und weiter vereinfachen, so erhalten wir die Gleichung

$$x^4 + 10\,x^3 - 264\,x^2 + 1575\,x - 4725 = 0, \quad . \; . \; . \; . \qquad (175)$$

die wir mittels der Methode des Wurzelquadrierens auflösen.

Anmerkung: In der nachstehenden Tabelle soll wieder $-2{,}64^2 = -2{,}64 \cdot 10^2$ sein usw.

	x^4	x^3	x^2	x	x^0
p	1	1^1	$-2{,}64^2$	$1{,}575^3$	$-4{,}725^3$
	1	1^2 $5{,}28^2$	$7{,}0^4$ $-3{,}15^4$ $-0{,}95^4$	$2{,}48^6$ $2{,}495^6$	$2{,}24^7$
p^2	1	$6{,}28^2$	$2{,}9^4$	$-1{,}5^4$	$2{,}24^7$
	1	$3{,}95^5$ $-0{,}58^5$	$8{,}4^8$ $+0{,}188^8$ $+0{,}448^8$	$2{,}25^8$ -13000^8	$5{,}02^{14}$
p^4	1	$3{,}37^5$	$9{,}036^8$	$-1{,}3^{12}$	$5{,}02^{14}$
	1	$1{,}135^{11}$ $-0{,}018^{11}$	$8{,}16^{17}$ $+8{,}76^{17}$ $+0{,}01^{17}$	$1{,}69^{24}$ $-0{,}90^{24}$	$2{,}52^{29}$
p^8	1	$1{,}117^{11}$	$16{,}93^{17}$	$0{,}79^{24}$	$2{,}52^{29}$
	1	$1{,}245^{22}$	$2{,}86^{36}$ $-0{,}177^{36}$	$6{,}25^{47}$ $-8{,}5^{47}$	$6{,}34^{58}$
p^{16}	1	$1{,}245^{22}$	$2{,}683^{36}$	$-2{,}25^{47}$	$6{,}34^{58}$
	1	$1{,}55^{44}$	$6{,}69^{72}$ $0{,}006^{72}$	$5{,}08^{94}$ $-33{,}76^{94}$	$4{,}02^{117}$
p^{32}	1	$1{,}55^{44}$	$6{,}696^{72}$	$-2{,}868^{95}$	$4{,}02^{117}$

$$x^4 + a^m x^3 + a^m b^m x^2 + 2\,a^m b^m r^m \cos m\Theta \cdot x + a^m b^m r^{2m} = 0$$

worin $m = 32$ und

$$|a| > |b| > r$$

ist. Die komplexen Wurzeln sind dem absoluten Werte nach die kleinsten und werden hauptsächlich durch die ersten Glieder der Reihe bestimmt.

$$32 \log |a| = \log 1{,}55 + 44 \qquad \log |a| = \frac{0{,}19033 + 44}{32} = 1{,}38095$$

$$|a| = 24{,}04; \quad a \text{ ist negativ, also } a = -24{,}04$$

$$\bar{\alpha} = \pm j \sqrt{24{,}04} = \pm 4{,}9\, j \text{ (befriedigt die Gleichung nicht)}$$

$$32 \log |a b| = 72 + \log 6{,}696$$

$$\log |a b| = 2{,}27581 \qquad |a b| = 188{,}8 \qquad b = 7{,}853 \text{ (positiv)}$$

$$32 \log (a b r^2) = 117 + \log 4{,}02 = 3{,}67513$$

$$a b r^2 = 4733$$

$$r^2 = 25{,}0688$$

$$|x| = r = 5{,}00 \qquad |\alpha| = \pm \sqrt{r} = \pm 2{,}24$$

$$a + b + 2u = -10$$

$$-16{,}19 + 2u = -10 \qquad \Theta = \arccos\left(\frac{3{,}10}{5{,}00}\right) = 51{,}7^0$$

$$2u = 6{,}19 \qquad \bar{x} = 5{,}00\, \varepsilon^{j\,51{,}7^0}$$

$$u = 3{,}10 \qquad \bar{\alpha} = \pm 2{,}25\, \varepsilon^{\pm j 26^0}.$$

Die reellen Wurzeln wurden graphisch bestimmt. Nachstehend sind die Werte derselben im Bogen- und Winkelmaß angegeben.

$$\begin{aligned}
\bar{\alpha}_0 &= & &= \pm 2{,}18\, \varepsilon^{+j 26^0} \\
\alpha_1 &= 2{,}38 & &= 136^0\, 21'\, 50'' \\
\alpha_2 &= 6{,}23 & &= -3^0\, 02'\, 21'' \cong 2\pi \\
\alpha_3 &= 9{,}41 & &= -0^0\, 51' \quad \cong 3\pi \\
\alpha_4 &= 12{,}57 & &= -0^0\, 22' \quad \cong 4\pi \\
\alpha_5 &= 15{,}7 & &= \qquad\qquad \cong 5\pi \\
\alpha_6 &= 18{,}85 & &= -0^0\, 07' \quad \cong 6\pi.
\end{aligned}$$

. . . .

Wenn wir diese Wurzeln in die Gleichung (170) einsetzen, bekommen wir

$$V_0 = E[-2{,}2\, E \varepsilon^{-19{,}6 t} \cos(117 t + 13^0) + 1{,}13\, \varepsilon^{-177 t} + 0{,}017\, \varepsilon^{-1220 t} +$$
$$+ 0{,}00316\, \varepsilon^{-2760\, t} + 0{,}001\, \varepsilon^{-4950\, t} + 0{,}0002\, \varepsilon^{-11000 t} \ldots].$$

Für $t = 0$

$$-2{,}2 \cos 13^0 = -2{,}2 \cdot 0{,}974 = -2{,}14$$

$$V_0 = -2{,}14 + 2{,}14 = 0.$$

Für $t = \infty$ $\qquad V_0 = E$ (die Spannung der Batterie).

30. Kapitel.

Zusammenstellung der Operatoren und Formeln.

Operatoren:

1. $\frac{p}{p+\alpha} 1 = \varepsilon^{-\alpha t} 1$

2. $\frac{p}{p-\alpha} 1 = \varepsilon^{\alpha t} 1$

3. $\frac{1}{p+\alpha} 1 = \frac{1}{\alpha}(1 - \varepsilon^{-\alpha t}) 1$

4. $\frac{1}{p(p+\alpha)} 1 = \left(\frac{t}{\alpha} - \frac{1}{\alpha^2} + \frac{\varepsilon^{-\alpha t}}{\alpha^2}\right) 1$

5. $\frac{p^2}{(p+\alpha)(p+\beta)} 1 = \frac{1}{\alpha-\beta}[\alpha\varepsilon^{-\alpha t} - \beta\varepsilon^{-\beta t}] 1$

6. $\frac{p}{(p+\alpha)(p+\beta)} 1 = \frac{1}{\alpha-\beta}[\varepsilon^{-\beta t} - \varepsilon^{-\alpha t}] 1.$

Wenn $\omega_0^2 > \alpha^2$, $\omega^2 = \omega_0^2 - \alpha^2$ und $\operatorname{tg}\varphi = \frac{\omega}{\alpha}$ ist, dann gelten die Gleichungen:

7. $\frac{p^2}{p^2 + 2\alpha p + \omega_0^2} 1 = -\frac{\omega_0}{\omega}\varepsilon^{-\alpha t}\sin(\omega t - \varphi) 1$

8. $\frac{p}{p^2 + 2\alpha p + \omega_0^2} 1 = \frac{\varepsilon^{-\alpha t}}{\omega}\sin\omega t\, 1$

9. $\frac{1}{p^2 + 2\alpha p + \omega_0^2} 1 = \frac{1}{\omega_0^2}\left[1 - \frac{\omega_0}{\omega}\varepsilon^{-\alpha t}\sin(\omega t + \varphi)\right] 1.$

Ist $\alpha^2 > \omega_0^2$ und sind $(-m)$ und $(-n)$ die beiden Wurzeln der Gleichung $p^2 + 2\alpha p + \omega_0^2 = 0$, so gilt:

10. $\frac{p^2}{p^2 + 2\alpha p + \omega_0^2} 1 = \frac{1}{n-m}[n\varepsilon^{-nt} - m\varepsilon^{-mt}] 1$

11. $\frac{p}{p^2 + 2\alpha p + \omega_0^2} 1 = \frac{1}{n-m}[\varepsilon^{-mt} - \varepsilon^{-nt}] 1$

12. $\frac{1}{p^2 + 2\alpha p + \omega_0^2} 1 = \left[\frac{1}{\omega_0^2} - \frac{1}{n-m}\left(\frac{\varepsilon^{-mt}}{m} - \frac{\varepsilon^{-nt}}{n}\right)\right] 1.$

Für $\alpha^2 = \omega_0^2$ (zwei gleiche Wurzeln):

13. $\frac{p^2}{p^2 + 2\alpha p + \omega_0^2} 1 = \varepsilon^{-\alpha t}(1 - \alpha t) 1 = \frac{p^2}{(p+\alpha)^2} 1$

14. $\frac{p}{p^2 + 2\alpha p + \omega_0^2} 1 = t\varepsilon^{-\alpha t} 1 = \frac{p}{(p+\alpha)^2} 1$

15. $\frac{1}{p^2 + 2\alpha p + \omega_0^2} 1 = \frac{1}{\omega_0^2} [1 - \varepsilon^{-\alpha t}(1 + \alpha t)] 1 = \frac{1}{(p+\alpha)^2} 1$

16. $\frac{p}{(p-\alpha)^n} 1 = \varepsilon^{\alpha t} \frac{t^{n-1}}{(n-1)} 1$

17. $\frac{1}{p^n} 1 = \frac{t^n}{n!} 1$

18. $\sin \omega t \, 1 = \frac{\omega p}{p^2 + \omega^2} 1$

19. $\cos \omega t \, 1 = \frac{p^2}{p^2 + \omega^2} 1$

20. $\sinh \omega t \, 1 = \frac{\omega p}{p^2 - \omega^2} 1$

21. $\cosh \omega t \, 1 = \frac{p^2}{p^2 - \omega^2} 1$

22. $\varepsilon^{-\beta t} \sin \omega t \, 1 = \frac{p\omega}{(p+\beta)^2 + \omega^2} 1$

23. $\varepsilon^{-\beta t} \cos \omega t \, 1 = \frac{p(p+\beta)}{(p+\beta)^2 + \omega^2} 1$

24. $\sin(\omega t \pm \varphi) 1 = \frac{p\omega \cos\varphi \pm p^2 \sin\varphi}{p^2 + \omega^2} 1$

25. $\cos(\omega t \pm \varphi) 1 = \frac{p^2 \cos\varphi \mp \omega p \sin\varphi}{p^2 + \omega^2} 1$

26. $\varepsilon^{-\beta t} \sin(\omega t \pm \varphi) 1 = \frac{p\omega \cos\varphi \pm p(p+\beta)\sin\varphi}{(p+\beta)^2 + \omega^2} 1$

27. $\varepsilon^{-\beta t} \cos(\omega t \pm \varphi) 1 = \frac{p(p+\beta)\cos\varphi \mp \omega p \sin\varphi}{(p+\beta)^2 + \omega^2} 1$

28. $\left(\frac{p}{p + 2\alpha}\right)^{\frac{1}{2}} 1 = \varepsilon^{-\alpha t} \frac{p}{(p^2 - \alpha^2)^{\frac{1}{2}}} 1 = \varepsilon^{-\alpha t} J_0(i\alpha t)$

29. $\frac{p}{(p^2 + \alpha^2)^{\frac{1}{2}}} 1 = J_0(\alpha t) 1$

30. $$\frac{p}{(p^2+\omega^2)(p+\alpha)}\,1 = \left[\frac{t^2}{2!} - \frac{t^3}{3!} + \frac{t^4}{4!}(\alpha^2-\omega^2) - \right.$$
$$\left. - \frac{t^5}{5!}\,\alpha\,(\alpha^2-\omega^2) + \frac{t^6}{6!}(\omega^4 - \alpha^2\omega^2 + \alpha^2)\right] 1$$
$$= \frac{1}{\omega\sqrt{\alpha^2+\omega^2}}\left[\sin(\omega t - \beta) + \varepsilon^{-\alpha t}\sin\beta\right] 1$$
$$\sin\beta = \sin\left(\operatorname{arctg}\frac{\omega}{\alpha}\right) = \frac{\omega}{\sqrt{\alpha^2+\omega^2}}.$$

Beziehungen zwischen hyperbolischen und ähnlichen Funktionen.

31. $\varepsilon^{\pm x} = 1 \pm x + \frac{x^2}{2!} \pm \frac{x^3}{3!} + \frac{x^4}{4!} \cdots = \cosh x \pm \sinh x$

32. $\varepsilon^{\pm jx} = 1 \pm jx - \frac{x^2}{2!} \mp \frac{jx^3}{3!} + \frac{x^4}{4!} \cdots = \cos x \pm j \sin x$

33. $\sinh x = x + \frac{x^3}{3!} + \frac{x^5}{5!} + \cdots = \frac{\varepsilon^x - \varepsilon^{-x}}{2}$

34. $\cosh x = 1 + \frac{x^2}{2!} + \frac{x^4}{4!} + \cdots = \frac{\varepsilon^x + \varepsilon^{-x}}{2}$

35. $\sin x = x - \frac{x^3}{3!} + \frac{x^5}{5!} - \cdots = \frac{\varepsilon^{jx} - \varepsilon^{-jx}}{2j}$

36. $\cos x = 1 - \frac{x^2}{2!} + \frac{x^4}{4!} \cdots = \frac{\varepsilon^{jx} + \varepsilon^{-jx}}{2}$

37. $\sinh jx = j \sin x$

38. $\cosh jx = \cos x$

39. $\sin jx = j \sinh x$

40. $\cos jx = \cosh x$

41. $\sinh(-x) = -\sinh x$

42. $\cosh(-x) = \cosh x$

43. $\cosh^2 x - \sinh^2 x = 1$

44. $\frac{d}{dx}\sinh ax = a \cosh ax$

45. $\frac{d}{dx}\cosh ax = a \sinh ax$

46. $\int \sinh ax\, dx = \frac{1}{a}\cosh ax$

47. $\int \cosh a x \, d x = \frac{1}{a} \sinh a x$

48. $\sinh x = x\left(1 + \frac{x^2}{\pi^2}\right)\left(1 + \frac{x^2}{\pi^2 2^2}\right)\left(1 + \frac{x^2}{\pi^2 3^2}\right)\cdots$

$= x \prod_1^\infty \left(1 + \frac{x^2}{\pi^2 s^2}\right)$

49. $\cosh x = \left(1 + \frac{4x^2}{\pi^2}\right)\left(1 + \frac{4x^2}{\pi^2 3^2}\right)\left(1 + \frac{4x^2}{\pi^2 5^2}\right)\cdots$

$= \prod_1^\infty \left[1 + \frac{4x^2}{\pi^2 (2s-1)^2}\right]$

50. $\sin x = x\left[1 - \left(\frac{x}{\pi}\right)^2\right]\left[1 - \left(\frac{x}{2\pi}\right)^2\right]\left[1 - \left(\frac{x}{3\pi}\right)^2\right]\cdots$

$= x \prod_1^\infty \left[1 - \left(\frac{x}{s\pi}\right)^2\right]$

51. $\cos x = \left[1 - \left(\frac{2x}{\pi}\right)^2\right]\left[1 - \left(\frac{2x}{3\pi}\right)^2\right]\left[1 - \left(\frac{2x}{5\pi}\right)^2\right]\cdots$

$= \prod_1^\infty \left\{1 - \left[\frac{2x}{\pi(2s-1)}\right]^2\right\}$

52. $\sinh(x \pm jy) = \sinh x \cos y \pm j \cosh x \sin y$

$= \sqrt{\sinh^2 x + \sin^2 y}\, \varepsilon^{j\varphi_1}$

53. $\cosh(x \pm jy) = \cosh x \cos y \pm j \sinh x \sin y$

$= \sqrt{\cosh^2 x - \sin^2 y}\, \varepsilon^{j\varphi_2}$

54. $\sin(x \pm jy) = \sin x \cosh y \pm j \cos x \sinh y$

$= \sqrt{\sin^2 x + \sinh^2 y}\, \varepsilon^{j\varphi_3}$

55. $\cos(x \pm jy) = \cos x \cosh y \mp j \sin x \sinh y$

$= \sqrt{\cos^2 x + \sinh^2 y}\, \varepsilon^{j\varphi_4}.$

Hierbei ist $\operatorname{tg} \varphi_1 = \pm \operatorname{cotgh} x \operatorname{tg} y$

$\operatorname{tg} \varphi_2 = \pm \operatorname{tgh} x \operatorname{tg} y$

$\operatorname{tg} \varphi_3 = \pm \operatorname{tgh} y \operatorname{cotg} x$

$\operatorname{tg} \varphi_4 = \mp \operatorname{tgh} y \operatorname{tg} x.$

Faktorielle und Reihenentwicklungen.

$x =$	$\frac{1}{2}$	$\frac{3}{2}$	$\frac{5}{2}$	$-\frac{1}{2}$	$-\frac{3}{2}$	$-\frac{5}{2}$
$x! =$	$\sqrt{\pi}\frac{1}{2}$	$\sqrt{\pi}\frac{1}{2}\cdot\frac{3}{2}$	$\sqrt{\pi}\frac{1}{2}\cdot\frac{3}{2}\cdot\frac{5}{2}$	$+\sqrt{\pi}$	$-2\sqrt{\pi}$	$+\frac{2}{1}\cdot\frac{2}{3}\sqrt{\pi}$

56. $(x + y)^n = x^n + n\,x^{n-1}\,y + \frac{n\,(n-1)}{2!}\,x^{n-2}\,y^2 +$

$$+ \frac{n\,(n-1)\,(n-2)}{3!}\,x^{n-3}\,y^3 + \cdots$$

$$p^n\,(u\,v) = u + n\,p^{n-1}(v)\,p\,(u) + \frac{n\,(n-1)}{2!}\,p^{n-2}\,(v)\,p^2\,(u) + \cdots$$

57. $\sqrt{1 \pm x} = 1 \pm \frac{1}{2}\,x - \frac{1}{2}\,\frac{1}{4}\,x^2 \pm \frac{1}{2}\,\frac{1}{4}\,\frac{3}{6}\,x^3 - \cdots$

58. $\frac{1}{\sqrt{1 \pm x}} = 1 \mp \frac{1}{2}\,x + \frac{1}{2}\,\frac{3}{4}\,x^2 \mp \frac{1}{2}\,\frac{3}{4}\,\frac{5}{6}\,x^3 + \cdots$

59. $\frac{1}{1 \pm x} = 1 \mp x + x^2 \mp x^3 + \cdots$

60. $\frac{1}{1 \pm x^2} = 1 \mp 2\,x + 3\,x^2 \mp 4\,x^3 + \cdots$

(57.–60.) $x^2 < 1$

61. $\frac{\pi}{4} = 1 - \frac{1}{3} + \frac{1}{5} \cdots$

62. $\frac{\pi^2}{8} = 1 + \frac{1}{3^2} + \frac{1}{5^2} + \cdots$

63. $\frac{\pi^2}{6} = 1 + \frac{1}{2^2} + \frac{1}{3^2} + \cdots$

64. $\frac{\pi^2}{12} = 1 - \frac{1}{2^2} + \frac{1}{3^2} - \frac{1}{4^2} + \cdots$

(61.–64.) mittels Fourierscher Reihen.

Entwicklungssatz.

$$\frac{Y_{(p)}}{Z_{(p)}}\,1 = \frac{Y_{(0)}}{Z_{(0)}}\,1 + \sum_{p_1,\,p_2\cdots} \frac{Y_{(p)}\,\varepsilon^{pt}}{p\,\frac{d\,Z}{d\,p}}\,1$$

$$\frac{1}{H_{(p)}}\,1 = \frac{1}{H_{(0)}}\,1 + \sum_{p_1,\,p_2\cdots} \frac{\varepsilon^{pt}}{p\,H'_{(p)}}\,1.$$

Verschiebungssatz.

$$f\,(p)\,(u\,\varepsilon^{\alpha t}) = \varepsilon^{\alpha t}\,[f\,(p + \alpha)\,u]$$

(hier ist u eine Funktion von t).

Duhamelsches Integral.

$$f\,(t) = E_{(0)}\,\varphi\,(t) + \int_0^t \varphi\,(t-u)\,\frac{\partial\,E\,(u)}{\partial\,(u)}\,d\,u$$

$$f(t) = E(t)\,\varphi(o) + \int_0^t E(u)\,\frac{\partial\varphi(t-u)}{\partial(t-u)}\,du\;\varepsilon^{-\alpha t}\int_0^t \varepsilon^{\alpha t}\sin(\omega t+\delta)\,dt$$

$$= \frac{\sin(\omega t+\delta-\varphi) - \varepsilon^{-\alpha t}\sin(\delta-\varphi)}{\sqrt{\alpha^2+\omega^2}}$$

$$= \frac{-\cos(\omega t+\delta+\psi) + \varepsilon^{-\alpha t}\cos(\delta+\psi)}{\sqrt{\alpha^2+\omega^2}}\;\varepsilon^{-\alpha t}\int_0^t \varepsilon^{\alpha t}\cos(\omega t+\delta)\,dt$$

$$= \frac{\cos(\omega t+\delta-\varphi) - \varepsilon^{-\alpha t}\cos(\delta-\varphi)}{\sqrt{\alpha^2+\omega^2}}$$

$$= \frac{\sin(\omega t+\delta+\psi) - \varepsilon^{-\alpha t}\sin(\delta+\psi)}{\sqrt{\alpha^2+\omega^2}}$$

$$\left(\operatorname{tg}\varphi = \frac{\omega}{\alpha} = \operatorname{cotg}\psi\right).$$

Darstellung von Wellenformen mit Hilfe Fourierscher Reihen.

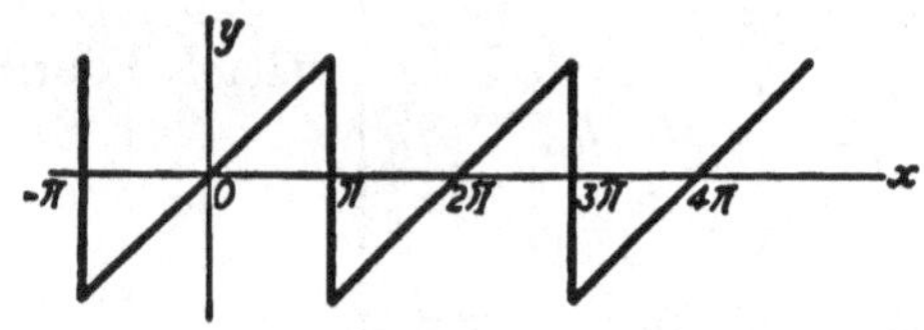

Abb. 55.

$$y = 2\left(\sin x - \frac{1}{2}\sin 2x + \frac{1}{3}\sin 3x - \frac{1}{4}\sin 4x + \cdots\right)$$

$$y = x \text{ für } \pi > x > -\pi$$

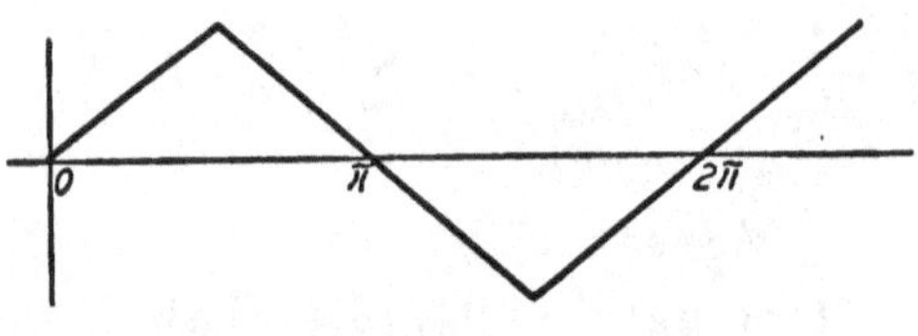

Abb. 56.

$$y = \sin x - \frac{1}{3^2}\sin 3x + \frac{1}{5^2}\sin 5x \cdots$$

$$y = \frac{1}{4}\pi x, \quad 0 < x < \frac{\pi}{2}$$

$$y = \frac{1}{4}\pi(\pi - x), \quad \frac{\pi}{2} < x < \pi$$

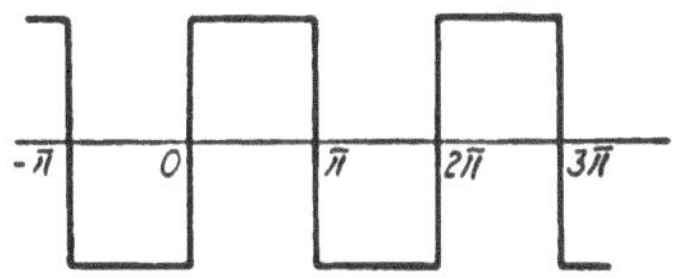

Abb. 57.

$$y = 4\left(\sin x + \frac{1}{3}\sin 3x + \frac{1}{5}\sin 5x + \cdots\right)$$

$$y = \pi, \quad 0 < x < \pi$$

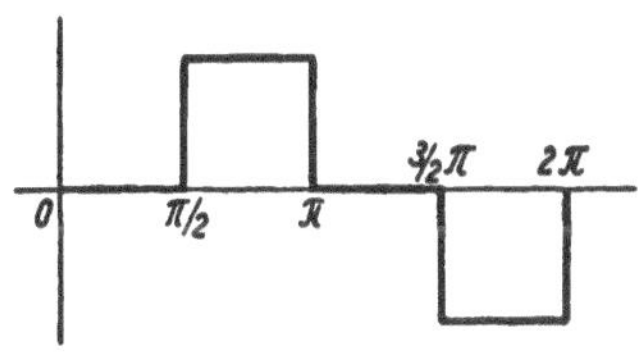

Abb. 58.

$$y = \sin x - \sin 2x + \frac{1}{3}\sin 3x + \frac{1}{5}\sin 5x$$

$$- \frac{1}{3}\sin 6x + \frac{1}{7}\sin 7x \cdots$$

$$= \sin x + \frac{1}{3}\sin 3x + \frac{1}{5}\sin 5x + \cdots$$

$$= \left(\sin 2x + \frac{1}{3}\sin 6x + \frac{1}{5}\sin 10x + \cdots\right)$$

$$y = 0, \quad 0 < x < \frac{\pi}{2}; \quad y = \frac{\pi}{2}, \quad \frac{\pi}{2} < x < \pi$$

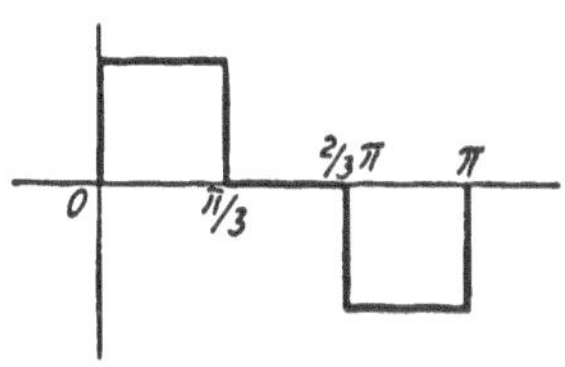

Abb. 59.

$$y = \sin 2x + \frac{1}{3}\sin 6x + \frac{1}{5}\sin 10x + \cdots$$

$$y=\frac{\pi}{3},\ 0<x<\frac{\pi}{3};\ y=0,\ \frac{\pi}{3}<x<\frac{2}{3}\pi;\ y=-\frac{\pi}{3},\ \frac{2}{3}\pi<x<\pi.$$

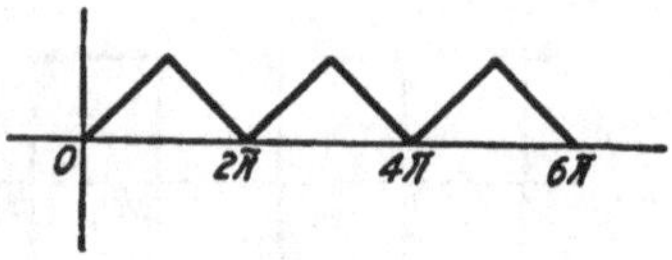

Abb. 60.

$$y=\frac{\pi}{2}-\frac{4}{\pi}\left(\cos x+\frac{1}{3^2}\cos 3\,x+\frac{1}{5^2}\cos 5\,x+\cdots\right)$$

$$y=x,\ 0<x<\pi;\ y=-x,\ -\pi<x<0$$

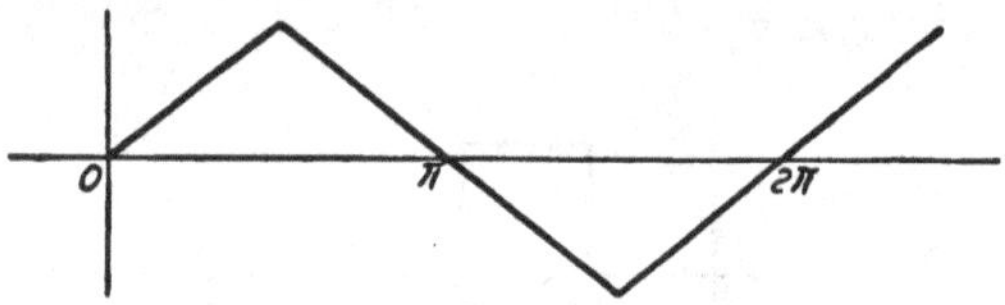

Abb. 61.

$$y=\frac{\pi^2}{16}-2\left[\frac{1}{2^2}\cos 2\,x+\frac{1}{6^2}\cos 6\,x+\frac{1}{10^2}\cos 10\,x+\cdots\right]$$

$$y=\frac{1}{4}\pi\,x,\ 0<x<\frac{\pi}{2};\ y=\frac{1}{4}\pi\,(\pi-x),\ \frac{\pi}{2}<x<\pi$$

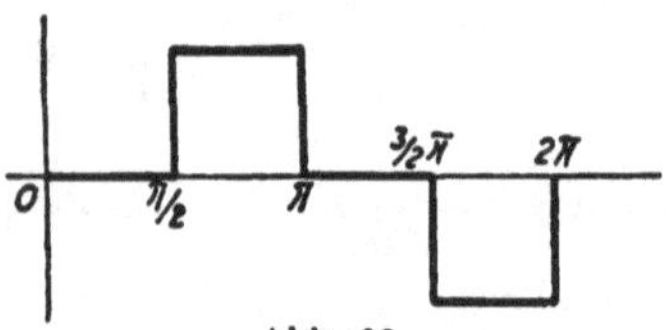

Abb. 62.

$$y=\frac{\pi}{4}-\left[\cos x-\frac{1}{3}\cos 3\,x+\frac{1}{5}\cos 5\,x\cdots\right]$$

$$y=0,\ 0<x<\frac{\pi}{2};\ y=\frac{\pi}{2},\ \frac{\pi}{2}<x<\pi.$$

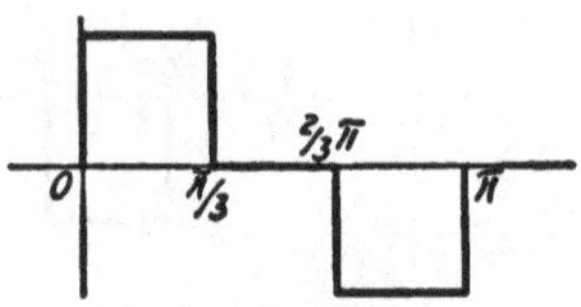

Abb. 63.

$$y=\frac{2}{3}\sqrt{3}\left[\cos x-\frac{1}{5}\cos 5\,x+\frac{1}{7}\cos 7\,x-\frac{1}{11}\cos 11\,x+\cdots\right]$$

$$y=\frac{\pi}{3},\ 0<x<\frac{\pi}{3};\ y=0,\ \frac{\pi}{3}<x<\frac{2}{3}\pi;\ y=-\frac{\pi}{3},\ \frac{2}{3}\pi<x<\pi.$$

x	ε^{-x}	x	ε^{-x}	x	ε^{-x}	x	ε^{-x}
0,00	1,0	0,25	0,78	0,80	0,449	1,8	0,165
0,02	0,98	0,30	0,741	0,85	0,427	2,0	0,135
0,04	0,96	0,35	0,705	0,90	0,407	2,5	0,084
0,06	0,942	0,40	0,67	0,95	0,387	3,0	0,05
0,08	0,923	0,45	0,638	1,0	0,368	4,0	0,018
0,10	0,905	0,50	0,607	1,1	0,333	5,0	0,0067
0,12	0,887	0,55	0,577	1,2	0,301	6,0	0,0025
0,14	0,870	0,60	0,549	1,3	0,273	7,0	0,0009
0,16	0,852	0,65	0,522	1,4	0,247	8,0	0,00034
0,18	0,835	0,70	0,497	1,5	0,202	9,0	0,00012
0,20	0,819	0,75	0,472	1,8	0,165	10,0	0,00004

Anhang.

Das Lebenswerk Oliver Heavisides[1]).

Von B. A. Behrend.

In dem schönen Buch von Lord Rayleigh[2]): »The Theory of Sound« (Die Theorie des Schalles) findet sich eine Bemerkung über elektrische Schwingungen, der wir einige Aufmerksamkeit widmen wollen. Lord Rayleigh sagt: »Die Theorie der elektrischen Ströme in Drähten, wie sie gewöhnlich bei Laboratoriumsversuchen verwendet werden, ist einfach, hauptsächlich wegen der untergeordneten Bedeutung der elektrostatischen Kapazität. Wenn diese vernachlässigt werden kann, ist der Strom notwendigerweise in allen Punkten des Drahtes gleich groß, so daß der an einem Ende in den Draht eintretende Strom ihn unverändert am anderen Ende verläßt. In diesem Falle kann das elektrische Verhalten des Leiters durch Angabe zweier Eigenschaften vollständig ausgedrückt werden, und zwar seines Widerstandes R und seiner Induktivität L; diese können im allgemeinen als konstant und von der Frequenz unabhängig angesehen werden.«

Um den Leser noch besser mit dem Gebiet vertraut zu machen, durch welches das Genie Heavisides einen Weg von einzigartiger Klarheit und Schönheit gefunden hat, folgen wir weiter den aus dem Jahre 1894 stammenden Ausführungen von Lord Rayleigh: »Die in der Telephonie angewandten Ströme können häufig als in die vorstehende Gruppe fallend angesehen werden, besonders wenn es sich um Freileitungen von mäßiger Länge handelt. Aber in anderen Fällen beherrscht die elektrostatische Kapazität die Vorgänge. Die Theorie der elektrischen Kabel ist vor vielen Jahren durch Lord Kelvin[3]) für die Zwecke der Telegraphie aufgestellt worden.«

---

[1]) Zuerst im Electric Journal im Jänner und Februar 1928 erschienen.

[2]) Strutt, John William, Baron Rayleigh, »The Theory of Sound«, I. Band, Seite 466 ff., London, Macmillan & Co., Ltd., 1894.

[3]) Die Arbeit Lord Kelvins über »die Theorie des elektrischen Telegraphen« erschien im Mai 1855. Lord Kelvin hieß damals noch Professor William Thomson; es lag zu dieser Zeit noch kein brauchbares Kabel zwischen Irland und Amerika; trotzdem ist diese Arbeit auch heute noch eines sorgfältigen Studiums wert. Sie ist in den zweiten Band seiner mathematisch-physikalischen Arbeiten, Cambridge 1884, aufgenommen worden. Lord Kelvin beschränkte sich vollkommen auf die Behandlung des Falles verteilten Widerstandes und verteilter Kapazität unter Vernachlässigung der Induktivität.

Rayleigh gibt eine kurze Übersicht der mathematischen Vorgangsweise: »Wenn S die Kapazität und R der Widerstand des Kabels je Längeneinheit ist, ferner V und C die Spannung und der Strom im Punkte z, so gilt:

$$S\frac{dV}{dt} = -\frac{dC}{dz}; \quad RC = -\frac{dV}{dz} \quad \text{. . . . . . . (1)}$$

woraus folgt:

$$RS\frac{dC}{dt} = \frac{d^2C}{dz^2} \quad \text{. . . . . (2)}$$

Es ist dies die wohlbekannte Fouriersche Gleichung der Wärmeleitung.«

Wir wollen nun für einen Augenblick von Lord Rayleighs Auseinandersetzung abschweifen und die Tatsache festhalten, daß Kelvins Kabeltheorie auf der Annahme elektrischer Diffusion und nicht auf der Theorie der Ausbreitung elektrischer Wellen längs der Leitungen aufgebaut ist. An elektrische Wellen dachte man zu der Zeit, als William Thomson seine Theorie des elektrischen Telegraphen niederschrieb, noch nicht, und es ist ganz natürlich, daß er nach dem Vorbild Fouriers eine partielle Differentialgleichung über die Elektrizitätsbewegung in einem Kabel aufstellte, eine Gleichung, deren Lösung durch Fouriers epochemachende, aus den Jahren 1807 bis 1822 stammende Arbeiten ermöglicht war. So war ein Zeitraum von 33 Jahren zwischen Thomsons Arbeit und der mathematischen Theorie, welche die Grundlage dieser Arbeit bildete, verstrichen. Dies ist im Vergleich mit den mathematischen Arbeiten Heavisides und ihrer Anwendung auf praktische Probleme interessant und lehrreich.

Wir fahren nun mit der Auflösung der Fourierschen partiellen Differentialgleichung (2) fort, wobei wir annehmen, daß der Strom eine Sinusfunktion der Zeit ist, die durch die Gleichung $C = C_0 \varepsilon^{ipt}$ ausgedrückt wird, wobei ε die Basis des natürlichen Logarithmensystems $p = 2\pi/T$ die Kreisfrequenz, T die Periodendauer, $p/2\pi = \frac{1}{T}$ die Frequenz, t die Zeit und $i = \sqrt{-1}$ ist (wird auch häufig mit j bezeichnet). Unter der Annahme, daß C proportional ε^{ipt} ist, vereinfacht sich die Gleichung und lautet

$$\frac{d^2C}{dz^2} = \left\{\sqrt{\left(\frac{1}{2}pRS\right)}(1+i)\right\}^2 C \quad \text{. . . . . . . (3)}$$

Es ist daher die Lösung für Wellen, die in der positiven Richtung ausgesandt werden,

$$C = C_0 \varepsilon^{-\sqrt{\frac{1}{2}pRS}\,z} \cos\left(pt - \sqrt{\left(\frac{1}{2}pRS\right)}\,z\right) \quad \text{. . . . . (4)}$$

Nach einer Entfernung

$$z = \sqrt{\frac{2}{pRS}} \quad \ldots\ldots\ldots\ldots \quad (5)$$

ist der Strom im Verhältnis $\varepsilon = 1$ gedämpft.

»Eine sehr einfache Untersuchung der in Betracht kommenden Größen genügt, um eine Vorstellung von den Schwierigkeiten der Telephonie über lange Kabel zu geben. Wenn beispielsweise die Frequenz $(p/2\,\pi)$ ungefähr um eine Oktave tiefer als das mittlere c ist und das Kabel die im Atlantischen Ozean verwendete Bauart aufweist, ergibt sich im c.g.s.-System:

$$\sqrt{p} = 60; \ (RS)^{-1} = 2 \cdot 10^{16}.$$

Es folgt dann aus Gleichung (5):

$$z = 3 \times 10^{6} \text{ cm} = 30 \text{ km}.$$

»Eine Entfernung von 30 km würde daher die Lautstärke, welche dem Quadrat der Amplitude proportional ist, auf ungefähr ein Zehntel herabsetzen; würde sich dieser Vorgang einigemal wiederholen, so wäre der Ton unhörbar. Bei Verwendung eines solchen Kabels würde die Grenze der Verständigungsmöglichkeit 80 km kaum überschreiten, insbesondere weil die leichte Verständlichkeit der Sprache die Übertragung noch höherer Töne erfordert, als im vorstehenden Zahlenbeispiel angenommen wurde.«

»Hierbei wird vorausgesetzt, daß die Isolation vollkommen und die Induktivität vernachlässigbar ist. Es ist wahrscheinlich, daß diese Bedingungen bei Verwendung eines Kabels in praktisch genügendem Maße erfüllt sind; hingegen ist bei anderen Telephonleitungen die Wirkung der Induktivität beträchtlich. Die Aufgabe ist in voller Allgemeinheit von Heaviside behandelt worden.« Dann verweist Lord Rayleigh seine Leser auf Band II der »Electrical Papers« von Oliver Heaviside, S. 125 u. 309, wiederabgedruckt nach dem »Electrician« 1886—1887.

Die der Telephonie über weite Strecken gezogenen Grenzen waren von Thomas H. Blakesley von der königl. Marineschule in Greenwich in einer Reihe von Arbeiten, die im »Electrician« im Oktober 1885 erschienen waren, mit Scharfsinn und großer Geschicklichkeit erkannt und festgelegt worden. Diese bemerkenswerten Arbeiten behandelten die Reihen- und Parallelschaltung von Widerständen, Induktivitäten und Kapazitäten von dem Gesichtspunkt der Vektorrechnung. Auch verteilte Kapazität und Induktivität wurde besprochen und sehr nützliche Tafeln für die Hyperbelfunktionen zur Berechnung der Erscheinungen, welche bei verteilten Konstanten auftreten, beigegeben. Professor Blakesley schickte seinen Arbeiten ein Vorwort voraus, welches interessante Streiflichter auf den allgemeinen Stand der Wissenschaft im Jahre 1885 wirft. Er sagt: »Ich habe mich an anderer Stelle entschieden gegen das Vorgehen des Handelsministeriums ausgesprochen, welches zuließ, daß Wechselstrom in großem Umfange verteilt wird. Noch weniger kann ich dies in den folgenden Abschnitten empfehlen. Im letzten Kapitel habe ich gezeigt, daß Wechselströme in vorteilhafter Weise für die Messung einiger elektrischer Eigenschaften eines Stromkreises verwendet werden können und daß sie daher bei Prüfungen außerordentlich nützlich sind.« Er wollte also die allgemeine Verwendung von Wechselströmen hintanhalten. Dies ermöglicht eine gute Vorstellung von den Schwierigkeiten der Pioniere, die wie Tesla, Kapp, Ferranti und Mordey daran gingen, Wechselströme für die Kraftverteilung zu verwenden.

Auf S. 63 der erwähnten Arbeit sagt Blakesley über den Stand der Telephonie: »Es würden daher am Ende einer Leitung von beträchtlicher Länge und Kapazität die verschiedenen Töne der Stimme in einem Ausmaße geschwächt werden, das von ihrer Tonhöhe abhängt. Aber das menschliche Ohr hat nicht die Fähigkeit, einen zusammengesetzten Ton aus verschiedenen verzerrten Komponenten zu bilden. Hierin sind die Grenzen begründet, welche der Telephonie gesteckt sind. Und bis dies klarer erkannt werden wird, als es augenblicklich der Fall zu sein scheint, werden die Menschen nicht mehr auf den ausgesprochenen Unsinn achten, dem sie nun öfters zu lauschen geneigt sind.«

Daher bedurfte es des Verfahrens von Oliver Heaviside für die Behandlung der Ausbreitung elektrischer Wellen längs Drähten »in voller Allgemeinheit« — um das treffende Wort Lord Rayleighs zu gebrauchen —, zur Lösung der schwierigen Probleme, welche mit der Sprachübertragung und Kraftübertragung auf langen Leitungen, die Widerstand, Induktivität, Kapazität und Ableitung besitzen, in Zusammenhang stehen. Diese Aufgabe löste er meisterhaft und seine Auffassung breitete sich im Gegensatz zu den damals vorherrschenden Anschauungen aus. Man legte, wie dies in der Ozeantelegraphie üblich war, auf die elektrostatische Kapazität des Kabels großen Wert und sah sowohl die Induktivität als auch die Ableitung als schädlich an. Lord Rayleigh sagt: »Man könnte glauben, daß die Ableitung immer eine Schwierigkeit darstellt; aber Heaviside hat gezeigt, daß sie zur Vereinfachung der Aufgabe herangezogen werden kann[1]).«

Diese einleitenden Bemerkungen sollen dazu dienen, den Leser mit dem Wesen der Aufgabe bekannt zu machen, deren Lösung das wichtigste Werk Heavisides und der Gegenstand der folgenden Auseinandersetzungen ist.

[1]) Oliver Heaviside, Electrician vom 17. Juni 1887; Electrical Papers, II. Band, Seite 125, 309 ff.; siehe auch seine einfache und schöne Darstellung des verzerrungsfreien Stromkreises in der »Electromagnetic Theory«, I. Band, Seite 409 und 419 (1893), und II. Band, Seite 291 ff. (1899). Die zuletzt genannte Literaturstelle war Lord Rayleigh zu der Zeit, als er seine »The Theory of Sound« veröffentlichte (1894), nicht zugänglich.

Die geschichtliche Entwicklung.

Die elektrische Übertragung der Sprache ist eine Art Energieübertragung. Obwohl bei der Telephonie über große Entfernungen nur ein außerordentlich kleiner Energiebetrag fortgeleitet wird, besteht für die Theorie zwischen Telephonie und Kraftübertragung kein Unterschied. Auf diese Feststellung ist großer Nachdruck zu legen, und der Leser möge überzeugt sein, daß diese scheinbar so verschiedenen Vorgänge in Wahrheit vollkommen gleichartig sind.

Wenn daher die Theorie der elektrischen Leitung einmal in voller Allgemeinheit aufgestellt ist, muß diese Theorie nicht nur für das große Gebiet der Telephonie und Telegraphie, sondern auch für das ebenso große Gebiet der elektrischen Kraftübertragung gelten.

Kraftübertragung und Sprachübertragung standen damals im Mittelpunkt des Interesses. Heute, 40 Jahre nachdem diese Theorie entwickelt wurde, dürfte es an der Zeit sein, einen Rückblick auf das Werk ihres Hauptvertreters zu tun.

Der damalige Stand der Elektrotechnik.

Ich möchte nun den Leser in das Jahr 1887 versetzen und den Stand der Elektrotechnik zu dieser Zeit schildern. Starkstromtechnik und Schwachstromtechnik waren noch nicht voneinander getrennt. Das »American Institute of Electrical Engineers« war kaum drei Jahre alt. Die Theorie des Elektromagnetismus, die auf den Experimentaluntersuchungen Faradays fußte, welcher die Vorstellung einer Fernwirkung ausgemerzt hatte, veranlaßte Maxwell zur Voraussage des Vorhandenseins elektromagnetischer Wellen im Raume, welche sich mit Lichtgeschwindigkeit ausbreiten und, von ihrer größeren Wellenlänge abgesehen, dem Lichte ähnlich sind. Das Vorhandensein solcher Wellen wurde von Heinrich Hertz im Jahre 1887 in glänzender Weise dargetan; die Hertzschen Wellen zeigten die Erscheinungen der Brechung und Reflexion, wie die Lichtwellen. Oliver Lodge hatte ebenfalls die Möglichkeit der Ausbreitung elektrischer Wellen längs Drähten nachgewiesen. Das sind die Wellen, die nun für die Radiotelegraphie und den Rundfunk verwendet werden.

Es ereignet sich in der Geschichte der Wissenschaft nicht häufig, daß eine so umwälzende Entdeckung, wie die der elektromagnetischen Wellen, in allen ihren Einzelheiten vorausgesagt wird. Man muß auf die Auffindung des unbekannten Planeten Neptun an seinem vorausberechneten Platze zurückgreifen, dessen Vorhandensein und Lage im Jahre 1846 durch Leverrier und Adams vorausgesagt wurde und der kurze Zeit darauf an der vorausgesagten Stelle von Professor Galle gefunden wurde. Hier folgte die Entdeckung rasch auf die Voraussage, wogegen 20 Jahre zwischen der Voraussage und dem Nachweis der elektromagnetischen Wellen verstrichen.

Die Kraftübertragung über größere Entfernungen war mit allen Mitteln, mit Ausnahme der Elektrizität, versucht worden. Eine kleine Anlage von 50 PS in der Schweiz, die mit 2000 V Gleichstrom arbeitete, übertrug diese Leistung über eine Strecke von 8 km. Diese Anlage war von C. E. L. Brown entworfen worden. Nikola Tesla hatte noch nicht seine großen Erfindungen gemacht. Das Telephon, welches im Jahre 1876 gleichzeitig von Alexander Graham Bell und Elisha Gray erfunden worden war, war kaum 10 Jahre alt.

Dies ist eine knappe Darstellung des Standes der Elektrotechnik im Jahre 1887, als Oliver Heaviside hervortrat.

Eine biographische Skizze.

Die biographischen Angaben, die über Heaviside zu finden sind, sind spärlich und außerdem vielfach von sehr persönlicher und daher privater Art. Oliver Heaviside wurde in London am 13. Mai 1850 geboren und starb in vollständiger Zurückgezogenheit am 3. Februar 1925. Die letzten 50 Jahre seines Lebens verbrachte er in dieser Vereinsamung, zum größten Teil in Torquay an der Südküste von Devonshire. Er war ein Neffe von Sir Charles Wheatstone, der als Begründer der Telegraphie, als Erfinder der Wheatstonebrücke und neben Werner Siemens als Entdecker des Prinzipes der Selbsterregung der dynamo-elektrischen Maschine bekannt ist. Zweifellos erbte Heaviside das physikalische Talent von den Wheatstones, mit denen er mütterlicherseits verwandt war. Heavisides Geldmittel waren sehr beschränkt; tatsächlich starb er in Verhältnissen, die den meisten von uns als ärmlich erscheinen würden. Wahrscheinlich fehlte ihm auch die nötige Pflege, welche ein Mann seines Alters, noch dazu ein so großer mathematischer Physiker, gebraucht hätte. Es war jedoch schwierig, ihm auf irgendeine Art zu helfen, da er ein stolzer und sehr empfindlicher Mann war. Er bezog eine kleine Pension von der englischen Regierung, welche durch eine Jahresrente der British Institution of Electrical Engineers erhöht wurde. Der Verfasser hat an anderer Stelle eine Skizze von Heavisides Leben gegeben[1]).

Während der letzten zehn Jahre seines Lebens empfing Heaviside zahlreiche Beweise der großen Wertschätzung, die er bei jenen genoß, welche in dem geistigen Fortschritt der Menschheit die größte Hoffnung für die Zukunft erblicken. Im Jahre 1918 wurde er Ehrenmitglied des »American Institute of Electrical Engineers«. Im Jahre 1921 empfing er die erste Faraday-Medaille der »Institution of Electrical Engineers of Great Britain«, und der Präsident der Vereinigung reiste persönlich

[1]) Sir Oliver Lodge und B. A. Behrend »Skizzen zum Gedächtins Oliver Heavisides« Electrical World. 21. Februar 1925.

nach dem einsamen Landsitze Heavisides, um ihm die Medaille zu überreichen, und ehrte ihn als einen Mann, »der dank seines Genies, Scharfsinnes und klaren Blickes neben die größten Denker Archimedes, Newton, Kelvin und Faraday zu stellen ist«. Ob diese Lobreden übertrieben sind — dies zu entscheiden, muß dem Urteil künftiger Generationen überlassen bleiben.

Es ist jedoch erfreulich, daß, bevor er dahinging, sein Werk bereits allseits geschätzt wurde und daß sich keine Stimme erkühnte, die Größe und Erleuchtung dieses wundervollen Geistes zu leugnen. Bei der Nachricht von seinem Tode wäre der Ausruf gerechtfertigt gewesen: »Laßt das Telephon schweigen, denn Oliver Heaviside ist tot!«

Die elektromagnetischen Vorgänge und ihre Ausbreitung.

Dem Ingenieur ist es verständlich, daß die Ausbreitung der elektromagnetischen Induktion ein höchst fruchtbares Feld der Forschung ist. Dieser Gegenstand soll, dem Gedankengange Heavisides folgend, kurz besprochen werden.

Im Jahre 1887 begann Heaviside seine Artikelreihe über elektromagnetische Wellen im »Electrician«[1]). Es ist zu beachten, daß zur Zeit, als diese Arbeiten niedergeschrieben wurden, keine derartigen Wellen beobachtet worden waren, doch war die Voraussage Maxwells seinem bedeutendsten Nachfolger selbstverständlich bekannt. Bevor Hertz die Maxwellschen Wellen entdeckte, schrieb Heaviside die prophetischen Worte: »Wenn wir wenig Verzerrung haben, gelangen wir in das Gebiet der Strahlung. Das Dielektrikum sollte der Hauptgegenstand unserer Aufmerksamkeit sein; die Drähte sind nebensächlich; sie bestimmen bloß den Grad der Dämpfung. Die Wellen gleichen den Lichtwellen in allem, mit Ausnahme der Wellenlänge, welche sehr groß ist, und der allmählichen Schwächung bei der Ausbreitung, welche durch Energieverluste in den Drähten verursacht wird. Das elektrische Feld und das magnetische Feld halten miteinander Schritt. Sie stehen aufeinander und auf die Richtung der Energiefortpflanzung senkrecht, welch letztere mit derjenigen des Drahtes nahezu parallel ist. Die Energieströmung kann als (natürlich unsichtbarer) Lichtstrahl angesehen werden.«

»Ich schreibe diesen langen Wellen die magnetischen Störungen zu, welche gelegentlich von der Sonne hervorgerufen werden und gleichzeitig auf der ganzen Welt auftreten; sie entstehen durch heftige Bewegungen großer Massen, welche gegen den Äther stoßen und die Aussendung von Wellen enormer Länge hervorrufen. Wenn eine solche

[1]) »Electromagnetic Induction and Its Propagation«, Electrical Papers, 2. Band, S. 39, London. Macmillan & Co., Ltd., 1892. Die erste Hälfte erschien im Jahre 1885 und ist im ersten Band der gesammelten Schriften veröffentlicht. Sie handelt hauptsächlich von der Maxwellschen Theorie.

Welle an der Erde vorübergeht, treten augenblicklich induzierte Ströme im Meer, der Erdkruste, den Telegraphenleitungen usf. auf«[1]). Solche Überlegungen sind uns heute vollkommen vertraut; sie wurden von Heaviside erstmalig angestellt[2]). Wir werden noch öfter Gelegenheit haben, die Aufmerksamkeit des Lesers auf die wertvollen Erläuterungen der Arbeiten Heavisides durch den berühmten Physiker Lorentz zu lenken. Heavisides langer Kampf um die Anerkennung führte einige Jahre vor seinem Tode zum Erfolg; seine Werke wurden nicht nur von den wenigen, die schon früher wertvolle Anregungen daraus geschöpft hatten, sondern auch von den führenden Männern der Wissenschaft sorgfältig und eingehend studiert. Es fügte sich glücklich, daß er es erleben konnte, wie sein Werk die Grundlagen der Elektrizitätslehre umgestaltete, wenn er auch keinen Anteil an den großen materiellen Erfolgen hatte, die seine Arbeiten der Welt gebracht haben.

In den achtziger Jahren des vorigen Jahrhunderts beschäftigte sich Heaviside hauptsächlich mit der Fortpflanzung der elektromagnetischen Energie im Raume und längs Leitungen. Dies führte ihn einerseits zur Aufstellung der Grundgleichungen des elektromagnetischen Feldes; es sind dies die Maxwellschen Gleichungen in ihrer vereinfachten Vektorform, die von Heaviside folgendermaßen geschrieben wurden:

$$\operatorname{rot} \overline{H} = \overline{J}$$
$$-\operatorname{rot} \overline{E} = \overline{G}.$$

Seine Betrachtungen über die Fortpflanzung elektrischer Energie längs paralleler Leitungen führten zur »Telegraphengleichung«, die im Nachstehenden ausführlicher besprochen werden soll. Ich beabsichtige, den Leser mit der Arbeit Heavisides bekannt zu machen, in der er die Annäherungsmethode bespricht, deren er sich vor 40 Jahren bediente und die ihn zur Entdeckung des »verzerrungsfreien Stromkreises« und zur Theorie langer Kabel und Übertragungsleitungen für Wechselstrom führte.

Es ist bekannt, in welch unhandlicher Form die Lösungen von Differentialgleichungen häufig erscheinen. Heaviside bemerkte hierzu: »In mancher Hinsicht werden diese Schwierigkeiten dadurch überwunden, daß man die Lösung als von einer sinusförmigen aufgedrückten Kraft hervorgerufen ansieht. Dieses Verfahren ist sehr nützlich; betrachtet man das erzielte Ergebnis über einen genügend weiten Frequenzbereich, so gewinnt man mittelbar mit verhältnismäßig geringen Schwierigkeiten Kenntnisse über die Eigenschaften der Lösung, die auf normalem Wege nicht zu erlangen wären.«

---

[1]) Electrical papers, a. o. O., II. Band. S. 122.

[2]) »Daß wir so weit gekommen sind, verdanken wir in erster Linie Maxwell und dann Heaviside und Hertz.« H. A. Lorentz, »Problems of Modern Physics«, Vorlesungen an der Californischen Techn. Hochschule, veröffentlicht durch Ginn & Company, Boston 1926.

»Es ist von größter Wichtigkeit, Lösungen zu erhalten, die auf den ersten Blick verstanden und beurteilt werden können, die man leicht bis in die Einzelheiten verfolgen kann und die möglichst genau die Erscheinungen wiedergeben, die bei dem betrachteten physikalischen Vorgang auftreten, losgelöst von den oft unvermeidlichen Komplikationen, die sich aus der Form der mathematischen Ausdrücke ergeben. Um dies zu erläutern, genügt es, die elementare Theorie der Fortpflanzung von nicht abklingenden Wellen längs eines ausgespannten biegsamen Seiles in Betracht zu ziehen. Die Lösung mit Hilfe Fourierscher Reihen muß als mathematische Geduldübung bezeichnet werden. Nimmt man aber an, daß willkürliche Störungen nach jeder Richtung mit gleichbleibender Geschwindigkeit übertragen werden, entsprechend der Gleichung

$$u = f(z - vt),$$

so wird man der mathematischen Schwierigkeiten Herr.«

»Nun gibt es einen Fall der Fortpflanzung elektromagnetischer Schwingungen längs Leitungen und soweit mir bekannt ist, nur einen einzigen, bei dem dieses einfache Verfahren mit Erfolg anwendbar ist. Es ist merkwürdig, daß man die Voraussetzungen hierzu nicht durch Vereinfachungen schaffen kann, indem man etwa bestimmte Konstante gleich Null setzt und so gewisse Erscheinungen vernachlässigt, sondern gerade auf dem entgegengesetzten Wege durch eine Verallgemeinerung in bestimmtem Umfang. Es ist üblich, die Ableitung zu vernachlässigen, manchmal auch die Induktivität und Kapazität der Leitungen. Wir müssen aber alle vier Eigenschaften in Betracht ziehen, also Ohmschen Widerstand, Ableitung, Induktivität und Kapazität, um das angestrebte Ziel zu erreichen. Kurz gesagt, ergeben sich folgende Erscheinungen: Wenn nur Widerstand und Kapazität vorhanden ist, zeigt sich bei der Fortpflanzung von Störungen unregelmäßigen Charakters längs langer Leitungen sowohl sehr große Schwächung, als auch sehr große Verzerrung. Die Verzerrung am Ende eines Ozeankabels ist enorm. Wenn wir nun die Ableitung einführen, verringert sich die Verzerrung beträchtlich und gleichzeitig steigt die Schwächung. Wenn wir anderseits statt der Ableitung die Induktivität einführen, verringert sich sowohl die Schwächung als auch die Verzerrung. Ist schließlich neben Widerstand und Kapazität sowohl Ableitung als auch Induktivität vorhanden, kann man die Verhältnisse so wählen, daß durch die Wirkungen der Induktivität und Ableitung, die in bezug auf die Verzerrung einander entgegengesetzt sind, diese vollständig beseitigt wird, so daß nur die Schwächung zurückbleibt. Die Lösungen können nun in verschiedenen Fällen ohne mühsame und umfangreiche Rechnungen in die Einzelheiten verfolgt werden. Außerdem werfen sie ein Licht auf die schwierigeren Aufgaben, die vorliegen, wenn nicht so viele physikalische Konstante in Frage kommen.

Es sei R, L, C und K Widerstand, Induktivität, Kapazität und Ableitung des Stromkreises, bezogen auf die Längeneinheit; diese Größen werden im vorliegenden Falle als konstant angenommen; es sei ferner E und J die Transversalspannung (ein Ausdruck, der zuerst von Heaviside gebraucht wurde) und der Strom in der Entfernung z. Die Grundgleichungen sind:

$$-\frac{dE}{dz} = (R + pL)\,J$$

$$-\frac{dJ}{dz} = (K + pC)\,E$$

wobei p an Stelle von d/dt steht. Hier steht J mit der örtlichen Änderung von E formell in der gleichen Beziehung, wie E mit der örtlichen Änderung von J. Diese Eigenschaft ermöglicht es uns, Gleichungen für den Strom in Gleichungen für die Spannung zu übersetzen und führt zum verzerrungsfreien Zustand. Setzen wir

$$L\,C\,v^2 = 1 \text{ und } \frac{R}{L} = \frac{K}{C} = q,$$

so erhalten wir eine Gleichung für E

$$v^2 \frac{d^2E}{dz^2} = (q + p)^2\,E.$$

Die vollständige Lösung stellt eine Wellenbewegung mit der Geschwindigkeit v mit Schwächung aber ohne Verzerrung dar. Wenn die Welle positiv ist, d. h. sich in der Richtung des wachsenden z bewegt, erhalten wir unter der Annahme eines Anfangswertes von $E = f_1(z)$:

$$E_1 = \varepsilon^{-qt} f_1(z - vt)$$

$$J_1 = \frac{E_1}{Lv}.$$

Ist E_2, J_2 eine negative Welle, die sich in der entgegengesetzten Richtung bewegt, so gelten die Gleichungen:

$$E_2 = \varepsilon^{-qt} f_1(z + vt)$$

$$J_2 = -\frac{E_2}{Lv}\ ^{1)}.$$

Es empfiehlt sich nun, die Stelle aus Heavisides »Electromagnetic Theory«, I. Band, S. 451 (1893) heranzuziehen, wo Heaviside die Lösung seiner allgemeinen Gleichung in einer Form gibt, die sich als den Zwecken der praktischen Elektrotechnik am besten angepaßt erwiesen hat. Die Gleichung ist allen geläufig, die mit Aufgaben der Kraftübertragung zu tun haben. Die Spannung, welche erforderlich ist, um am Ende einer Leitung mit der Länge x einen Strom J_0 und eine Spannung E_0 zu erhalten ist:

$$E = E_0 \cdot \cosh qx + J_0 \cdot Z \frac{\sinh qx}{q} \quad \ldots\ldots \quad (10)$$

---

[1]) Electrical Papers, II. Band, S. 308 und ff.

In dieser Gleichung, welche die allgemeine Lösung darstellt, bedeutet:

$$q = \sqrt{(r + j\omega L)(k + j\omega C)} = \sqrt{Z \cdot Y}$$

$$Z_0 = \sqrt{\frac{Z}{Y}}.$$

Man kann sie auch in folgender Form schreiben:

$$E = E_0 \cosh q x + J_0 Z_0 \sinh q x \quad \ldots \ldots \quad (11)$$

In dieser Form erhält die Gleichung den Charakter einer bloßen Anwendung des Ohmschen Gesetzes durch Einführung des Wellenwiderstandes, den Heaviside, ohne den Namen zu gebrauchen, der dieser Größe später von Professor Kennelly gegeben wurde, zuerst verwendete (Electrical Papers, II. Band, S. 369, Gleichung 38, 1887).

Lesern, die Berechnungen langer Leitungen durchgeführt haben, ist die Gleichung (11) geläufig. Sie ist leicht zu merken und ebenso leicht sind ihre Beziehungen zum Wesen der Kraftübertragungsprobleme zu erkennen. Die Spannung des Generators ist gleich der Spannung am Ende der Leitung plus dem Spannungsabfall auf der Leitung, genau so, als ob es sich um einen Gleichstromkreis handeln würde; aber sowohl die Spannung am Ende der Leitung, als auch der Spannungsabfall längs der Leitung erscheinen mit einer Größe multipliziert, die als Richtungsgröße, Vektor oder komplexe Größe bezeichnet wird. Die Einführung der Richtungsgröße ist offensichtlich nötig, da die Spannung am Ende der Leitung und der Spannungsabfall längs der Leitung sowohl Größe als auch Richtung besitzen müssen, wenn es sich um Wechselstrom handelt.

Es ist üblich, von hyperbolischen Funktionen und ihrer Anwendung auf Aufgaben der Elektrotechnik zu sprechen[1]). Leider erwecken solche Namen beim Leser ein wenig Furcht und Scheu, da er fühlt, daß er etwas Neues und Schwieriges anwenden soll. Diese Funktionen sind einfach geeignete Ausdrücke derselben Art, wie die komplexen Größen, die im Grunde genommen bloß übliche Abkürzungen darstellen, um die Arbeit zu erleichtern und die Überlegungen weniger beschwerlich zu machen. Sie können durch einfache Beziehungen in trigonometrische Funktionen verwandelt werden. Heaviside verwendete sowohl hyperbolische als auch trigonometrische Funktionen.

Der verzerrungsfreie Stromkreis.

Wir haben uns eingehend mit dem Begriff des verzerrungsfreien Stromkreises und seiner Bedeutung für die Wechselstromkraftüber-

---

[1]) A. E. Kenelly, »Hyperbolic Functions and Their Applications to Electrical Engineering Prob'ems« (Hyperbolische Funktionen und ihre Anwendung auf Aufgaben der Elektrotechnik), 2. Auflage. University of London Press, Ltd., London 1917; »Artificial Electric Lines« (Künstliche elektrische Leitungen), Mc Grav Hill Book Company, Inc, New York 1917.

tragung und die Sprachübertragung befaßt. Es ist nicht leicht, dem Gedankengange Heavisides zu folgen, obwohl man sich durch eifriges Studium sein Verfahren zur Lösung der gestellten Aufgaben aneignen kann. Man muß sich daran erinnern, daß hier ein Problem vorlag, das die fähigsten Mathematiker, Physiker und Ingenieure genarrt hatte und daß zunächst ein Annäherungsverfahren entwickelt werden mußte, bevor eine analytische Behandlung des Problems möglich war. Der Verfasser schlägt im folgenden einen Weg ein, der scheinbar von dem Heavisides abweicht, tatsächlich aber mit ihm wesensgleich ist und von Heaviside gutgeheißen wurde. Es ist ein Verfahren, das der Denkungsweise eines Ingenieurs entspricht und sich gegenüber dem Wege, auf dem Heaviside zu seiner Lösung gelangte, durch größere Einfachheit und Unmittelbarkeit auszeichnet.

Heaviside geht von dem Gedanken aus, daß bei der Telephonie über große Entfernungen die Konstanten der Leitung derart gewählt werden müssen, daß sich Impulse aller möglichen Frequenzen mit der gleichen Geschwindigkeit fortpflanzen und in gleichem Maße geschwächt werden. Wie aus seinen Arbeiten hervorgeht, war er der Anschauung, daß es leichter wäre, diese Bedingungen zu erreichen, wenn man mit vier Leitungskonstanten arbeitet, als wenn man sich des von Lord Kelvin in der Telegraphie geübten Verfahrens bedient, nur den Widerstand und die Kapazität zu berücksichtigen. Es ist lehrreich, daß er zuerst die Bedingungen des verzerrungsfreien Stromkreises fand und daß ihm erst später die allgemeine Lösung für die Fortpflanzung elektrischer Energie gelang.

Es handelt sich also darum, elektrische Wellen ohne Änderung ihrer Form fortzuleiten. Diese Wellen können geschwächt, d. h. proportional in ihrer Stärke herabgesetzt werden, wodurch sich die Stärke des Signales vermindert, aber sie dürfen nicht verzerrt werden, d. h. es darf nicht auf der Empfangsseite ein Teil der ankommenden Wellen mit einer bestimmten Frequenz gegenüber einem anderen Teil mit abweichender Frequenz verschoben eintreffen.

Mit anderen Worten kann diese Feststellung folgendermaßen ausgesprochen werden: Die EMK und der Strom müssen die gegenseitige Phasenlage behalten, die sie bei der Aussendung an dem einen Ende der Leitung aufwiesen. Eine Änderung der Phasenverschiebung ist gleichbedeutend mit einer Verzerrung. Der Verfasser kleidet die Aufgabe nun in folgende Form: Es ist ein Stromkreis zu bestimmen, durch den Wechselströme derart übertragen werden können, daß Spannung und Strom ihre Phasenverschiebung beibehalten und unabhängig von der Frequenz in gleicher Weise geschwächt werden.

Von der Empfangsseite ausgehend, nehmen wir an, daß Spannung und Strom am Empfangsapparat in Phase sind. Trifft man irgendeine andere Voraussetzung, so ist die nachfolgende Ableitung trotzdem anwendbar. Es sei R der Widerstand, K die Ableitung, L die Induktivität, C die Kapazität, alles pro Längeneinheit. — Nun soll die Spannung und der Strom von der Empfangsseite her in der üblichen Weise mittels Spannungs- und Stromvektoren aufgebaut werden, wobei wir uns jedoch die Bedingung vor Augen halten wollen, daß Strom und Spannung ihre Phasenlage beibehalten müssen. Diese Bedingung ist, wie man auf den ersten Blick erkennt, dann erfüllt, wenn die aus den Strom- und Spannungsvektoren gebildeten Dreiecke für alle Punkte der Leitung untereinander ähnlich sind. Hieraus folgt, wie aus Abb. 1 ersichtlich, daß $R/L = K/C = \omega \operatorname{tg} \delta$, also konstant ist. Dies ist aber nichts anderes als das Heavisidesche Kriterium.

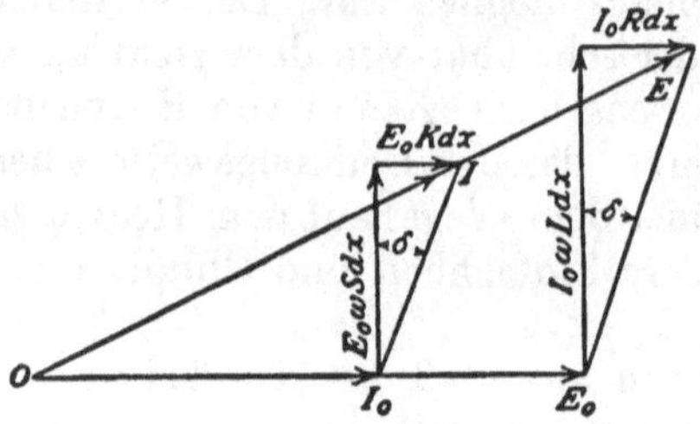

Abb. 1.

Wir wollen einen Schritt weiter gehen und die Lösung von Heaviside auf diesen besonderen Fall anwenden. Den Ausgangspunkt bildet die Differentialgleichung:

$$\frac{d^2 E}{d x^2} = (R + j\omega L)(K + j\omega C) E = q^2 E$$

und eine ganz ähnliche Gleichung für J. Wir bezeichnen

$$\sqrt{(R + j\omega L)} \sqrt{(K + j\omega C)}$$

mit q und setzen $q = \alpha + j\beta$.

Da das Produkt der Wurzelausdrücke eine komplexe Zahl sein muß, weil es eine Vektorgröße oder gerichtete Größe darstellt, ist der Ansatz

$$q = \alpha + j\beta$$

gerechtfertigt. Nun setzen wir

$$R = K\left(\frac{L}{C}\right)$$

$$L = C\left(\frac{R}{K}\right)$$

und erhalten:

$$q = \sqrt{(K + j\omega C) R/K} \sqrt{(K + j\omega C)} = (K + j\omega C)\sqrt{R/K} =$$
$$= (K + j\omega C)\sqrt{L/C} = \alpha + j\beta.$$

Es ist also
$$\alpha = K\sqrt{\frac{R}{K}} = \sqrt{R \cdot K}$$

$$\beta = \omega C\sqrt{\frac{L}{C}} = \omega\sqrt{L \cdot C}\cdot$$

Aus Abb. 1 ist ersichtlich, daß der reelle Teil von q nur die Größe von E beeinflußt, und er wird daher als Schwächungskonstante α bezeichnet. α ist von der Frequenz unabhängig. Der imaginäre oder gegen die Spannung um 90° phasenverschobene Teil ist die Ausbreitungskonstante β, welche die Stärke des Signales oder Stromes nicht beeinflußt, aber, wenn es sich nicht um einen besonderen verzerrungsfreien Stromkreis handelt, eine Verzerrung der Signale verursacht. Im verzerrungsfreien Stromkreis ist die Fortpflanzungsgeschwindigkeit gleich $\frac{1}{\sqrt{LC}}$, also von der Frequenz unabhängig.

Dadurch, daß die Ableitung mit dem Ohmschen Spannungsabfall und der Ladestrom mit dem induktiven Spannungsabfall abgeglichen wird, erhält Heaviside einen Stromkreis, über den sich alle Signale, welche Frequenz sie auch besitzen mögen, mit derselben Geschwindigkeit ausbreiten. Dies muß so sein, da die Phasenverschiebung zwischen Spannung und Strom in allen Teilen des Stromkreises die gleiche ist.

Für kleine Werte von $\frac{R}{L}$, $\frac{K}{C}$ und RK ist eine sehr einfache Reihenentwicklung der Gleichung für q möglich, wobei gleichzeitig das Heavisidesche Verzerrungskriterium erläutert werden soll, wonach die Dämpfung von der Summe $\frac{R}{L}+\frac{K}{C}$ abhängt, hingegen die Verzerrung von der Differenz $\frac{R}{L}-\frac{K}{C}$.

Es ist allgemein

$$\alpha=\left(\frac{R}{2L}+\frac{K}{2C}\right)\sqrt{LC}$$

$$\beta=\sqrt{\left(\frac{R}{2L}-\frac{K}{2C}\right)\sqrt{LC}+\omega^2 LC}.$$

Wenn nun $\frac{R}{2L}=\frac{K}{2C}$ ist (Heavisides Kriterium), so ergibt sich:

$$\alpha=\frac{R}{L}\sqrt{L\cdot C}$$

$$\beta=\omega\sqrt{L\cdot C}$$

$$v=\frac{1}{\sqrt{LC}}$$

$$E=E_0\varepsilon^{-\frac{R}{L}\sqrt{LC}x}\sin(\omega t-\omega\sqrt{LC}\,x).$$

Die letzte Gleichung ist die Gleichung einer Wellenbewegung in einfachster Form und zeigt an, daß Schwingungen aller Frequenzen mit der gleichen Geschwindigkeit $v = \frac{1}{\sqrt{LC}}$ übertragen werden.

Die nächste Aufgabe, der sich Heaviside zuwandte, war die praktische Verwirklichung des verzerrungsfreien Stromkreises. Hierzu ist die Beschaffung einer großen Induktivität bei nur mäßiger Steigerung des Ohmschen Widerstandes erforderlich. Heaviside schlug zwei verschiedene Ausführungsformen dieser großen Induktivität vor. In den »Electrical Papers«, II. Band, 1892, empfahl er, die feinsten Eisenfeilspäne zu nehmen und sie mit schwarzem Wachs zu mischen, ein Gedanke, auf den er in späteren Jahren wiederholt zurückkam. In seinem Werk »Electromagnetic Theory«, I. Band, S. 443, 1893, führt er aus:

»Vorstehende Überlegungen lassen erkennen, daß Eisenteile, die man zur Erhöhung der Induktivität verwenden will, außerhalb des Hauptstromkreises anzuordnen sind. Es gibt dann zwei verschiedene Wege: Der eine besteht darin, im Dielektrikum möglichst viel Eisen fein zu verteilen. Dies erscheint vom theoretischen Standpunkt sehr günstig, da auf diese Weise ein stark magnetischer, praktisch homogener Isolator entsteht, eine Art elektrisch nicht leitenden Eisens von niedriger magnetischer Permeabilität. Auf diese Weise kann die Induktivität L im Vergleich mit der Ausführung ohne Eisen vervielfacht werden.« Obwohl viele Jahre erforderlich waren, um den Heavisideschen eisenhaltigen Stromkreis praktisch herzustellen, ist dies schließlich doch gelungen.

Ferner machte Heaviside folgenden Vorschlag zur Verwirklichung des verzerrungsfreien Stromkreises: »Ein anderes Verfahren besteht darin, statt einer großen, gleichmäßig verteilten Induktivität eine große mittlere Induktivität anzustreben. Man kann auch beide Verfahren nebeneinander anwenden und sowohl große verteilte Induktivität, als auch Induktivitäten an einzelnen Punkten vorsehen. Zu diesem Zweck werden in den Hauptstromkreis in bestimmten Abständen Induktionsspulen eingeschaltet. So wie man die Wirkung gleichmäßig verteilter Ableitung dadurch nachahmen kann, daß man in bestimmten Punkten Ableitungen vorsieht, soll versucht werden, die Wirkung gleichmäßig verteilter Induktivität durch Zusammenziehen der Induktivität an bestimmten Punkten nachzuahmen.«

»Natürlich sind die Verhältnisse um so günstiger, je mehr solcher Punkte vorhanden sind. Es seien entweder m Drosselspulen auf die Längeneinheit oder 2 m Spulen von der gleichen Gesamtinduktivität, daher jede einzelne mit der Hälfte der früheren Induktivität vorgesehen; oder allgemein $m \cdot n$ Spulen, von denen jede den $n$ten Teil der Induktivität besitzt. Die Schwierigkeit besteht hier darin, daß die Drosselspulen auch Ohmschen Widerstand aufweisen; ist dieser zu groß, dann bewirkt die Einschaltung der Drosselspule keine Verbesserung sondern eine Verschlechterung. Die Wirkung des zusätzlichen Widerstandes muß gegenüber der Wirkung der gesteigerten Induktivität zurücktreten. Dies führt zur Verwendung von Drosselspulen mit geringem Widerstand und größtmöglicher Zeitkonstante. Nehmen wir an, der Widerstand der Leitung wäre 4 Ω/km und man würde in Abständen von 1 km Drosselspulen von je 1 Ω Widerstand einschalten.«

»Hierdurch steigt der mittlere Widerstand auf 5 Ω/km; ist die Zeitkonstante der Drosselspulen groß genug, so überwiegt der Vorteil der gesteigerten Induktivität bei weitem den Nachteil des gesteigerten Widerstandes. Die gleiche Überlegung gilt auch noch für größere Abstände der Drosselspulen, wenn auch naturgemäß mit wachsendem Spulenabstand die Vorstellung, daß die Spulen die mittlere Induktivität der Leitung erhöhen, immer unzutreffender wird. Um große Induktivität bei kleinem Widerstand zu erhalten oder, allgemeiner ausgedrückt, um Drosselspulen großer Zeitkonstante zu erzeugen, ist es erforderlich, viel Kupfer aufzuwenden, um den geringen Widerstand zu erzielen und viel Eisen zur Erreichung der großen Induktivität. Man muß einen gut geschlossenen magnetischen Kreis aus lamelliertem Eisen vorsehen, um zusätzlichen Widerstand und Herabsetzung der Induktivität durch Wirbelströme zu vermeiden.«

»Dieses Verfahren gehört nicht zu den früher erwähnten, bei denen eine kurze Überlegung ergibt, daß sie mehr schaden als nützen. Es ist dies ein Weg, um die Induktivität ohne zu große Widerstandserhöhung wesentlich zu steigern, und dieses Verfahren ist wert, praktisch ausgearbeitet und entwickelt zu werden. Aber ich muß hinzufügen, daß die günstige Wirkung einer derartigen konzentrierten Induktivität nicht unmittelbar einleuchtend ist.«

Aus dem letzten gegen Ende 1893 niedergeschriebenen Satz geht hervor, daß die Verwendung von in größeren Abständen in die Kabelleitungen eingeschalteten Induktivitäten damals noch nicht versucht worden war. Heaviside war überzeugt, daß diese Schaltung praktischen Erfolg haben würde, und er appellierte an die Telephoningenieure, einen Versuch zur Bestätigung seiner Überlegungen anzustellen[1]). Sir William H. Preece, der Leiter des britischen Telegraphen- und Telephonwesens, war der Ansicht, daß für Telephonleitungen über große Entfernungen eine größere elektrostatische Kapazität der Leitungen erforderlich sei und hatte vorgeschlagen, die Leitungen in parallele Zweige zu teilen, um ihre Kapazität durch geringen Leiterabstand zu erhöhen. So fanden Heavisides

[1]) »... sie werden wissen wollen, ob solche Möglichkeiten sich praktisch verwirklichen lassen. Dieser Teil der Aufgabe gehört nicht zu meinem Arbeitsgebiet. Es ist Sache der Praktiker, praktische Wege zur Verwirklichung der theoretischen Möglichkeiten zu finden oder nachzuweisen, daß sie sich nicht praktisch verwerten lassen.« »Electromagnetic Theory«, I. Band, S. 441.

Gedanken in seinem Heimatland taube Ohren. Dies ist in den Dankesbezeugungen ausgedrückt, die Professor M. J. Pupin Heaviside in seinem bemerkenswerten Bericht an das »American Institute of Electrical Engineers« zollte, in dem er die erste nach Heavisides Vorschlägen in seinem Laboratorium an der Columbia-Universität ausgeführte Leitung beschrieb (Mai 1900). Der Versuch, auf den Heaviside sieben Jahre warten mußte, hatte zu einem vollen Erfolg geführt und für alle Zeiten die Richtigkeit der Theorie von der Ausbreitung der elektromagnetischen Vorgänge und die Genauigkeit seines Rechnungsverfahrens bewiesen.

Wir wollen Professor Pupin zu Worte kommen lassen, der in seiner Arbeit [1]) schreibt:

»Der Engländer Oliver Heaviside, dessen tiefschürfenden Forschungen wir den größten Teil der mathematischen Theorie der Ausbreitung elektrischer Wellen verdanken, war der Anreger und beredteste Fürsprecher von Leitungen hoher Induktivität. Sein Rat wurde besonders in seinem Heimatlande nicht in verdientem Maße befolgt.«

Pupin folgte bei der Herstellung seines künstlichen Versuchskabels dem Beispiel von Varley und Muirhead; an diesem Kabel konnten Messungen, die anderwärts, beispielsweise an einem atlantischen Kabel, schwer durchführbar waren, leicht und rasch erfolgen. So wurde die Heavisidesche Theorie in weitestem Umfang bestätigt und ein bedeutender Fortschritt der Telephonie über große Entfernungen erzielt.

Wie Professor Pupin es ausgesprochen hatte, war Heaviside in seinem Heimatlande wenig Anerkennung zuteil geworden. Hingegen wurden Heavisides Grundsätze von französischen Fachleuten anerkannt. Wegen des großen historischen Interesses wollen wir hier eine Arbeit von Devaux-Charbonell, dem Chefingenieur des französischen Post- und Telegraphenwesens, zitieren [2]).

In dieser Arbeit wird ausgeführt, daß schon im Jahre 1887 Vaschy, ein Ingenieur der französischen Postverwaltung, die partielle Differentialgleichung der Fortpflanzung elektromagnetischer Wellen löste, und zwar unabhängig von Heaviside, dessen Veröffentlichungen im Philosophical Mazagine ihm allerdings vor dem Erscheinen seiner eigenen Arbeit zur Kenntnis kamen, so daß er Heaviside die uneingeschränkte Priorität zuerkannte. Devaux-Charbonnel stellt ferner fest (S. 165), daß die französische Postverwaltung über Vorschlag von Barbarat bereits in den Jahren 1896 und 1897 Kabel verwendete, die sich nicht

---

[1]) Transactions of the American Institute of Electrical Engineers, 17. Band, S. 450, 1900

[2]) Devaux-Charbonnell, Chefingenieur des Post- und Telegraphenwesens: »La Contribution des ingénieurs français à la téléphonie à grande distance par cables souterrains. Vaschy et Barbarat«. Annales des postes, télégraphes et téléphones, 6. Jahrgang, Nr. 2, Paris 1917.

wesentlich von den späteren Krarup- und Pupinkabeln unterschieden. So zollte das offizielle Frankreich dem ausgezeichneten englischen Gelehrten Anerkennung.

Die Verteilung von Induktivitäten längs eines Kabels.

Die Frage, in welchen Abständen die Drosselspulen in eine Kabelleitung einzuschalten sind, war eine der interessantesten des ganzen Gebietes. Heaviside schlug im Jahre 1893 einen Abstand von etwa 1 km vor, so daß auch die kürzeste für die Übertragung in Betracht kommende Wellenlänge eine genügende Anzahl von Drosselspulen umfaßte. Pupin beziffert in der erwähnten Arbeit die kürzeste Wellenlänge mit 22 km, so daß bei Befolgung der Empfehlungen Heavisides etwa 22 Spulen auf diese Wellenlänge entfallen. Die analoge Aufgabe der Mechanik, die gleichmäßige Belastung eines Seiles durch Einzellasten in bestimmten Abständen zu ersetzen und die Schwingungsdauer der Anordnung zu bestimmen, wurde zuerst von Lagrange[1]) gestellt. Sie findet sich regelmäßig in französischen Abhandlungen über Dynamik. Aber sie wurde früher nicht auf elektrische Vorgänge angewandt, und diese Lücke füllte Pupin aus. Er fand, was wegen der Übereinstimmung der mechanischen und elektrischen Verhältnisse zu erwarten war, daß die Lagrangesche Gleichung für die Schwingungszahl auch für elektrische Vorgänge gilt. Diese Gleichung gestattet es, ein pupinisiertes Kabel mit einem gleichförmigen Kabel zu vergleichen. In der Praxis sind die Abstände zwischen den Spulen klein, und das Kriterium erscheint immer erfüllt. Eine sehr nützliche Formel für diese Verhältnisse hat G. A. Campbell angegeben[2]). Die gleiche Formel hatte Charles Godfrey für eine gespannte Saite erhalten. Professor Kennelly gibt eine sehr einfache Ableitung dieser Formeln im Anhang *G* seines Buches »The Application of Hyperbolic Functions to Electrical Engineering Problems« (Die Anwendung hyperbolischer Funktionen auf elektrotechnische Aufgaben). Diese Literaturstellen wurden sorgfältig zusammengetragen, da es schwierig ist, die wichtigen Arbeiten zu finden. Hoffentlich erweisen sie sich als nützlich, um das Studium der angeführten Arbeiten, das für das Verständnis der Sprach- oder Kraftübertragung über lange Leitungen erforderlich ist, zu fördern. Diese Arbeiten krönen das Werk Heavisides, mit dem wir uns hier hauptsächlich befassen.

Die Grundpfeiler der Wissenschaft wachsen nur langsam. Obwohl der fruchtbare menschliche Geist eine Flut von Gedanken und Arbeiten hervorbringt, gibt es nur wenige, die zu Grundpfeilern der Wissenschaft gemacht werden können und sollen. Das Verständnis der Grundprinzi-

[1]) Lagrange, J. L.: »Mécanique analytique«, 3. Aufl., I. Band, IV. Teil, III. Abschnitt, Nr. 50, S. 353, Paris 1853.

[2]) In einer Arbeit über Telephonleitungen »On Loaded Lines in Telephone Transmissions«, Philosophical Magazin, Serie VI, 5. Band, S. 313, März 1903.

pien ist von größtem Wert, nicht nur für den gesunden Fortschritt der Wissenschaft, sondern auch als Mittel zur Pflege des Geistes. Aus diesem Grunde wurde hier ein Auszug aus der Theorie der Ausbreitung elektrischer Wellen gegeben, welcher zur Lösung neuer Aufgaben dienen kann. Heavisides Arbeiten waren grundlegend, und die Beliebtheit seines Verfahrens wächst, so daß wohl nicht daran zu zweifeln ist, daß in einigen Jahren unsere Lehrbücher die Ergebnisse seiner Arbeit — entweder unter seinem Namen oder nicht — den Studenten der Elektrotechnik übermitteln werden.

Maxwellsche Theorie; die Beziehungen zwischen der magnetischen und elektrischen Feldstärke.

Als James Clerk Maxwell im Jahre 1879 starb, war sein glanzvolles Werk vollendet, jedoch in einer Form, die selbst Meistern wie Kelvin, Fitzgerald, Lodge und Hertz beträchtliche mathematische Schwierigkeiten verursachte. Die Genannten waren die wichtigsten Vertreter seiner Lehre. Die Schwierigkeiten lagen erstens in der Form, die Maxwell den beiden Grundgleichungen des elektromagnetischen Feldes gegeben hatte, und zweitens in der Anwendung dieser Grundgleichungen auf die Lösung sowohl einfacher als verwickelter Aufgaben.

Es besteht eine gewisse Ähnlichkeit zwischen dem Werk Maxwells und Newtons Entdeckung der drei Bewegungsgesetze, die seinen Namen tragen. So wie die ganze Wissenschaft von der Bewegung der Körper auf diesen drei Newtonschen Gesetzen aufgebaut ist, so ist die Lehre vom elektromagnetischen Feld auf die beiden Gesetze aufgebaut, die Maxwell entdeckte und Heaviside in eine einfache und leicht anwendbare Form kleidete. Diese Leistung erforderte einen Grad von mathematischer und philosophischer Abstraktion, der Heavisides großem Geist dadurch erleichtert wurde, daß er sein Leben in Abgeschlossenheit und Einsamkeit verbrachte.

Obwohl manche Leser mit dem Begriff eines Vektors, seiner Rotation und mit den Maxwellschen Gleichungen vertraut sein dürften, ist Heavisides einfache Herleitung dieser Beziehungen sicherlich willkommen. Zunächst ein Wort über die Bezeichnungsweise. Der Leser begegnet im Zusammenhang mit der theoretischen Elektrotechnik häufig den Ausdrücken Rotation und Verkettung. Maxwell prägte das Wort Rotation, um das Linienintegral eines Vektors längs einer geschlossenen Kurve mit dem Oberflächenintegral eines anderen Vektors zu verknüpfen, welcher die Rotation des ersten Vektors in bezug auf die Kurve ist. Die Beziehungen beruhen auf dem Stokeschen Satz, der die Grundlage für die Ableitung der Gleichungen des elektromagnetischen Feldes bildet. Lord Kelvin prägte das Wort Verkettung.

Man sagt, daß die kreisförmigen magnetischen Kraftlinien um einen langen Leiter mit diesem verkettet sind. Heaviside gibt ein wirklich einfaches Verfahren für die Bestimmung der Rotation eines Vektors an, sei dieser Vektor nun die magnetische Feldstärke H oder die elektrische Feldstärke E. Wir nennen das Linienintegral der magnetischen Feldstärke $\bar{H}$ magnetomotorische Kraft; ferner bezeichnen wir als elektromotorische Kraft das Linienintegral der elektrischen Feldstärke, deren Rotation aus dem Stokeschen Satz abgeleitet werden kann.

Es sei auf Heavisides »Electrical Papers«, I. Band, S. 195, verwiesen, wo die vielleicht klarste Darlegung seiner sämtlichen Schriften enthalten ist. Verfasser von Lehrbüchern würden gut tun, dieses Kapitel Wort für Wort zu übernehmen und so die Theorie in Heavisides Worten statt in ihren eigenen wiederzugeben. Es ist nicht möglich, die Ausführungen Heavisides an dieser Stelle ungekürzt zu bringen, doch seien hier seine einleitenden Bemerkungen wegen ihres allgemeinen Interesses wiedergegeben: »Jedermann weiß, daß elektrische Ströme magnetische Kraftlinien erzeugen und hat eine allgemeine Vorstellung von der Art der Feldverteilung in bestimmten praktischen Fällen, z. B. im Falle einer Galvanometerspule. Darüber hinaus gelangen nur wenige. Der Gegenstand ist in hohem Maße mathematischer Natur, und nur wenige Menschen sind Mathematiker. Es bestehen jedoch bestimmte höhere Vorstellungen, die hauptsächlich durch die Arbeiten von Forschern mit besonderer mathematischer Veranlagung, von Ampère bis Maxwell, geschaffen wurden und von denen im allgemeinen angenommen wird, daß sie nur von Mathematikern erfaßt werden können; dies sind Vorstellungen, welche aber, wie ich glaube, nachdem sie in großem Umfang von ihrer symbolischen Einkleidung befreit worden sind, in ihrer nackten Einfachheit weiten Kreisen nahegebracht werden könnten. Möge sich jedoch der Leser nicht vorstellen, daß das Denken erlassen werden kann; es gibt keine bequeme Straße des Wissens, und hartes Nachdenken und angestrengte Gedankenkonzentration ist erforderlich. Selbst die Anwendung des Rüstzeuges der Mathematik, das von so großem Nutzen sein kann, erfordert große Übung. Aber ernste Studenten, welche die mathematischen Verfahren nicht erlernen wollen oder nicht erlernen können, brauchen deswegen nicht entmutigt zu sein, denn der Name Faradays wird ihnen bis zum Ende der Zeiten als eine Leuchte der Hoffnung und Ermutigung scheinen. Er war kein Mathematiker und erreichte doch Ergebnisse, die scheinbar nur mit Hilfe der Mathematik erreichbar sind. Es ist nicht notwendig, anzunehmen, daß er das außergewöhnliche Gehirn eines Knaben hatte, der durch besondere Verfahren imstande ist, lange Additionen im Kopf auszurechnen. Seine Leistung war von ganz anderer Art, und wahrscheinlich wäre Faraday niemals, auch bei der größten Übung nicht, ein Mathematiker im gewöhnlichen Sinne geworden. Tatsächlich umfassen mathematische Überlegungen nicht notwendigerweise irgendwelche Rechnungen im gewöhnlichen Sinne, obwohl sie naturgemäß häufig von solchen unterstützt werden;

was die Verwendung von Symbolen anbetrifft, so sind diese bloß eine Art von Kurzschrift zur Unterstützung des Gedächtnisses, die selbst solche, die mathematische Verfahren offen verdammen, gerne anwenden, um Langwierigkeiten zu vermeiden.«

Heaviside entwickelt dann die beiden Maxwellschen Gleichungen in folgender Form:

Erste Beziehung zwischen magnetischer und elektrischer Feldstärke. Diese wird ausgedrückt durch die Gleichung

$$\text{rot}\, H = 4\pi J,$$

wobei die Rotation von H ein Vektor mit den rechtwinkligen Komponenten

$$\frac{dH_3}{dy} - \frac{dH_2}{dz}, \quad \frac{dH_1}{dz} - \frac{dH_3}{dx}, \quad \frac{dH_2}{dx} - \frac{dH_1}{dy},$$

und J die wahre elektrische Stromdichte ist. Ferner gilt die wichtige Definition: Das Linienintegral des Vektors $\bar{H}$ längs einer geschlossenen Kurve ist gleich dem Oberflächenintegral eines anderen Vektors, der Rotation von $\bar{H}$ (rot $\bar{H}$) über irgendeine durch die Kurve begrenzte Fläche.

Zweite Beziehung zwischen elektrischer und magnetischer Feldstärke. Die gesamte EMK der Induktion in einem Stromkreis ist gleich der Geschwindigkeit, mit der das mit diesem Stromkreis verkettete magnetische Feld abnimmt.

$$\text{rot}\, E = -\frac{dB}{dt} = -\frac{\mu dH}{dt}.$$

»Da die Änderungsgeschwindigkeit der Verschiebung in einem nichtleitenden Dielektrikum als elektrischer Verschiebungsstrom bezeichnet wird, so soll die Wachstumsgeschwindigkeit von $\bar{B}/4\pi$ magnetische Stromstärke genannt und mit $\bar{G}$ bezeichnet werden. Es ist dann

$$G = \frac{dB}{dt} \cdot \frac{1}{4\pi}$$

(magnetische Stromstärke pro Flächeneinheit).

Wie die elektrischen Verschiebungsströme sind auch die magnetischen Ströme nur Ausgleichsströme, d. h. sie können nicht andauernd in einer Richtung fließen wie ein elektrischer Leitungsstrom. Sie verursachen, ebenso wie ein elektrischer Verschiebungsstrom in einem Dielektrikum keine Wärmeentwicklung. Im Äther ist der elektrische Strom und der magnetische Strom gleichwertig.

Es gibt wahrscheinlich keinen magnetischen Leitungsstrom gH, dessen Fließen mit Energieaufwand verbunden wäre; gäbe es aber einen solchen, dem elektrischen Leitungsstrom analogen magnetischen Strom, so würden folgende Beziehungen gelten:

$$\bar{J} = k\bar{E} + \frac{c}{4\pi} \cdot \frac{d\bar{E}}{dt}$$

(wahrer elektrischer Strom, bezogen auf die Flächeneinheit)

$$\bar{G} = K\bar{H} + \frac{\mu}{4\pi} \cdot \frac{d\bar{H}}{dt}$$

(wahrer magnetischer Strom, bezogen auf die Flächeneinheit)

$$\text{rot}\,\bar{H} = 4\pi\bar{J} \quad \ldots\ldots\ldots\ldots \quad (15)$$

$$-\text{rot}\,\bar{E} = 4\pi\bar{G} \quad \ldots\ldots\ldots\ldots \quad (21)$$

wobei k die elektrische Leitfähigkeit und c die Dielektrizitätskonstante des Mediums ist.«

Die Gleichungen des elektromagnetischen Feldes wurden von Heaviside in diese symmetrische Form gebracht, in der sie heute allgemein verwendet werden. Vorstehendes ist nicht die vollständige Ableitung, wie sie in Heavisides Werken enthalten ist, sondern es wurde sein Verfahren nur in rohen Umrissen skizziert und die endgültige Form der Grundgleichungen angegeben. Der Begriff eines magnetischen Stromes, der dem elektrischen Verschiebungsstrom entspricht, ist klar und vom physikalischen Standpunkte aus nützlich.

»Wenn ich die neue Eigenschaft einführte, die durch die Konstante K ausgedrückt wird, so geschah dies bloß, um die Ähnlichkeit zwischen dem elektrischen und dem magnetischen Feld zu einer vollständigen auszugestalten. Die Eigenschaft ist, soweit mir bekannt, nicht wirklich vorhanden. Aber ich habe schon früher, bei Behandlung einer anderen elektromagnetischen Aufgabe, wo es sich um ebene Wellen handelte, gefunden, wie man die Wirkung dieser Eigenschaft genau nachahmen kann.... Die beiden Energieverluste entstehen nun durch R in den Drähten und durch K im Dielektrikum.« (Electrical Papers, II. Band, S. 379.)

Es ist anzunehmen, daß Heaviside zu dem Begriff des verzerrungsfreien Stromkreises durch den Wunsch geführt wurde, in den physikalischen Erscheinungen eine Analogie zu den Grundgleichungen des elektromagnetischen Feldes zu finden. In diesem Bestreben entdeckte er das Gleichgewicht zwischen Ohmschen und dielektrischen Verlusten und ferner, daß, obwohl es keinen »magnetischen Leitungsstrom« im Äther gibt, doch dessen Wirkung künstlich nachgeahmt werden kann, und so erfand er den verzerrungsfreien Stromkreis.

Mathematische Verfahren.

Heaviside begründete zwei wichtige Zweige der Mathematik; und zwar die Vektorrechnung einerseits und die Rechnung mit Operatoren und divergenten Reihen zur Lösung schwieriger Differentialgleichungen andererseits.

Wo immer man mit gerichteten Größen zu tun hat, ist es üblich, das Anschreiben langer trigonometrischer Gleichungen zu vermeiden, die häufig so kompliziert werden, daß sich niemand in ihnen auskennt. Die Addition und Subtraktion von Vektoren wird bereits allgemein angewendet, aber auch die Multiplikation und Division von Vektoren und das Wurzelziehen aus ihnen sind wirklich elementare Rechnungsverfahren. Und doch sind nur Wenige mit Vektormultiplikation vertraut!

Das sogenannte innere oder skalare Produkt zweier Vektoren erhält man durch Multiplikation des Betrages des einen Vektors mit der Projektion des anderen Vektors auf die Richtung des ersten. Es kann ein Vektorprodukt aber auch in anderer Weise definiert werden. Es ist gegenwärtig üblich, das sog. äußere Produkt zweier Vektoren als einen Vektor zu definieren, der auf der Ebene der beiden gegebenen Vektoren senkrecht steht und eine bestimmte dem Flächeninhalt des von den beiden Vektoren gebildeten Parallelogramms proportionale Größe besitzt. Dieses Produkt wird in der Theorie des elektromagnetischen Feldes und in der Dynamik verwendet. Es war an diesen Verfahren zu Heavisides Zeiten nur das eine neu, daß sie die Lösung der Aufgaben ermöglichten. Heute werden in der Elektrotechnik allgemein die komplexen Größen angewendet, die Steinmetz und Kennelly einführten. Man könnte ohne sie nicht auskommen.

Professor Eddington, selbst ein berühmter Mathematiker, bemerkte, »ein Mathematiker sei niemals glücklicher, als wenn er über irgend etwas schreibt, das er nicht versteht«, und Heaviside spricht ebenfalls von Mathematikern, die »Schwierigkeiten erfinden«. Er bemerkt ferner[1]): »Eine berühmte Autorität hat einmal gesagt, daß ein gewisses Maß von Humbug in vielen mathematischen Arbeiten steckt. Er wußte es, da er selbst wiederholt mathematische Arbeiten verfaßt hatte.« Nun begegnen wir häufig derartigen Arbeiten in der modernen Mathematik. Heavisides Ausleger wären kaum erfreut, wenn sie sein eigenes Urteil über ihre Arbeiten erfahren würden. Er war kein Freund der Funktionentheorie; er hielt die meisten Mathematiker für beschränkt, mit Ausnahme Fouriers. Die meisten strengen Beweise erschienen ihm töricht (»Electromagnetic Theory«, III. Band, S. 140).

Die einfachsten Beispiele von Operatoren sind die komplexen

---

[1]) Electromagnetic Theory, III. Band, S. 51.

Zahlen. Wir sagen, daß der Operator j eine gerichtete Größe von der Abszissen- oder x-Achse entgegen dem Uhrzeigersinn in die y-Achse dreht, so daß $jx = y$ ist. Wünscht man eine weitere Vierteldrehung vorzunehmen, so multipliziert man neuerlich mit j und erhält $jjx = j^2 x = -x$. Die Definition von j ist $j^2 = -1$ und nicht $\sqrt{-1} = j$. Es ist dies eine Abkürzung, nicht mehr und nicht weniger. Wir wollen aber noch einen Schritt weiter gehen. Glänzende Mathematiker, wie der verstorbene William Kingdon Clifford, hatten einen Weg, diese irrationalen und komplexen Rechnungsarten zu erläutern, den man jenen Leuten vorführen sollte, die wissen möchten, was es mit den Operatoren für eine Bewandtnis hat. Wir beginnen mit einem von Lord Kelvin aufgestellten Gesetz. Der Differentialquotient einer Größe sei der Größe selbst proportional. Es sei $y = A\,\varepsilon^{ax}$, dann ist $\frac{dy}{dx} = aA\,\varepsilon^{ax} = ay$. Wenn sich eine Funktion derart ändert, daß die Geschwindigkeit ihrer Zunahme oder Abnahme der Funktion selbst proportional ist, dann ist diese Funktion eine logarithmische Funktion von vorstehender Form.

Clifford ging einen Schritt weiter. Er fragte sich, welche Bedeutung dem Ausdruck ε^{jx} beizumessen sei. Zunächst ist eine Reihenentwicklung möglich:

$$\varepsilon^{jx} = 1 + jx + \frac{(jx)^2}{1\cdot 2} + \frac{(jx)^3}{1\cdot 2\cdot 3} + \frac{(jx)^4}{1\cdot 2\cdot 3\cdot 4} + \dots$$

$$= 1 + jx - \frac{x^2}{2} - j\frac{x^3}{6} + \frac{x^4}{24} + \dots$$

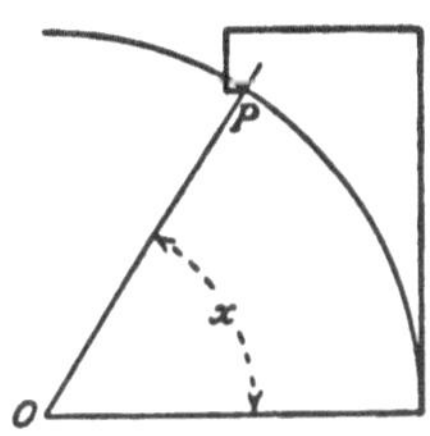

Abb. 2.

Die Verhältnisse sind in Abb. 2 graphisch dargestellt. Nehmen wir $x = 1$ an, so bewirkt der Operator $\varepsilon^{jx} = \varepsilon^{j}$ eine Drehung entgegen dem Uhrzeigersinn um den Winkel 1 im Bogenmaß. Gibt man dem x verschiedene Werte, so bewirkt der Operator ε^{jx} Drehungen um verschieden große Winkel. Da der Radiusvektor OP gleich $\cos x + j \sin x$ ist und OP nach Größe und Lage ε^{jx} darstellt, folgt die wichtige Eulersche Formel:

$$\varepsilon^{jx} = \cos x + j \sin x.$$

Aus derselben Abbildung folgt weiter:

$$\varepsilon^{-jx} = \cos x - j \sin x.$$

Addiert man die beiden Gleichungen, so entsteht:

$$2 \cos x = \varepsilon^{jx} + \varepsilon^{-jx}$$

oder

$$\cos x = \frac{1}{2}(\varepsilon^{-jx} + \varepsilon^{jx}).$$

Hieraus kann folgende reelle Reihenentwicklung für cos x abgeleitet werden:

$$\cos x = 1 - \frac{1}{2}x^2 + \frac{x^4}{4!} - \frac{x^6}{6!} + \ldots.$$

Die graphische Darstellung mag zu elementar erscheinen, aber es ist eine Folge der Mißachtung elementarer Verfahren, daß die mathematische Analysis vielfach skeptisch betrachtet wird.

Diese algebraischen Ausdrücke haben ohne ihre geometrische Bedeutung überhaupt keinen Sinn. Es erweist sich meist als förderlich, den gesunden Menschenverstand bei der Lösung mathematischer Aufgaben mitsprechen zu lassen.

Die zwei wichtigsten Beiträge Heavisides zur Ingenieurmathematik sind:

1. Das Kapitel über Widerstandsoperatoren, veröffentlicht in »Electrical Papers«, II. Band, S. 355 bis 371.

2. Das Kapitel über den Entwicklungssatz, veröffentlicht in »Electromagnetic Theory«, II. Band, S. 126.

In letzter Zeit haben diese nunmehr über 30 Jahre alten Arbeiten viel Anerkennung gefunden. Es wurde unter der Leitung der Professoren V. Bush und E. J. Berg eine Schule ins Leben gerufen, in der eine Anzahl von Elektroingenieuren mit Heavisides Entwicklungssatz vertraut gemacht wurden. Dem Franklin Institut wurden in letzter Zeit Arbeiten von E. J. Berg, J. J. Smith, Louis Cohen und anderen überreicht, welche sich mit der Anwendung der Verfahren von Heaviside auf die Lösung bestimmter elektrotechnischer Aufgaben beziehen, die früher nach den herkömmlichen Verfahren behandelt wurden. Das American Institute of Electrical Engineers hat eine Reihe von Arbeiten von den Professoren Bush und Vallarta, von Prof. Lyon und Dr. Carson sowie von anderen Verfassern veröffentlicht, die sich bei der Lösung ihrer Aufgaben der Verfahren Heavisides bedienen.

Die Verteilung der Spannungen und Ströme in Wechselstromkreisen im stationären Dauerzustand kann für alle möglichen Anordnungen mittels der Operatorenrechnung bestimmt werden. Die Berechnung der Ausgleichsvorgänge hat Heaviside mit Hilfe seines Entwicklungssatzes für den Fall der plötzlichen Einwirkung einer konstanten Spannung auf einen Stromkreis durchgeführt. Die Aufgabe der plötzlichen Einwirkung einer sinusförmigen Spannung wurde in einigen der vorerwähnten Arbeiten ebenfalls gelöst. Die Schwierigkeiten liegen mehr in der Auswertung der symbolischen Lösung als in ihrer Herleitung. Es ist daher ein Fortschritt in dem Sinne erwünscht, daß die algebraische Auswertung der symbolischen Lösungen vereinfacht wird. In vielen

Fällen ist es sehr schwierig, die algebraische Lösung so darzustellen, daß sie eine physikalische Bedeutung hat. Dies ist ein weites Gebiet, auf dem noch viel Arbeit zu leisten ist.

Heavisides Arbeiten auf anderen Gebieten.

Wir dürfen uns nicht wundern, daß der umfassende Geist Heavisides sich nicht darauf beschränkte, den verzerrungsfreien Stromkreis und die damit in Zusammenhang stehenden mathematischen Fragen zu bearbeiten, obwohl dies tatsächlich ein großes Gebiet ist, schon im Hinblick darauf, was alles auf diesen Grundstein aufgebaut wurde. Heaviside interessierte sich für alle Gebiete der mathematischen Physik, und bei seiner unvergleichlichen Geschicklichkeit in der Anwendung der Mathematik auf physikalische Aufgaben, ließ er sich in zahlreiche kritische Wagnisse ein, wodurch der ganz falsche Eindruck entstehen könnte, daß er es liebte, wissenschaftliche Auseinandersetzungen öffentlich zu führen. Es ist interessant, daß er Gelegenheit hatte, auf schwerwiegende Fehler hinzuweisen, die Lord Kelvin unterlaufen waren. Er fand Fehler in der Abhandlung von Prof. Peter Guthrie Tait über Vierpole. Er besprach eine Arbeit von Sir Joseph J. Thomson »On Electrical Oscillations in cylindrical Conductors« (Über elektrische Schwingungen in zylindrischen Leitern) und war genötigt festzustellen, daß die Verwendung einer fehlerhaften Grenzbedingung am Beginn der Arbeit alle Ergebnisse ungültig macht. (Electrical Papers, II. Band, S. 396.) Seine zahlreichen Zusammenstöße mit Sir William Preece, dem Leiter des britischen Post- und Telegraphenwesens, bei denen der Genannte natürlich immer unrecht hatte, verstärkten den Eindruck, daß Heaviside ein gewaltiger Kämpfer in der wissenschaftlichen Arena war. Er war bei diesen Auseinandersetzungen immer sehr freundlich und rücksichtsvoll, die Plänkeleien mit Preece ausgenommen, den er wegen seines mit großer Sicherheit gepaarten Mangels an Verständnis der Verachtung preisgab. Dieses Vorgehen war in gewisser Hinsicht unvorteilhaft, zumindestens für Heaviside persönlich, obwohl es zweifellos dazu beitrug, daß die aufgedeckten Fehler verbessert wurden.

Lord Kelvin unternahm es, mit Hilfe der Fourierschen Wärmetheorie das Alter der Erde aus ihrer Abkühlung innerhalb eines Jahrhunderts zu berechnen. Die wenigen erhältlichen und nicht vollständig sicheren Daten ermöglichten es, das Wärmegefälle zu berechnen und daraus die Zeit, in der der Mittelpunkt der Erde so heiß gewesen sein muß, daß alle bekannten Elemente nur in gasförmigem Zustand vorhanden sein konnten.

Es war dies eine schöne Anwendung der Fourierschen Theorie, aber das Ergebnis war unbrauchbar, zumindestens für die Geologie und die von den Nachfolgern Darwins und Huxleys vertretene Lehre von der Entwicklung der Arten. Lord Kelvin glaubte, durch seine Rechnung bewiesen zu haben, daß das Alter der Erde kleiner als 50 Millionen Jahre und größer als 10 Millionen Jahre sei. Prof. Huxley protestierte und brachte das Argument vor, daß unbekannte Stoffe in der Erdrinde vorhanden sein können, die das Ergebnis verändern. Zu diesem Schlusse war man nach der Entdeckung der radioaktiven Stoffe gelangt. Doch konnte sich Huxley gegen den berühmten Vertreter der englischen Wissenschaft nicht durchsetzen. Dann machte im Jahre 1895 Prof. Perry, ein vertrauter Freund sowohl von Heaviside als auch von Lord Kelvin, dessen Assistent er gewesen war, Heaviside den Vorschlag, er möge sich mit der Lösung der Fourierschen Gleichung für eine Hintereinanderschaltung von Gesteinen mit verschiedenen Wärmeleitfähigkeiten befassen. Mit der herkömmlichen Mathematik war diese Aufgabe nicht zu lösen, doch Heaviside hatte mit seinem Verfahren Erfolg und bewies, daß das Alter der Erde leicht tausendmal größer sein kann als nach der Schätzung Kelvins. Sir Ernest Rutherford und seine Schule fügten noch eine Reihe von Jahren hinzu, so daß sich das Alter der Erde in Übereinstimmung mit den Theorien der Geologen und Biologen ergab. Sowohl die Theorie Kelvins als auch die Ergänzung derselben von Heaviside-Perry sind nützliche physikalische Anwendungen der Mathematik.

Es ist interessant, ein anderes Beispiel eines Irrtums zu erwähnen, der Lord Kelvin und Tait in ihrem monumentalen Werk über Naturphilosophie unterlief. Auf diesen Irrtum wies Heaviside in den »Electrical Papers«, II. Band, S. 245, hin; es handelt sich dabei um die Behandlung des Verdrehungsproblems von St. Venant durch die berühmten Verfasser. Solche Verbesserungen sind, von Persönlichem abgesehen, von größtem Wert für die Sache der Wissenschaft, da sie zeigen, daß auch die größten Gelehrten nicht unfehlbar sind und daß eine freie Diskussion nötig ist, unbeirrt durch die Unwissenheit und geistige Enge rechthaberischer Leute.

Die Fehler Newtons und Lagranges, um nur zwei große Namen zu nennen, haben viel Schaden gestiftet, bis sie durch entschlossene Kritik ausgemerzt wurden. Möge es immer so bleiben. Kein Lebender oder Toter sei von der Kritik ausgenommen, solange sie auf dem Boden der Tatsachen und des Anstandes bleibt.

Heaviside interessierte sich außerordentlich für die Entdeckung der »Korpuskeln« durch Sir J. J. Thomson im Jahre 1897. Diese werden jetzt nach Johnstone Stoney Elektronen genannt. Er war der Ansicht, daß die Masse eines bewegten Teilchens, wenn sich die Geschwindigkeit der Lichtgeschwindigkeit nähert, eine Funktion dieser Geschwindigkeit ist. Er stellte hierüber Gleichungen auf, die heutzutage grundlegend sind (Relativitätstheorie).

Eine besondere Schicht der Erdatmosphäre wird nach dem Vorschlag von Sir Oliver Lodge als »Heaviside-Schicht« bezeichnet, da

Heaviside der erste war, der auf das Vorhandensein einer ionisierten Schicht in der Atmosphäre, welche die Hertzschen Wellen reflektiert, hinwies. Er tat dies mit den Worten: »Obwohl Meerwasser für Licht durchscheinend ist, hat es genug Leitfähigkeit, um als Leiter für Hertzsche Wellen zu wirken, und dasselbe gilt in geringerem Maße von der Erde. Infolgedessen erfolgt die Ausbreitung der Wellen längs der Meeresoberfläche in derselben Weise wie längs Drähten. Gewisse Unregelmäßigkeiten verursachen zweifellos einige Verwirrung, doch die Hauptwellen folgen der Krümmung der Erdoberfläche und entfernen sich nicht von ihr. Hier ist noch eine andere Überlegung anzustellen. Es ist möglich, daß in größerer Höhe eine gutleitende Luftschicht vorhanden ist. Wenn dies der Fall ist, so werden die elektrischen Wellen von dieser Schicht reflektiert. Der Raum für die elektrischen Wellen wird also einerseits durch die Meeresoberfläche und anderseits durch die erwähnte Luftschicht begrenzt[1]).«

Diese Erzählung erhebt keinen Anspruch darauf, ein vollständiges Bild der Leistungen, die einer der größten englischen Physiker während seines langen Lebens vollbrachte, zu bieten. Es sollen aber einige von den glücklichen und humorvollen Gedanken mitgeteilt werden, welche in kleinem Druck und vermischt mit mathematischen Formeln, die 2700 Druckseiten erhellen, die sein Lebenswerk bilden. Die Leser hätten Grund, mir nicht zu verzeihen, wenn ich ihnen die interessanten und eigenartigen Bemerkungen vorenthalten würde, welche selbst solchen Menschen, die nichts mit der mathematischen Behandlung physikalischer Erscheinungen zu tun haben, beim Durchblättern dieser fünf Bände Vergnügen bereiten müssen. James Swinburne, der in der Zeitschrift »Nature« vom 20. Dezember 1894 den ersten Band der »Electromagnetic Theory« besprach, sagt gegen Ende seiner Ausführungen: »Der Stil ist der von Whitman, außer daß Heaviside nicht affektiert ist und wirklich etwas zu sagen hat. Diese Ähnlichkeit wurde auch bereits im »Philosophical Magazine« hervorgehoben. Jede Zeile des Buches ist wichtig, und es ist voll interessanter Abschweifungen nach den verschiedensten Gegenständen. Während es oft ein Jammer ist, daß sich wissenschaftliche Schriftsteller mit der gewichtigen Trockenheit von Theologen ausdrücken, ist Heavisides Buch voll von Humor einer besonderen Art.«

Die Leser werden vielleicht einige Zitate aus Heavisides Werken hören wollen; ich bezeichne im folgenden die »Electrical Papers« mit E. P. und die »Electromagnetic Theory« mit E. M. T. Das erste Zitat sei das vom mangelnden Lagerraum (E. M. T., II. Bd., S. 433): »Für die mit der Sache nicht Vertrauten muß ich erklären, daß unter

---

[1]) »Electromagnetic Theory«, III. Band, S. 335, Juni 1902. Siehe auch Kennelly A. E., Electrical World and Engineer, 15. März 1902, S. 473, wo das mögliche Vorhandensein einer solchen Schicht bereits erwähnt ist.

El. Pa. mein Werk »Electrical Papers« zu verstehen ist. Es ist billig erhältlich, denn die Restbestände wurden wegen des Mangels an Lagerraum für wenige Pence per Band verkauft. Obwohl ich zunächst über dieses Schicksal meiner mühevollen, nächtlichen Arbeit ein wenig erstaunt war, hat es späterhin mich und andere belustigt.« (E. M. T., III. Bd., S. 93.)

Anmerkung (30. November 1887): »Der Verfasser bedauert außerordentlich, diese Artikelreihe nicht fortsetzen zu können, da er aufgefordert wurde, sie zu unterbrechen.« (E. P., II. Bd., S. 155.)

Nun handelt es sich hier um noch unveröffentlichte Arbeiten, die später zum Preise von 75 $ für zwei Bände verkauft wurden und bei denen ein Neudruck notwendig wurde. Es liegt sicher ein gewisser Humor darin, daß der Erfinder der Telephonie über große Entfernungen, während er seine Erfindung auseinandersetzte, von seinem Verleger aufgefordert wurde, die Veröffentlichungen zu unterbrechen. Zum Glück für das Telephon wurde dieses Hindernis nach kurzer Zeit beseitigt.

Unter dem Eindruck der ständigen Störungen seitens der führenden Mathematiker von Cambridge, welche seine Arbeiten nicht lasen, aber verurteilten, schrieb er: »Ob gute Mathematiker nach Cambridge gehen, um dort zu sterben, weiß ich nicht.« (E. M. T., III. Bd., S. 175.) Bei der Besprechung der Gleichungen von Lagrange und des Prinzipes der virtuellen Verschiebungen sagt er: »Tatsächlich habe ich es niemals selbst probiert (außer mit Töpfen und Pfannen) — — —.« (E.M.T., III. Bd., S. 175.) »Die Liebe erhält den Gang der Welt, und die Selbstinduktion bringt die elektromagnetischen Wellen dazu, sich rund um die Welt zu bewegen.« (E. M. T., III. Bd., S. 194.) Im Hinblick auf die Gleichungen von Lagrange sagt er: »Ist Newtons Dynamik nicht gut genug? Oder wissen die Anhänger des Prinzipes der virtuellen Verschiebungen nicht, daß Newtons Dynamik, beziehungsweise seine Gleichung: Kraft = Gegenkraft, unmittelbar dazu verwendet werden kann, die Bewegungsgleichungen in den oben erwähnten Fällen herzuleiten, und zwar ohne allen Hokuspokus der Abweichung von der tatsächlichen Bewegung, ohne Integration über die Zeit oder über den Raum und unter Vermeidung aller Komplikationen? Ich schreibe nur deshalb über den Gegenstand, um gegen diese Mißbräuche aufzutreten.« (E. M. T., III. Bd., S. 176.)

»Als ich ein Kind war, faßte ich den Gedanken, daß es eine unendliche Zahl von Welten gebe, das Sonnensystem einerseits nur ein Atom in einer größeren Welt ist und andererseits das Weltatom eine Welt kleinerer Atome ist, und so fort.« (E. M. T., III. Bd., S. 172.) »— — — Faraday — — — das große Genie, hatte originelle Ideen der verschiedensten Art, sowohl richtige als falsche, und da er kein Mathematiker war, konnte er sie nicht wirksam unterscheiden — — —.« (E. M. T., I. Bd., S. 415.) »Einige Leute glauben nicht an das Vorhandensein des

Äthers. Dies ist eine Stellungnahme gegen Newton, Faraday und Maxwell. Was bedeutet Kraft und Gegenkraft, die Energieaufspeicherung, die Energieübertragung durch den Raum, und vieles andere, wenn im Raum kein Stoff vorhanden ist? Denn der Raum selbst ist nichts, außer seiner Ausdehnung. Lord Kelvin pflegte mich einen Nihilisten zu nennen. Das war ein großer Irrtum (obwohl ich gelegentlich eine Bombe warf, um irgendeinen offiziellen Ahnungslosen dazu anzueifern, etwas über Elektrizität und ihre Anwendungen zu lernen). — — — Ich habe wiederholt beobachtet, daß angehende Physiker, wenn sie die Hochschule verlassen, den Kopf mit allgemeinen Richtlinien, Funktionentheorie, unwirklichen Räumen und wissenschaftlicher Strenge vollgepfropft haben. Aber wenn sie sich mit wirklichen physikalischen Aufgaben, selbst mathematischer Art, befassen sollen, ist ein großer Teil ihres Wissens verschwunden. Ist Cambridge zu tadeln? Vielleicht nicht. Es mag mein Fehler sein.« (E. M. T., III. Bd., S. 479.)

»Es sind ebene Wellen — — —. Sie werden durch die Leiter, die wir uns widerstandslos denken, im Raume fortgeleitet, so daß die Elektrizität dahingleitet wie ein »geschmierter Blitz«.« (E. P., II. Bd., S. 140.) »Unermeßlich, aber nicht unmeßbar.« (E. M. T., II. Bd., S. 113.)

»Selbstinduktion ist das Heil.« (E. M. T., II. Bd., S. 354.) »Die Physik steht höher als die Mathematik, und der Sklave muß nach dem Willen des Meisters handeln.« (E. M. T., II. Bd., S. 414.) »Die Lösungen der meisten Aufgaben der mathematischen Physik haben die Form unendlicher Reihen. Lösungen in endlicher Form sind ganz selten.« (E. M. T., II. Bd., S. 66.) »Die Mathematik soll möglichst leichtverständlich dargestellt werden. Der beste aller Beweise ist es, eine Tatsache so zu beschreiben, daß man ersehen kann, es handle sich um eine Tatsache.« (E. M. T., III. Bd., S. 140.) »Es ist Raum im Äther für sehr viel Spekulation.« (E. M. T., III. Bd., S. 98.) »Aber ich glaube, daß es außerordentlich schwierig ist, sich einen festen und unzusammendrückbaren Äther vorzustellen.« (E. M. T., III. Bd., S. 145.) »Lord Kelvins Theorie der Thermoelektrizität ist mir immer als eines seiner besten Werke erschienen.« (E. M. T., III. Bd., S. 183.) »Aber vielleicht ging es ihnen wie den Fischen, denen der Heilige gepredigt hatte: Sie waren sehr erbaut, aber sie zogen den alten Weg vor.« (E. M. T., III. Bd., S. 291.)

Auszüge aus Briefen Heavisides an den Verfasser. »Ich glaube, daß die Ehrungen sehr übertrieben wurden. Je mehr Ehrungen, desto weniger haben sie zu bedeuten. Es ist dies wie die Entwertung einer Währung. In den letzten Jahren ist eine Flut neuer Ehrungen über mich hereingebrochen; sogar die Frauen sind von dieser Seuche angesteckt worden.«

»Wenn man mir ein Herzogtum anböte, würde ich es annehmen, da ich bereits ein vollständig verpfändetes Gut besitze, und ich glaube, ich würde dem Stande der Herzöge eine Ehre erweisen, wenn ich ihm beiträte.«

»Sie beachten meine Ideen über den verzerrungsfreien Stromkreis nicht. Vielleicht glauben Sie, daß das Ganze nur ein Scherz ist.«

»Es ist ein lustiger Gedanke, daß eine Erfindung keine Erfindung ist, bevor sie nicht patentiert ist und daß sie dann die Erfindung des Patentinhabers ist.«

»Ich wünsche mit dem vierten Band der ‚Electromagnetic Theory' vorwärts zu kommen und hoffe, nach und nach damit fertig zu werden. Es ist dies eine Frage der Gesundheit und der Fernhaltung von Störungen und kleinen Ärgernissen — — —. Auf jeden Fall kann ein alter Mann nur langsam arbeiten.«

Es kam der Weltkrieg und mit ihm viele Beschwerden und Leiden für den bejahrten Gelehrten. Die letzten Jahre des Meisters sollen nicht den Augen aller Welt preisgegeben werden. Zuletzt erlosch das große Licht.

Quecksilberdampfgleichrichter. Ihre Wirkungsweise, Konstruktion und Schaltung

Von D. H. Prince und F. B. Vogdes. Deutsche Ausgabe bearbeitet von Dr.-Ing. Otto Gramisch

199 Seiten. 172 Abbildungen. Gr.-8°. 1931. Broschiert M. 11.70, gebunden M. 13.50

... Das leicht lesbare und wissenschaftlich auf hohem Niveau stehende Buch darf warm empfohlen werden ... (Schweizer Bauzeitung)

... Der deutsche Bearbeiter hat das Buch durch wertvolle Literaturangaben und Abbildungen neuester europäischer Konstruktionen ausgestattet. Besonders auf das gegenwärtig sehr aktuelle Kapitel über die Beeinflussung von Fernmeldeanlagen durch Gleichrichterströme hingewiesen ...
Dr. Dennhardt (Elektrizitätswirtschaft)

Einführung in die mathematische Behandlung der Naturwissenschaften

Von Prof. W. Nernst und Prof. A. Schönflies †

Elfte, von W. Nernst und Dr. W. Orthmann neubearbeitete Auflage

492 Seiten, 108 Abb. Gr.-8°. 1931. Brosch. M. 16.—, in Leinen geb. M. 18.—

Zeitschrift für angew. Mathematik und Mechanik: Unter den für die besonderen Zwecke der Techniker geschriebenen Büchern befindet sich keines, das in gleichem Maße mathematisch einwandfrei, gut lesbar und übersichtlich wäre.
Zeitschrift für technische Physik: Die hohe Zahl der Auflagen des im Jahre 1895 erstmalig erschienenen Buches beweist zur Genüge seine Brauchbarkeit ... Daß sowohl die mathematische wie die naturwissenschaftliche Seite der Darstellung unübertroffen ist, versteht sich gegenüber den berühmten Autoren von selbst; unbedenklich kann sich der Lernende ihrer Führung anvertrauen ...

Aufgabensammlung über Differentialgleichungen

Von Oberstudienrat E. Fick

183 Seiten. Gr.-8°. 1930. Brosch. M. 5.80

Prof. Dr. Dr.-Ing. e. h. Lorenz, Danzig: Wir besitzen bisher kein für mathematische Anfänger und Jünger der Technik brauchbares Übungsbuch über die Differentialgleichungen. Mir scheint, die vorliegende Schrift vermöge in ihrer einfachen Sprache und großen Ausführlichkeit in der Behandlung der zahlreichen Beispiele diese Lücke gut auszufüllen.

Philosophie der Mathematik und Naturwissenschaften

Von Prof. Dr. Hermann Weyl

162 Seiten. M. 6.80

Die Mannigfaltigkeit der besprochenen Probleme, die Verschiedenheit der dargelegten Ansichten und die zahlreichen Aussprüche namhafter Philosophen und

Naturforscher machen die Lektüre zu einer äußerst anregenden Aufgabe. Die vielen instruktiven Beispiele erleichtern das Verständnis der reichen Stoff zum Nachdenken bietenden Schrift.

(Jahresbericht d. deutschen mathematischen Vereinigung)

Neue Grundlagen und Anwendungen der Vektorenrechnung

Von K. Friedrich

108 Seiten. 8°. 66 Textfiguren und 2 Tafeln. Brosch. M. 2.50

Eine Anleitung zum Zahlenrechnen mit Vektoren nebst einfachen Vektorlösungen für die Hauptaufgaben der technischen Praxis für Maschinen- und Elektro-Ingenieure.

Die Phasenkompensation in Drehstromanlagen

Ein Hilfsbuch für praktische Leistungsfaktor-Verbesserung

Von Ingenieur H. Rengert

106 Seiten. 98 Abb. 8°. Brosch. M. 5.—

Das vorliegende Werk behandelt im Zusammenhang das Problem der Phasenverschiebung in Drehstromanlagen. Es zeigt insbesondere ihre Entstehung, ihre Auswirkung auf Stromerzeuger und Verbraucher, sowie die zur Verfügung stehenden Mittel zur Phasenkompensation unter besonderer Berücksichtigung der durch die Leistungsfaktorverbesserung erzielten wirtschaftlichen und technischen Vorteile.

ATM - Archiv für technisches Messen

Ein Sammelwerk für die gesamte Meßtechnik

Herausgegeben von Prof. Dr.-Ing. Georg Keinath

Dieses neuartige literarische Unternehmen übernimmt von Buch, Zeitschrift und Kartei die für seine Zwecke geeigneten Eigenschaften: vom Buch die Systematik und das Streben nach Vollständigkeit der Darstellung, von der Zeitschrift die Schnelligkeit der Berichterstattung und bequeme, billige Bezugsmöglichkeit, von der Kartei die sichere und rasche Ordnung der Einzelthemen sowie die Beweglichkeit in der Verwendung innerhalb des Betriebes.

Günstigster Bezugspreis: monatlich M. 1.25

16seitiger Prospekt mit Probeblättern im Format Din-A4 kostenlos

R. OLDENBOURG, MÜNCHEN 32 UND BERLIN

FSC
www.fsc.org
MIX
Papier | Fördert gute Waldnutzung
FSC® C083411

Zeitfracht Medien GmbH
Ferdinand-Jühlke-Straße 7
99095 Erfurt, Deutschland
produktsicherheit@kolibri360.de